水体污染控制与治理科技重大专项"十三五"成果系列丛书

天津中心城区海绵城市建设运行管理技术体系构建与示范
（京津冀海绵城市建设成套技术标志性成果）

2017年天津市"131"创新型人才培养工程（第三层次）

海绵城市的愿景与落地

齐珊娜 段 梦 陈 卫 编著

化学工业出版社

·北京·

内容提要

　　《海绵城市的愿景与落地》共分为 6 章，主要包括海绵城市建设与综合城市水管理、海绵城市规划优秀案例、海绵城市建设效果评价的理论依托、天津中新生态城海绵城市建设效果评价、天津解放南路海绵试点区建设效果评价、天津桥园湿地公园建设效果评价。

　　《海绵城市的愿景与落地》可供市政工程、给水排水工程、城市规划、环境工程、环境科学、环境管理等专业的科研人员阅读，同时也可供相关专业的高年级本科生、研究生作为教学参考书阅读，还可供对海绵城市感兴趣的社会各界人士阅读参考。

图书在版编目（CIP）数据

　　海绵城市的愿景与落地/齐珊娜，段梦，陈卫编著. —北京：化学工业出版社，2020.6
　　ISBN 978-7-122-36544-6

　　Ⅰ.①海⋯　Ⅱ.①齐⋯②段⋯③陈⋯　Ⅲ.①城市建设-研究　Ⅳ.①TU984

　　中国版本图书馆 CIP 数据核字（2020）第 053626 号

责任编辑：满悦芝	文字编辑：杨振美　陈小滔
责任校对：栾尚元	装帧设计：张　辉

出版发行：化学工业出版社（北京市东城区青年湖南街 13 号　邮政编码 100011）
印　　刷：北京京华铭诚工贸有限公司
装　　订：三河市振勇印装有限公司
710mm×1000mm　1/16　印张 11¼　字数 221 千字　2020 年 7 月北京第 1 版第 1 次印刷

购书咨询：010-64518888　　　　　　　　售后服务：010-64518899
网　　址：http://www.cip.com.cn
凡购买本书，如有缺损质量问题，本社销售中心负责调换。

定　　价：68.00 元

前　言

　　城市是人口聚集度高、社会经济高度发达的地方，也是资源环境承载力矛盾最为突出的地方。改革开放后，我国城镇化进程加快，目前全国城镇建设用地不足国土面积1%，却承载了54%的人口，产出了84%的GDP。快速城镇化过程中，由于城市开发强度过高，大量的硬质铺装改变了原有的自然生态本底和水文特征，破坏了自然的海绵体，导致个别城市逢雨必涝、雨后必旱，也带来了水生态恶化、水资源紧缺、水环境污染、水安全缺乏保障的问题。城市水环境问题引起了政府和社会各界的广泛关注。

　　近些年来，不同规模的城市都或多或少面临着较为严峻的城市内涝以及面源污染、水体黑臭问题，城区污水入河、初期雨水未经处理直接排入河道导致内河黑臭。另外，个别城市以往相关规划未能从多专业、多目标、系统性的角度出发，以解决水安全、水环境等实际问题，因此，亟须利用新的模式来统筹考虑。海绵城市建设应用生态学、环境学的前沿理论，其建设效果能够满足城市发展的现实需求，是综合解决城市雨水及水环境问题的系统模式。根据中央城镇化工作会议精神、《国务院办公厅关于做好城市排水防涝设施建设工作的通知》（国办发〔2013〕23号）、《国务院办公厅关于推进海绵城市建设的指导意见》（国办发〔2015〕75号）以及《住房城乡建设部办公厅关于印发海绵城市建设绩效评价与考核办法（试行）的通知》（建办城函〔2015〕635号）等要求，大力推进建设自然积存、自然渗透、自然净化的"海绵城市"，节约水资源，保护和改善城市生态环境，促进生态文明建设，是党和国家推进生态文明、建设美丽中国的重大举措。本书所涉及的几个海绵城市建设评价案例，都得到了所在地区各级政府的高度重视。各级政府积极部署、扎实推进相关工作，突破涉水单项规划和局部规划的限制，统筹海绵城市建设总体工作，以海绵城市建设为契机，促进径流控制、水污染控制、水资源的综合统筹利用，提升城市生态功能定位及布局，充分体现了海绵城市建设对城市生态环境的综合改善作用。当前，部分海绵试点城市已经投入运行数年，如何定量化评价海绵城市的建设效果是迫在眉睫的科学问题。以这一目标为对象开展海绵城市建设效果评价方法的研究恰逢其时。

本书首先分析海绵城市建设的目的，之后结合当前优秀案例——乐陵市海绵城市规划案例，对我国海绵城市建设的愿景进行立体评析。再通过对天津滨海新区、天津市区进行的案例研究，尝试通过不同方式验证海绵城市建设效果。

本书共分为六章，主体内容由齐珊娜、段梦、陈卫共同完成。

本书得到了水体污染控制与治理科技重大专项，天津海绵城市建设与海河干流水环境改善技术研究与示范项目，天津中心城区海绵城市建设运行管理技术体系构建与示范课题（2017ZX07106001）的资助。

由于编著者水平有限，书中难免存在不当之处，竭诚欢迎读者批评指正。

编著者

2020 年 6 月

目 录

第一章　海绵城市建设与综合城市水管理

第一节　综合城市水管理的概念

综合城市水管理（IUWM）是政府水务机构规划和管理城市供水系统的一种方法，旨在尽量减少对自然环境的影响，最大限度地发挥城市供水系统在社会和经济方面的作用，并促进整体社区环境的改善。这一方法着重考虑了以下内容：对水循环中的各个部分，无论自然水还是人工水，地表水还是地下水，均将其视为一体化的综合系统；考虑所有可用的水资源；采用在水质和水量方面都能满足要求的、非常规供水实践方法，以降低对饮用水的需求；注重供水服务的可持续性和社区环境，以及利益相关方的意见。图 1-1 给出了对不同城市水管理技术的解读。

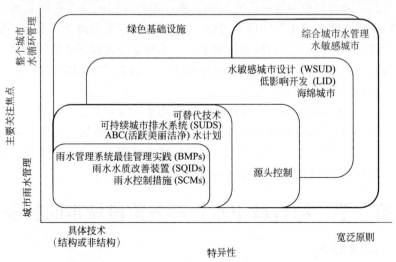

图 1-1　不同城市水管理技术解读

从图 1-1 中可以看出，我国海绵城市建设所遵循的低影响开发（LID）理念，是 IUWM 理念的一种展现路径。作为一种成熟的城市供水系统管理策略，IUWM 已经建立了较为完善的目标体系与技术体系。图 1-2 展示了 IUWM 理念对应的城市水管理状态的发展过程。

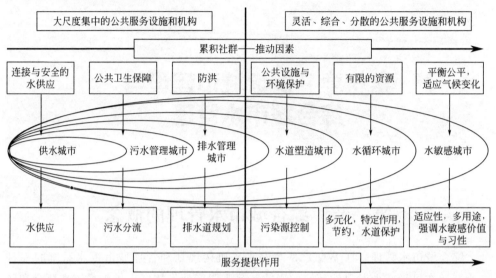

图 1-2　IUWM 理念所对应的城市水管理状态的发展过程

根据图 1-2，城市对待水资源的态度，会随着社会发展和对水资源服务提供作用的深入了解而呈现阶段性特征。历史上，城市首先侧重为其公民供水，这在"供水城市"阶段涵盖的框架内。但集中供水的同时必然会产生大量的污水，造成公共卫生风险。随后，城市开发了下水道系统，这些系统大多是合流系统（"污水管理城市"阶段）。随着城市的进一步发展和扩张，需要专门的排水管网系统来处理额外的径流（"排水管理城市"阶段）。具有前瞻性的城市努力改善水服务，期望实现完善的、更稳健的供水以应对极端气候事件，并建立分流制污水管网以及有效的排水和防洪系统。一旦基本服务到位，城市将进一步迈向"水道塑造城市"，该阶段城市的关注重点是水质和环境保护。

虽然前三个城市阶段的大部分服务可以采用集中方式实施，但是为了从"排水管理城市"转型到"水道塑造城市"，需要一个更加综合的规划方法。除了分流污水使之不进入水道外，也需要控制土壤污染以减少地下水污染的可能性。这需要更灵活、综合性和分布式的基础设施和机构。

第二节　综合城市水管理各阶段城市的特征

一、供水城市

根据国际相关研究，供水城市的特征包括：

安全、便宜和无限量的水集中运输；

集中式供水；

不断增长的城市人口与安全可靠的水供应；

通过大坝建设提取大量的水；

大规模的管道系统；

低成本的水运输；

低收入群体均可公平享用；

通过大都市水利委员会的地方政府进行管理；

通过集中征税系统支付供水基础设施和运输的费用；

通常采用统一标准比例收取费用或者征收特定的用水税。

二、污水管理城市

污水管理城市的特征包括：

基于供水服务的合乎逻辑的污水处理服务扩展；

关注公众健康问题（如霍乱和伤寒疫情等）；

避免病原体感染水源而导致的疾病传播；

避免污水汇入良好的水道环境造成污染；

建立新的调控机制，即"供水管理"演变为"供水与污水管理"；

政府根据不断增长的人口作出保障公众健康的承诺。

三、排水管理城市

排水管理城市的特征为：

经济有效的防洪，高效的雨水输送；

洪涝灾害造成的经济损失阻止城市的快速发展持续增加；

雨水被视为一种滋扰；

通过对河道系统的疏导，洪泛平原地区获得更多城市发展机会；

高效地将雨水输送到水道是经济有效的防洪措施；

由于河道被视为垃圾倾倒场，房屋趋向于背水建设。

四、水道塑造城市

水道塑造城市的特征涵盖：

通过水路功能的集成实现污染治理；

社区需要更好的设施和可达的绿色开放空间；

综合规划满足视觉及休闲娱乐的需求；

减少排入水道的污染物；

对污水处理厂和工业生产排放实施环境监管；

利用新技术，如湿地和生物过滤系统处理分散的雨水污染；

支持工业发展导则和容量建设计划；

污染无法通过集中的技术和政府的调控机制得到完全解决；

与环保相关的传统价值观和新的实践之间存在紧张关系；

相对缺乏的专项资金。

五、水循环城市

水循环城市的特征包括：

更可持续的系统，分散的、适用的、多元化的供水方式；

由于人口增长和城市发展，传统水源存在发展极限；

社会、经济和环境的可持续发展需求的显现；

研究者和实践家进行水循环研究与实验；

节约用水；

寻找适用性强的不同水源，依据用途决定质量；

水循环的企业、社区和政府合作，风险共担；

利用私人和公共手段共同治理。

六、水敏感城市

水敏感城市的特征包括：

更具有适应性和多功能的基础设施，城市设计强调水敏感的价值与行为；

整合环境修复和保护、公共安全、洪水控制、公共卫生、服务设施、宜居性和经济可持续发展等方面的普遍价值；

更加成熟的可持续生活方式的社区支持与实践；

丰富灵活的科技、基础设施和城市形态；

通过可持续实践和社会资本的设计，发现社会与科技发展之间的隐形关系；

与时俱进，不断发展的灵活制度。

从 IUWM 六阶段城市的特征，结合我国已出台的海绵城市相关管理制度和规范（尤其是《海绵城市建设绩效评价与考核办法（试行）》），可以判断我国当前建设的海绵城市，其愿景主要集中于第四个阶段"水道塑造城市"乃至第五个阶段"水循环城市"。而从已颁布的海绵城市规划文本来看，当前拟建海绵城市的地区起步水平基本处于第三个阶段"排水管理城市"，部分城市甚至还处于第二个阶段"污水管理城市"。这意味着，我国所要求的海绵城市建设效果，不仅是改进城市原有的水资源利用方法，而是要实现以高效利用水资源为目的的管理体系的阶段性跨越。要实现这一跨越式发展，就必须建立全面的评价体系与制度安排思路。

第三节　水管理评价体系

一般而言，城市管理的生态系统存在三个主要因子，包括：自上而下的政府管理，如法规政策等；城市涉水基础设施；以及自下而上的客户群体参与，包括公众、社会非营利机构等。水管理作为城市管理的一个子项，也与上述三个因子息息相关。

水的管理涉及一系列复杂的制度安排（如行政配置、立法和政策框架以及监管制度等），它们赋予水资源价值，建立决策过程，授权组织和机构在充分考虑社会的价值观和对水的使用愿望后，提出用水分配计划。

城市涉水基础设施是指提供城市供水服务，包括水坝、污水处理厂、管网、泵站、排水渠、运河、低影响开发（LID）设施等的实际硬件。同时，在基础设施部分还关注基础设施提供的服务以及是否满足设定的质量标准。

客户群体是城市水服务的最终用户，为了确保不出现公共卫生问题，建立客户群体可负担的水服务至关重要。水服务与最终享受服务的客户群体是相互作用的，水系统故障会影响居民的日常活动；客户群体也将在节水活动中发挥巨大作用，如公众教育是节水活动成功的必要条件。

水管理评价体系由 3 个城市管理评价因子和 6 个水转型阶段组成。基于此，开发建立了 33 个指标，对国际先进城市的水管理状况进行评价，指标内容见表 1-1。

表 1-1　城市水管理标杆评价体系相关指标

评价因子	评价指标
供水城市	
管理	集中组织
	发现并解决渗漏问题
基础设施	整个社区先后获得安全可靠的饮用水（100% 覆盖率）
	绝大部分的水质符合饮用水标准
客户群体	水是可负担并且安全的，低收入者可享受优惠政策
污水管理城市	
管理	集中组织
基础设施	整个社区先后获得安全可靠的卫生环境
	水处理符合规定的排放标准
	将大部分处理后的污水输送回水道
客户群体	发现并解决一些地方非法排污和下水道溢出问题

续表

评价因子	评价指标
排水管理城市	
管理	负责排水的机构同时负责雨水和污水管理
	洪水水位持续纳入规划考虑内
基础设施	没有大范围的城市洪涝问题,但有一些局部的淹水
	陆上的径流一般不会被阻隔
客户群体	降雨一般不会扰乱日常活动
水道塑造城市	
管理	制定了满足河流水质要求的行动计划
	法规一定程度上保护了水质,改善了栖息地
	规划功能整合
基础设施	下水道溢出和非法排污问题已得到解决
	使用低影响开发手段解决污染问题
客户群体	使用激励政策协助缓解传统和创新之间的紧张关系
水循环城市	
管理	低影响开发是城市规划关注和实施的重要组成部分
	分布式设施需要调试过程与试验
基础设施	适合多种用途的多样化水源供水
	强大的供水系统和综合城市水管理正在进行
客户群体	私人和政府合作,共同管理水循环
	积极推行节约用水活动和非常规水源利用
水敏感城市	
管理	低影响开发融入城市规划和水管理的各个方面
	政府组织灵活的适应性和持续参与
基础设施	城市有多个可持续的水资源,至少有一个水源不依赖降雨
	实现与环境协调的资源中立和统一
客户群体	更加成熟的可持续生活方式,社区的支持与实践
	城市愿景和特性已经制定,水文化渗透到社区

第四节　海绵城市研究尚有空间

可以看出,如果试图达到"水道塑造城市"乃至更高水平的阶段,最重要的是要在实现雨污分流的基础上,通过低影响开发的建设手段来解决城市固有的水问题。与此同时,在管理上要建立完善的功能性规划,还要建立健全相关法律法规体系。三项要素之间是硬件与软件，技术与管理措施相辅相成的关系。而纵观当前海绵城市建设，多着眼于"硬件"的建设，在"软件"方面尚存在明显的不足。

以海绵城市为主题的科技论文自 2014 年起呈现井喷式增长，但深入研究此类文献可以发现，其中很大一类是基于 SWMM、SUSTAIN 或其他商业模型软件，对拟建区域进行雨洪模型构建，结合海绵城市建设相关技术规范中的硬性要求〔如 SS（悬浮固体）浓度，地表径流削减率等〕，推定最佳的低影响开发设施组合方案。相当于是将制作海绵城市规划的技术流程核心提取出来。第二大类是从政策层面，定性分析海绵城市建设对社会、经济与环境的可能影响，并就其中可能存在的问题提出政策角度的建议。这一类研究带有很明显的社会科学属性，并没有从自然科学角度探寻海绵城市建设带来的自然生态影响。目前可查到的从自然科学角度开展海绵城市研究的已发表论文凤毛麟角，且大多也是针对某一个点（如雨水管理），而如前文所言，海绵城市的愿景是打造一个方方面面都对水资源"精打细算"的区域，以海绵城市建设带动城市复合生态系统阶段式发展。形成海绵城市建设与城市生态环境改善之间的协同关系，才是海绵城市愿景中最重要也是最终极的目标。

在管理规范上，虽然自国家大力推动海绵城市建设以来，针对利益相关方的规范性文件陆续出台，但我们在立法方面还有进一步完善空间，主要表现在以下几个方面。

首先在立项阶段，海绵城市的规划技术流程中，明确给出了低影响开发设施的种类与建设方式，但仍需进一步完善现状分析层面。比如，南方城市一般河道弥补水量充沛，北方城市则大多面临水资源匮乏、城市水体质量不佳的问题，那么在这两类地区建设的海绵城市应有哪些不同？又如，沿海经济发达城市与内陆欠发达城市，旅游型城市与工业型城市等，社会、经济、环境差异客观存在于不同城市之间，规范性文件中还需将其区分开来分别予以指导。海绵城市建设是一个针对城市水资源管理的系统工程，有很清晰的侧重点。在不同的自然人文条件下建设海绵城市的技术与政策倾向，也应当建立在对社会、经济、环境综合考量的科学结论上，具有清晰的区别。

其次，验收阶段。在第二批海绵城市申报之前，2015 年《海绵城市建设绩效评价与考核办法（试行）》出台，从水生态、水环境、水资源、水安全、制度建设与执行情况、显示度等六个方面的指标对海绵城市建设效果进行绩效评价与考核。该文件首次明确了我国海绵城市建设的几个目标，充分描摹出了我国兴建海绵城市预期愿景的轮廓。这一文件涉及的指标大部分为定性指标，因而在实际操作中存在一定困难。值得关注的是，海绵城市相关研究中，对海绵城市建设效果的评价方法研究还较为欠缺，随着第一批与第二批海绵城市试点城市的相继投入运行，现在正是收集相应数据，开展案例研究的最佳时间点。

最后，运行阶段。由于已投入运行并稳定运转的试点区域较少，这一部分还需加强。除了最早的海绵城市基础技术文件《海绵城市建设技术指南》提及了监管单位，管理制度，维护管理，数据库建立，宣传教育等几个方面的基础要求，当前只有几个海绵城市理念的先行者为解决实际问题，制订了相应的管理办法，内容还需进一步完善。如何合理高效地将巨资兴建的海绵设施运转起来，真正实现规划与建设时所设立的愿景，是未来理论与实践研究最应当关注的问题。

第二章　海绵城市规划优秀案例
——乐陵市海绵城市专项规划

第一节　现状解析与问题识别

一、城市基本情况

（一）区位条件

乐陵市位于山东省西北部，属华北平原。东毗庆云，西邻宁津，南与商河德惠新河相望，北与河北省盐山、南皮以漳卫新河相隔，东南与阳信相连，西南与临邑、陵县接壤。地处北纬 $37°18'\sim37°52'$，东经 $117°21'\sim117°56'$。东距渤海湾 44.5km，西距津浦路 72km。市域南北长 40km，东西宽 30km。全市总面积 1116.8km^2。距济南 118km，距德州 110km，距河北省泊镇 81km，距天津 216km，距张店 185km。

（二）地形地貌

乐陵市系华北平原的一部分，由黄河冲积而成。地势平坦，海拔（黄海高程）10m 至 12m 左右，自西北向东南逐渐降低，地面坡降为 1/10000～1/8000。市域北部的大孙、杨家、西段、三间堂、大徐 5 个乡地势高亢，大孙乡素有"西北高原"之称，最高点高 13.7m；东部的铁营乡地势低洼，洼中心高程仅 6.3m，为全市最低点。

市域内地貌形态由古黄河的泛滥变迁所决定。据旧志载，公元前 39 年（汉元帝永光五年）黄河改道，行水时间达 50 年之久。因河水泛滥，歧流横生，泥沙沉积，北支沿现漳卫新河一线，形成杨家、大孙两乡北部的决口扇形地；南支沿现前进沟一线，形成于林、齐河子、旧乐陵、铁营等串珠式洼地。1060 年（宋仁宗嘉佑五年），黄河再次改道，流经现马颊河流域，行水时间 21 年，入乐陵后河槽狭窄，"两边坡地水势较大而渲泄不及，即有漫溢之虞"，故在河两岸近侧形成河滩高地，远侧则形成大小不等的洼地。两次黄泛，河流冲积物交错分布，高洼零乱，加之长期以来自然因素和人为活动的影响，构成了高、坡、洼相间的微地貌类型。根据地貌成因和形态相结合的原则，可以将乐陵市地貌分为河滩高地、缓平坡地、浅平洼地、背河槽状洼地和决口扇形地5个类型。

（1）河滩高地。主要分布于漳卫新河以南及马颊河两侧局部地带，包括大徐、三间堂、西段3个乡的全部，大孙、杨家、胡家、朱集、双庙赵、城关、黄夹、郭家、孔镇等乡（镇）一部。面积416551亩（1亩＝667m^2），占全市总面积的1/4。土壤质地较好，潜水多属弱矿化水，地表和地下径流畅通，土壤水分运动以下渗为主，地势高而平，是粮、棉、枣生产的最好地区。

（2）缓平坡地。处于河滩高地与浅平洼地之间，面积1031001亩，占全市总面积的61.5%。分为高坡地、平坡地和洼坡地。高坡地分布在杨盘到城关及孔镇、王集、花园等乡（镇），面积433689亩；平坡地分布在刘武官、郑店等乡，面积298432亩；洼坡地多在前进沟两侧及丁坞乡周围，面积与平坡地相等。高坡地潜水位低，宜灌宜排，是坡地中之最优，素有"粮仓"之称；平坡地地势平缓，质地良好，宜耕宜灌，是粮、棉产量较高的地区；洼坡地易涝易碱，宜于发展林、牧、水产业。

（3）浅平洼地。形如"碟状"，分布于市内几个大洼之中，面积为88562亩，占全市总面积的5.3%。洼中汛期时有积水，但土壤自然淋洗作用较强，洼底盐化土壤较少，边缘则盐化较重，称为内涝外碱。

（4）背河槽状洼地。分布于三间堂、大徐、朱集乡和孔镇南部，面积38550亩。盐渍化较重，汛期易成内涝，可有选择地种植苇子。

（5）决口扇形地。分布于大孙、杨家、西段3个乡的北部，面积为100501亩，占全市总面积的6%。质地为砂，漏水漏肥，是宜林宜果地区，历史上就被誉为"水果之乡"。

（三）地质水文

1.地质

据省地质队有关资料分析，乐陵市自中生代，由于逐渐形成沉降坳陷区，大量风化物质随水而来，加之黄河冲泛淤积，构成了复杂多变的第四系地层，厚度达数百米。当黄河改道流经本市某一地带时，在较长时期内，形成了河道带的较为稳定的砂层沉积，由于河流泛滥和三角洲散流的影响，又形成了不太稳定的窄条状砂层沉积以及大片地区的黏性土和薄层砂层相间沉积，因而在0～40m深度埋藏着厚度和分布范围各不相同的黏性土、粉砂和粉细砂层。

本市境内砂层主要是淡水层。大于5m的较厚砂层，因受古河道影响，一般以规律性的从西南向东北呈条状带分布。在40m以上的不同深度，单层或多层并列存在着小于5m的砂层，但稳定性较差。深层淡水顶界面多埋藏在100～200m，其基本趋势是西部埋藏较深，东部较浅。

2. 水文

乐陵市地处华北平原，属海河流域，马颊河水系，由于降雨量偏小，地势平坦，河流浅平，地下垫面条件较差，水资源贫乏。据有关资料统计，全市多年平均水资源总量 $14474×10^4m^3$，其中地表水为 $1555.00×10^4m^3$，地下水为 $13037.70×10^4m^3$，重复计算量 $118.70×10^4m^3$。

境内主要有漳卫新河、马颊河和德惠新河三条河流，均为平原泄洪河道，东西流向。其中，德惠新河、马颊河具有引黄灌溉作用，夏秋两季水多，冬春两季水少。

漳卫新河为老黄河故道，市域境内全长 34.7km，宽 400～1270m，控制流域面积 $200km^2$，平均年径流量 $376.9m^3/s$。

马颊河属海河流域，为秦汉黄河故道，市域境内全长 43km，宽 250～290m，控制流域面积 $821km^2$，平均年径流量 $1543.7m^3/s$。

德惠新河于 1968～1970 年开挖，境内全长 28km，控制流域面积 $132km^2$，平均年径流量 $282.9m^3/s$。境内另有杨安镇碧霞湖水库一座，占地 600 亩，容量 1880 万 m^3。

三条河流的水文情况如表 2-1 所列。

表 2-1　乐陵市三条河流水文情况

河道	平水年年径流量/(m^3/s)	枯水年年径流量/(m^3/s)	上游汇水(集水)面积/km^2	径流系数(多年平均)	防洪水位/m	防洪流量/(m^3/s)	备注
漳卫新河	376.9	70.2	37000	0.085	12.25 (罗寨闸)	3500 (罗寨闸)	防洪标准 50 年一遇
马颊河	1543.7	287.4	7435 (孟家闸)	0.085	12.07 (孟家闸)	856 (孟家闸)	防洪标准 20 年一遇
德惠新河	282.9	52.7	2327 (郑店闸)	0.085	11.47 (郑店闸)	380 (郑店闸)	防洪标准 20 年一遇

（四）土壤植被

乐陵市境内土壤成土母质为黄河泛滥冲积物，耕层质地以轻、中壤为主，土体构型以厚黏心、厚黏腰、均质壤为主，分为潮土、盐土、风砂土三大类，分别占全市土壤可利用面积的 95.2%、4.27%、0.53%。

乐陵市属阔叶落叶林带，境内以杨、柳、榆、槐等用材树种为数最多，其次是桐、臭椿等。在经济林中，枣树为大宗，遍及全市，水果林和香椿林在部分乡（镇）也占有一定地位。境内河岸、村落以夏绿阔叶树木及乔木为主，盐碱地有盐生植物群落，荒地上多自然复苏的禾木科白草、黄菅草等。

（五）气候

1.气温

乐陵市属于暖温带半湿润季风气候，具有显明的大陆性气候特征。多年平均气温12.4℃，全年无霜期为196d，光照时长为2701h（平年），年平均降水量为587.2mm。夏春季盛行西南风和东南风，冬季盛行西北风。历年各月极端最高、最低气温如表2-2所列。

表2-2　乐陵市历年各月极端最高、最低气温　　　　　　　　单位:℃

月份	1	2	3	4	5	6	7	8	9	10	11	12	全年
最高	14.6	21.6	26.7	33.2	39.9	40.9	40.6	38.5	33.7	31.0	23.8	14.9	40.9
最低	−20.4	−21.3	−15.3	−3.7	1.3	8.5	12.8	12.4	4.4	−3.0	−11.5	−19.9	−21.3

2.降水

本市年平均降水量587.2mm。最多年1090.5mm，最少年266.6mm，年降水相对变率为25％，80％保证率的降水量为440mm。年平均降水量在400～850mm之间年份占78.1％，其中500～700mm范围的年份占56.3％，小于400mm和大于850mm的年份分别为15.6％和6.3％。境内雨季从6月30日开始，8月31日结束，平均63d。开始日最早5月13日，最晚8月4日；终止日最早7月27日，最晚10月9日。个别年无明显雨季。雨季平均降水量为430.6mm。各季多年平均降水量：春季（3～5月）63mm，夏季（6～8月）418.3mm，秋季（9～11月）92mm，冬季（12～2月）14mm。历年各月平均降水量如表2-3所列。年平均蒸发量2219mm。4～6月蒸发量最大，盛夏蒸发减少，降水多于蒸发。秋季蒸发大于降水。

表2-3　乐陵市历年各月平均降水量　　　　　　　　单位：mm

月份	1	2	3	4	5	6	7	8	9	10	11	12
平均降水量	3.0	6.5	7.1	30.2	26.8	61.4	205.3	157.5	47.2	29.8	15.7	4.5

（六）经济社会概况

2013年，全市实现国内生产总值（GDP）213.64亿元，按可比价格计算，比上年增长12.5％；人均GDP达到31057元，增长12.4％。全市实现公共财政预算收入8.6亿元，增长34％；两税全口径收入10.3亿元，增长30.6％；万元GDP能耗0.57t标准煤，下降3.7％；规模以上工业万元增加值能耗0.78t标准煤，下降4.61％，节能降耗目标全面实现；城镇居民人均可支配收入24518元，增长12％；农民人均纯收入11185元，增长16％。

全市规模达到500万元以上固定资产投资项目154个，投资规模达5000万元以上的项目127个，过亿元的项目44个，过5亿元的项目5个。完成投资额

146.78 亿元，增长 24.6%；新开工项目 142 个，比去年增加 5 个，占投资项目个数的 92.2%，完成投资额 109.52 亿元。第二产业投资项目 90 个，完成投资 75.91 亿元，增长 22.12%；第三产业投资项目 64 个，完成投资 70.87 亿元，增长 19.13%，第三产业投资占全部规模以上固定资产投资比重达到 48.3%。

（七）城市建设发展概况

乐陵区位优越，交通便利。北临环渤海，南融"省会圈"，东连"黄三角"，西接"隆起带"，融入京津冀协同发展区，处于"两区一圈一带"（黄河三角洲高效生态经济区、京津冀协同发展区、省会城市群经济圈，省西部经济隆起带）四大区域战略叠加区，具有"东西逢源、南北借力"的地缘优势。滨德高速、新京沪高速和德龙烟铁路在境内纵横相交，使乐陵逐步融入全国交通主动脉，成为拥有 4 个高速出入口和 1 个铁路客货运站的重要交通城市，实现了"40 分钟到济南、70 分钟达天津、2 小时抵北京"。近年来，乐陵市经济发展势头良好，为其综合实力和竞争力的提升奠定了雄厚基础。同时建立了一大批产业园区，包括市域重要产业园：如循环经济示范园、调味品工业园、物流园区、农业高新技术园区，以及城区重要产业园（中心）：青岛保税港区（德州）功能园、黄三角（乐陵）会展物流中心、五洲国际博览城、义务（国际）商贸物流园等。通过各类园区的不断推进建设，搭建起以现代交通和市场为基础、以现代物流信息和网络技术为支撑的现代商贸物流业新格局，为乐陵大众创业、经济腾飞带来了无限的发展空间。

二、海绵城市建设条件分析

（一）城市生态系统现状

1. 山、水、林、田、湖生态要素分析

乐陵市属华北暖温带半湿润季风气候区，形成了降水集中，热量充足，雨热同期，四季更替，变化分明的气候特点。一般春季干燥，多风少雨；夏季湿热，雨水集中；秋季晴和，旱涝不均；冬季严寒，雪雪稀少。

乐陵市地处华北平原，属海河流域，马颊河水系，由于降雨量偏小，地势平坦，河流浅平，地下垫面条件较差，水资源贫乏。据有关资料统计，全市多年平均水资源总量 $14474 \times 10^4 \mathrm{m}^3$，其中地表水为 $1555.00 \times 10^4 \mathrm{m}^3$，地下水为 $13037.70 \times 10^4 \mathrm{m}^3$，重复计算量 $118.70 \times 10^4 \mathrm{m}^3$。乐陵市内有马颊河、德惠新河、漳卫新河三条过境河流，多年平均径流总量 $10.5571 \times 10^8 \mathrm{m}^3$，由于大部分径流产生于汛期，可利用量较少。目前，这些河道已成为引黄水系。据初步估算，乐陵市多年平均引黄水量 $12529.02 \times 10^4 \mathrm{m}^3$，主要用于农田灌溉。

2. 植物多样性

乐陵市属于暖温带半湿润季风气候，具有显明的大陆性气候特征。乐陵市属阔叶落叶林带，境内以杨、柳、榆、槐等用材树种为数最多，其次是桐、臭椿等。在经济林中，枣树为大宗，遍及全市，水果林和香椿林在部分乡（镇）也占有一定地位。境内河岸、村落以夏绿阔叶树木及乔木为主，盐碱地有盐生植物群落，荒地上多自然复苏的禾木科白草、黄萱草等。

（二）建成区水生态状况

1. 年径流控制现状

本规划区规划范围为乐陵市中心城区，由于乐陵市已建成居民小区和新建成的居民小区的建设时间、建设标准等不一致，导致其径流系数不一致，为了能够更好地分析乐陵市居民小区径流系数，分别针对已建成居民小区和新建成居民小区研究其径流系数。

（1）老城区已建成居民小区综合径流系数

选取老城区 5 处已建成居民小区进行研究，分别估算综合径流系数，计算结果如表 2-4 所列。

表 2-4 老城区已建成居民小区综合径流系数

居民小区	项目	用地类型		
		建筑	地面铺装（含道路）	绿地
A	面积比例/%	51.30	43.70	5.00
	径流系数	0.9	0.5	0.2
	综合径流系数	0.690		
B	面积比例/%	38.40	56.60	5.00
	径流系数	0.9	0.5	0.2
	综合径流系数	0.639		
C	面积比例/%	33.50	61.50	5.00
	径流系数	0.9	0.5	0.2
	综合径流系数	0.619		
D	面积比例/%	43.80	51.20	5.00
	径流系数	0.9	0.5	0.2
	综合径流系数	0.660		
E	面积比例/%	53.00	42.00	5.00
	径流系数	0.9	0.5	0.2
	综合径流系数	0.697		

计算以上 5 个居民小区的综合径流系数，取其面积加权平均值作为已建成居民小区综合径流系数，知老城区已建成居民小区综合径流系数约为 0.7。

（2）新建成居民小区综合径流系数

选取位于西部新区 4 处新建小区，分析其建筑、地面铺装及绿地面积，估算综合径流系数，计算结果如表 2-5 所列。

表 2-5　西部新区新建成居民小区综合径流系数

居民小区	项目	用地类型		
		建筑	地面铺装（含道路）	绿地
A	面积比例/%	25.0	40.0	35.0
	径流系数	0.9	0.65	0.2
	综合径流系数	0.555		
B	面积比例/%	31.61	38.27	30.12
	径流系数	0.9	0.65	0.2
	综合径流系数	0.593		
C	面积比例/%	18.82	46.17	35.01
	径流系数	0.9	0.65	0.2
	综合径流系数	0.540		
D	面积比例/%	20.40	44.60	35.00
	径流系数	0.9	0.65	0.2
	综合径流系数	0.544		

注：新建小区内地面铺装（含道路）类型为沥青路面、青石板路面、荷兰砖、植草砖、卵石路面，综合考虑取地面铺装的综合径流系数为 0.65。

计算以上 4 个居民小区的综合径流系数，取其面积加权平均值作为新建成居民小区综合径流系数，知新建成居民小区综合径流系数为 0.54。

（3）未开发区域综合径流系数

未开发区域的用地性质主要包括：林地、农田、河滩地等，综合径流系数为 0.2。

（4）乐陵市中心城区总体综合径流系数

根据《乐陵市城市总体规划》中心城区 2030 年规划城市建设用地平衡中相关用地性质及面积，按照《室外排水设计规范》中径流系数指标，参考以上计算已建成区居民小区与新建区居民小区的径流系数及其所占规模，确定居住用地综合径流系数取值为 0.62。

中心城区综合径流系数计算如表 2-6 所列。

表 2-6　中心城区综合径流系数计算

序号	用地性质	面积/hm²	径流系数
1	居住用地	455	0.62
2	公共管理与公共服务设施用地	389	0.70
3	商业服务设施用地	110	0.70
4	工业用地	350	0.75
5	物流仓储用地	56	0.70
6	道路与交通设施用地	400	0.85
7	绿地与广场用地	366	0.20
8	公用设施用地	50	0.85
9	加权平均综合径流系数		0.638

由表 2-6 可知，现状中心城区加权平均综合径流系数为 0.638。

2. 城市园林绿化生态现状

中心城区现状绿地与广场用地 67.79hm²，占总建设用地的 2.56%，人均 3.29m²/人，其中公园绿地 27.58hm²，人均公园绿地 1.34m²/人。

近年来，中心城区对几条城市主次干道和交叉路口进行扩绿，增加了城市绿化景观节点。现已形成以盘河两岸滨河绿化为景观绿带，以综合公园为中心绿地，以街头绿地、小区绿地和单位庭院绿化为辅助，以道路绿化为网络的绿化格局，结合中心城区外围枣林，城市园林绿化建设骨架初步形成。但现状公园绿地主要集中在盘河周边城市中心地带，绿地空间分布不合理。现状防护绿地主要分布在跃马河两侧，城市道路主干道和次干道两侧也有少量分布，城市高压线和相关河道沿线缺乏必需的防护绿地。单位绿地中的绿地量偏低，植物群落组成不完善，生态效益不明显。

主要现状问题如下：①绿地比例较低，低于国家 8%～15% 的建设用地比例。人均公园绿地也低于国家不应小于 8.0m²/人的公园绿地指标。②公园绿地分布不均，绿地系统尚未形成，区级、居住区级公园绿地较为缺乏。③已建的中心公园、绿地等绿化形式简单，空间品质不高，不能充分满足城市居民文化、娱乐及风景旅游的需要。④防护绿地建设不完善，尤其是在北部工业与居住用地之间的防护绿地较为缺少。⑤跃马河、盘河两岸的滨河带状绿化没有实现贯通，没有形成完整的绿化景观带。城市滨水轴线尚未完全形成。

（三）建成区水安全状况

1. 防洪工程现状

乐陵市地处黄河冲积平原，中心城区防洪主要依靠水系防洪体系来防御外来洪水，相关的水系工程防洪标准未完全达到规划标准，目前中心城区涝水主要依靠排涝泵站和自然排水解决，现有排水建构筑物 78 座，承担中心城区排涝任务。目前跃马河和盘河中心段部分河道存在淤积，部分护岸年久失修，局部地段为自然土堤，丰水期遭遇洪水冲刷，易造成水土流失或溃堤，需统一规划整治。

市域范围内有三条大型河流：马颊河、德惠新河、漳卫新河，前期规划均按百年一遇标准进行规划，近十几年均未出现险情；城区内有跃马河、盘河两条排水河流及部分水面，河流按 50 年一遇的防洪标准治理规划。存在的问题为：城区内的河流水蚀防洪标准偏低，达不到规划要求、排水不畅，汛期城内积水严重。

乐陵市域防洪规划，马颊河、德惠新河，执行省水利厅的防洪规划，按百年一遇标准进行规划。乐陵市城市防洪等级为三级，按 50 年一遇防洪标准进行规划；跃马河、盘河均按 50 年一遇的防洪标准治理，疏通扩大城内部分河道，增加蓄水能力。

2. 排涝工程现状

乐陵市现状新建区域雨水采用雨污分流制，老城区仍然为雨污水合流制。乐陵市区现状排水体制为雨污合流制。城区现状雨水分区主要依靠现状城区河流为分界进行划分。敷设排水管道（沟）长约170km。管道均采用水泥管、HDPE管。管道大部分铺设在老城区。据统计，乐陵市降水量最多年1090.5mm，最少年266.6mm，但经过多年的建设，乐陵市城区面貌已发生很大变化，近期10年以来于2012年发生了较严重的内涝灾害，老城区基本积水在10cm以上，最深处约1.5m。

（1）城市排水河道情况

三横：三条东西向的生态水系，自北向南依次为跃马河水系、盘河水系、鱼游河水系。

三纵：三条南北向的生态水系，自西向东依次为春草河水系、秋蓬河水系、甘泉河水系。

（2）城市管道系统现状

老城区雨水管道大都建设于20世纪，年久失修，只有少部分管道近期改造，新建城区的雨水管道大都修建于近十年，虽然新建城区采用分流制，但由于城区缺乏排水管道统一设计，使得雨水管道分散，管径偏小，难以发挥雨水管道应有的作用。

（3）雨水泵站和涵闸情况

城区现状无雨水泵站，城区现状有涵闸两处，分别位于甘泉河与跃马河相交处及甘泉河与盘河相交处。

（四）建成区水环境状况

1. 污水排放与收集情况

乐陵市现状有两座污水处理厂，即乐陵市污水处理厂和乐陵市西部新区污水处理厂。乐陵市污水处理厂位于跃马河东路1号，占地面积84.6亩，设计规模为$4 \times 10^4 m^3/d$，现状日处理规模为$3 \times 10^4 m^3/d$，2013年处理水量为$750 \times 10^4 m^3$，处理后的水质达到《城镇污水处理厂污染物排放标准》一级A标准。污水厂设有再生水回用系统，设计规模为$3 \times 10^4 m^3/d$，目前回用量为$1.5 \times 10^4 \sim 2 \times 10^4 m^3/d$，处理后主要用于热电厂循环，盘河、跃马河景观用水，农田灌溉及人工湿地。

西部新区污水处理厂位于乐陵市西部新区创业大道与跃马河路交界处，占地面积约80亩，设计日处理规模$2 \times 10^4 m^3/d$，处理后的水质达到《城镇污水处理厂污染物排放标准》一级A标准。暂无中水回用建设计划。目前处理水量为$7000 m^3/d$。

目前城区现状管网存在雨污混接和雨污合流的现象，需要在未来的建设阶段逐步完成梳理和分流，保证雨污水分别汇入市政管网，实现雨污分流控制。

2. 水环境质量

该区河道以硬质河道为主，分析该区域水环境质量可知，水体存在一定的富营养化现象，经过长年累月的积累，水体中有大量的淤泥和垃圾存在，因此需要进行河道清淤和整治，以减少存量污染物的数量。

城区内水体要做到"水清河畅"还需要和大的水系沟通，利用大水系较大的径流量增加中小水系的水量和改善中小水系的水质。建成后如何保持水体的水环境质量是海绵城市建设必须面对的问题。

（五）建成区水资源状况

1.地表水

乐陵市多年平均径流深40.4mm，50%保证率径流深17.6mm，75%保证率径流深3.5mm，95%保证率径流深0.1mm。境内多年平均径流总量4755×10⁴m³，50%保证率径流量2203×10⁴m³，75%保证率径流量569×10⁴m³，95%保证率径流量41×10⁴m³。乐陵市境内中型拦河闸2座，大型扬水站1处，中型水库1座，地表水可供水量根据现状工程调蓄能力按0.8利用系数计算分析。乐陵市地表水分析计算成果如表2-7所列。

表 2-7　乐陵市地表水分析计算成果

项目	平均值	保证率/%			CV(变异系数)
		50	75	95	
径流深/mm	40.4	17.6	3.5	0.1	1.48
径流量/10^4m³	4755	2203	569	41	—
可供水量/10^4m³	3804	1762	286.1	6.6	—

2.地下水

乐陵市地下水分析计算采用《山东省地下水资源可持续开发利用研究》（海洋出版社）成果。浅层地下水与深层地下水开采资源计算成果如表2-8、表2-9所列。

表 2-8　乐陵市浅层地下水开采资源计算成果

天然资源量/10^8m³	开采资源量/10^8m³	矿化度			
		<2.0g/L		2～3g/L	
		面积/km²	资源量/10^8m³	面积/km²	资源量/10^8m³
1.6305	1.2718	609.57	1.0193	168.43	0.2525

表 2-9　乐陵市深层地下水开采资源计算成果

计算面积/km²	开采资源量/(10^8m³/a)	地下水开采模数/[10^4m³/(km²·a)]
778	0.10	1.29

3.客水资源

客水资源主要是黄河水，将来南水北调的长江水资源。

乐陵市客水资源主要是李家岸引黄灌区引用的黄河水。根据《山东境内黄河及所属支流水量分配暨黄河取水许可总量控制指标细化方案》，德州市黄河水量控制指标由原来的10.5×10⁸m³调整为9.77×10⁸m³。根据《德州市水利局关于印发

《德州市 2011－2015 年用水总量控制指标分配方案（暂行）〉的通知》，分配乐陵市 $6722 \times 10^4 \, \mathrm{m}^3$。

三、问题及需求分析

(一) 存在问题

1. 水生态

河道两岸绿地建设比较缺乏，已建沿河防护绿地宽度不足，大量河道未建滨河绿化。河道已实施护岸几乎全部采用硬质护岸，切断了河道滨水生态系统，导致河道逐步演化为排水明渠，河道生态功能、景观功能逐渐消退。

乐陵城区盘河两岸经过多年精心打造，有政府广场绿地、元宝湖公园和玉心湖公园等滨水景观，但滨水景观的生态性、休闲性还不够，水文化的体现还有待进一步充分发掘。

如何保持土地环境的蓄滞雨水能力是海绵城市建设必须面对的问题一。

2. 水安全

（1）雨水管渠设计标准偏低

根据《室外排水设计规范》（2016 版），我国的排水系统的设计重现期一般地区为 2～3 年，重要地区要达到 3～5 年；《室外排水设计规范》（2011 修订版）规定的设计重现期一般地区为 1～3 年，重要地区要达到 3～5 年；2006 年前设计标准更低。根据调查，乐陵市老城区合流管道重现期不足 0.5 年；新建城区采用分流制，雨水管重现期大多在 1 年以内。一旦降雨超标，路面极易产生积水，遇到大雨或暴雨势必造成内涝。

（2）原有水系被覆盖或取消，河道清淤养护不及时

随着城区规模不断扩大，部分季节性河流、冲沟、水塘被改为暗渠或填埋，造成雨季排水不畅，而且现状地面基本采用混凝土或沥青硬化，铺成广场、商业街、人行道、停车场及社会活动场地。不透水面积的增加，导致汇水面积上平均径流系数增大，地面的渗水能力较差，相同降雨形成的径流量增大。在极端天气下，原水系地区存在发生内涝的风险。市内现有盘河、跃马河、甘泉河、秋蓬河、春草河等主要泄洪河、沟，但主河道跃马河及秋蓬河淤积严重，暴雨时，雨水不能顺畅排出，甘泉河部分区域完全被填埋，影响了主城区的雨水外泄。

（3）老城区为合流管，管道老化破损、设计容量不足

老城区早期建设雨水管道时，规划不完善，采用合流制排水体制，设计管径偏小。随着道路周边地块开发，城区硬化面积的不断扩大，雨水径流量变大，造成现有排水管道管径偏小，容量不足，原有管线无法满足周边的排水需求，并且管位空间有限，大雨时排水不畅，有时出现检查井盖顶托，造成安全隐患。

（4）极端暴雨天气频发，小范围、高强度降雨增加

全球气候变化和城市局地气候变化，导致城市极端天气日益增多，降雨量强度

增大，导致内涝频率增加，短时强降水或过程量偏大的降雨天气过程是引发中心城区内涝的直接气象因素。

如何应对城市的内涝防治问题是海绵城市建设必须面对的问题二。

3. 水环境

乐陵城区超过 1/2 的河道存在断头的现象，且河道断面普遍偏小，造成河道正常情况下基本处于无水流状态，需要通过工程措施来实现水体的流动和交换。

该区河道以硬质河道为主，水体存在一定的富营养化现象，经过长年累月的积累，水体中有大量的淤泥和垃圾存在，因此需要进行河道清淤和整治，以减少存量污染物的数量。

如何提高水环境质量是海绵城市建设必须面对的问题三。

4. 水资源

乐陵市属于干旱地区，水资源总量不足，人均水资源总量 200m³，属于水资源极度稀缺地区，需要外来调水。通过引黄工程和南水北调东线工程的调水工程补充水量。应充分采用源头、分散式的雨水收集利用措施，提高雨水资源利用率。雨水的利用考虑补充地下水、绿化、冲洗道路、停车场、洗车、景观用水和建筑工地杂用水等。

如何实现水资源供需平衡和提高水资源利用率是海绵城市建设必须面对的问题四。

(二) 需求分析

乐陵市将形成"南居、北工，城中碧水萦绕，城外绿海环抱"的城市大格局，城市水景观建设以城市水景观功能划分为基础，以水面景观、滨水景观和沿岸景观建设为主要内容，以资源的科学开发利用、优化生活结构、提高城市空间为目标，以有效发挥服务市民及美化城市的功能为宗旨。

通过乐陵海绵城市专项规划，结合城市规划布局，基于"渗、滞、蓄、净、用、排"六字要求，力求建设自然、亲水、生态、休闲的滨水空间系统，达到"安全、生态、文化、和谐"的总体目标和"水清、岸绿、景美、船通"的效果，为乐陵城市的可持续发展奠定基础。

具体目标如下：

① 保护和改造环境，完善功能，建设乐陵城区生态河道、提升土地价值和文化价值；

② 合理配置乐陵城市水资源，挖掘水资源在乐陵城市发展建设中的潜在价值，改善休闲、度假和娱乐场所，促进乐陵市旅游业和第三产业的发展，将水系河道及两岸地区打造成具备旅游休闲、商贸服务、生活居住多元功能，复合型城市经济社会发展带；

③ 形成"城中有水、水中有城，城河湖一体"的独特城市布局，达到"湖河相连、水水相通、城水相依"的效果。

第二节 规划目标与技术路线

一、规划目标

(一) 战略目标

以海绵城市建设理念引领乐陵市城市发展，促进生态保护、经济社会发展和文化传承，以生态、安全、活力的海绵城市建设塑造城市新形象，实现"水生态良好、水安全保障、水环境改善、水景观优美、水文化丰富"的发展战略，建设河畅岸绿、人文和谐的海绵乐陵。

到 2020 年，城市建成区 20% 以上面积达到径流控制率 70% 的要求；到 2030 年，城市建成区 80% 以上面积达到径流控制率 70% 的要求。

(二) 分类目标

1. 水生态

通过海绵城市的统筹建设，识别重要的生态斑块，构建生态廊道，保护山体、水体、林地、农田、水源保护区等重要生态敏感区，通过生态空间的有序指引，留足生态空间和水域用地，实现城市和自然的共生。

(1) 径流控制目标

《海绵城市建设技术指南》将我国大致分为五个区，并给出了各区年径流总量控制率 α 的最低和最高限值，即 Ⅰ 区（85%～90%）、Ⅱ 区（80%～85%）、Ⅲ 区（75%～85%）、Ⅳ 区（70%～85%）、Ⅴ 区（60%～85%）。

乐陵市属Ⅳ区，其年径流总量控制率 α 取值范围为 $70\% \leqslant \alpha \leqslant 85\%$。年径流总量控制率与对应的设计降雨量见表 2-10。综合考虑乐陵市下垫面特征、内河水系状况、地质水文、开发强度等因素，及其自然环境和城市定位、规划理念、经济发展等多方面条件，将年径流总量控制率的目标定为 70%，其对应的设计降雨量为 22.3mm。

表 2-10 乐陵市年径流总量控制率与对应设计降雨量

年径流总量控制率/%	60	70	75	80	85
设计降雨量/mm	16	22.3	26.5	32.2	40.9

(2) 生态岸线恢复

在不影响防洪安全的前提下，对城市河湖水系岸线进行生态恢复，达到蓝线控制要求，恢复其生态功能。到 2020 年，生态岸线比例达到 70% 以上；到 2030 年，生态岸线比例达到 75% 以上。

2. 水安全

(1) 城市防洪标准

根据《乐陵市城市总体规划》，乐陵市城市防洪等级为三级，按 50 年一遇防洪标准进行规划；跃马河、盘河均按 50 年一遇的防洪标准治理，马颊河按 100 年一遇的标准治理。

（2）内涝防治标准

根据《城市排水（雨水）防涝综合规划编制大纲》和《室外排水设计规范》要求，参考国内其他城市经验，确定乐陵市中心城区的内涝防治标准为：通过采取综合措施，示范区内能有效应对 20 年一遇的暴雨，居民住宅和工商业建筑物底层不进水，道路积水深度不超过 15cm。

（3）排水标准

根据《室外排水设计规范》（2014 版）要求，雨水管渠设计重现期，应根据汇水地区性质、城镇类型、地形特点和气候特征等因素，经技术经济比较后按表 2-11 的规定取值。

表 2-11 雨水管渠设计重现期 单位：a

城镇类型	中心城区	非中心城区	中心城区重要地带	中心城区地下通道和下沉式广场
特大城市	3～5	2～3	5～10	30～50
大城市	2～3	2～3	5～10	20～30
中等城市和小城市	2～3	2～3	3～5	10～20

注：1. 按表中所列重现期计算暴雨强度时，均采用年最大值法。

2. 雨水管渠应按重力流、满管流计算。

3. 特大城市指市区人口在 500 万以上的城市；大城市指市区人口在 100 万～500 万的城市；中等城市和小城市指市区人口在 100 万以下的城市。

因此，乐陵市雨水系统的设计标准选取如下：①雨水系统设施的设计重现期应与内涝防治系统相协调，满足城区的内涝防治要求，并根据水力模型进行调整；②一般地区雨水管渠采用 2 年一遇标准，重点地区采用 5 年一遇标准。

3. 水环境

通过乐陵区域点源、面源污染的控制，减轻对水环境的影响，构建清洁、健康的水环境系统。

（1）水质标准

海绵城市建设区域内的河湖水系水质不低于《地表水环境质量标准》Ⅳ 类标准，不得出现黑臭现象，且优于海绵城市建设前的水质，其中马颊河达到 Ⅲ 类水体标准。当城市内河水系存在上游来水时，下游断面主要指标不得低于来水指标。地下水监测点位水质不低于《地下水环境质量标准》Ⅳ 类标准，或不劣于海绵城市建设前。

（2）城市面源污染控制

雨水径流污染、合流制管渠溢流污染得到有效控制。城市面源污染削减率按 SS 计，到 2020 年削减率达到 50% 以上，到 2030 年达到 65% 以上。

4.水资源

提升乐陵市雨水积蓄利用功能，雨水收集并用于道路浇洒、园林绿地灌溉、市政杂用、工农业生产。

综合考虑乐陵市年径流总量控制目标的要求，水资源供需、城市防洪和低影响开发改造的空间，确定乐陵市雨水资源利用率达到 2% 以上。

二、指标体系

根据住房和城乡建设部印发的《海绵城市建设绩效评价与考核办法（试行)》，结合实际问题和需求，选取 6 大类建设指标，并确定规划目标，如表 2-12 所列。

表 2-12　海绵城市建设指标

类别	指标	单位	近期目标值(2020 年)	远期目标值(2030 年)
水生态	年径流总量控制率	%	70	
	生态岸线比例	%	70	75
	城市热岛效应	—	缓解	明显缓解
	水面率	%	7	8
水安全	内涝标准	a	20 年一遇	
	防洪标准	a	跃马河、盘河均按 50 年一遇，马颊河按 100 年一遇	
	排涝达标率	%	70	100
水环境	地表水体水质标准	—	马颊河达到Ⅲ类，内河优于Ⅳ类	马颊河达到Ⅲ类，内河优于Ⅳ类
	城市面源污染削减率(以 SS 计)	%	50	65
	地表水体水质达标率	%	90	100
水资源	雨水资源利用率	%	12	
	污水再生利用率	%	30～40	
制度建设	规划建设管控机制	—	出台并实施	
	蓝线、绿线划定与保护制度	—	出台并实施	
	技术规范与标准建设制度	—	出台并实施	
	投融资机制建设制度	—	出台并实施	
	绩效考核与奖励机制	—	出台并实施	
	产业化制度	—	出台并实施	
显示度	连片示范效应	—	20% 以上达到要求	80% 以上达到要求

三、技术路线

本规划采用的技术路线分为五个部分，按照项目进展深入，依次包括乐陵基础资料数据收集整理、目标需求/系统问题梳理、总体/控制单元/地块/项目控制指标分解、示范核心、技术措施应用五个部分。技术路线如图 2-1 所示。

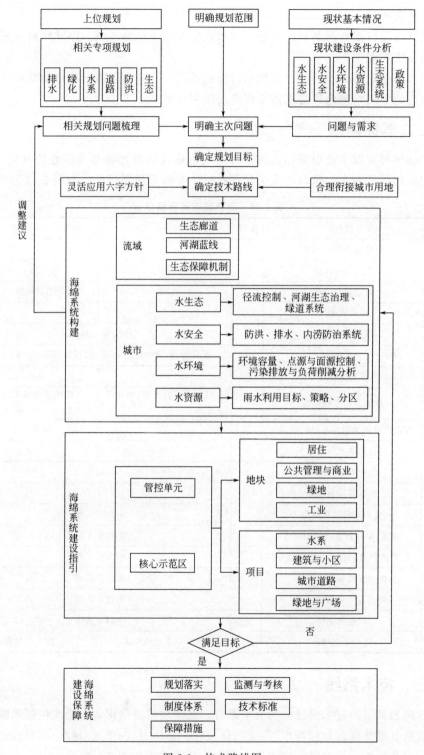

图 2-1　技术路线图

第三节　海绵城市空间格局构建

一、重要生态廊道

生态廊道由道路、河道两侧绿化带和高压防护走廊组成。应加强生态廊道的防护林建设，生态廊道内不宜安排城镇建设，如确有需要安排建设项目时，应严格控制项目的性质、规模和开发强度。

漳卫新河、马颊河、德惠新河两侧种植 50～100m 宽的绿化带，其他沟渠和支流两侧各设置 20～50m 宽的绿化带。滨水绿地宽度要求如表 2-13 所列。

表 2-13　滨水绿地宽度要求　　　　　　　　　　单位：m

水系宽度	单侧绿带	水系宽度	单侧绿带
≥40	35	10～15	单侧 10m,靠近道路一侧为至红线距离
20～40	30	<10	5
15～20	15	面状水系	>50

二、河湖蓝线及保护范围划定

河湖地表水域蓝线划定是在水域功能、标准、规模（宽度或面积）等已确定的前提下，将河湖水域上口线（即规划用地界线）在城市规划图上予以划定的工作形式。

（一）划定对象

蓝线划定对象为各类城乡规划中明确需要控制、独立占地的河湖地表水域，包含了河道、灌排渠、引水渠、排洪沟、截洪沟、湖泊、人工湿地、蓄滞洪区、水库，以及建设项目用地内的有特定历史文化、雨洪调蓄和景观价值的水域。

蓝线划定对象不包含位于道路红线内的排水边沟、农林地中的灌排支渠、山地中非建设区外的次级冲沟、居住小区等建设项目用地内的小型人工景观水面，以及不需要在控制性详细规划及以上规划阶段划定的河湖地表水域。

"蓝线"一词由规划及建设行业提出和界定，水利行业基本以规划治导线、上口线、管理范围和保护范围等专业术语对滨水区进行界定。

《城市规划编制办法》第三十一条（节选）规定："划定河湖水面的保护范围（蓝线），确定岸线使用原则。"

《城市蓝线管理办法》第二条规定："本办法所称城市蓝线，是指城市规划确定的江、河、湖、库、渠和湿地等城市地表水体保护和控制的地域界线。"

（二）划定原则

划定蓝线，应当遵循以下原则：

① 统筹考虑城乡河湖地表水域的整体性、协调性、安全性和景观生态要求，保障城乡防洪排水安全，改善城乡生态和人居环境。

② 与同阶段的城乡规划深度保持一致，并与其他规划相协调。

③ 协调好与其他城乡建设用地的关系。

④ 尊重水系现状和历史沿革，河湖蓝线范围界定清晰、控制要求明确。

蓝线控制范围划定原则见表 2-14。

表 2-14　蓝线控制范围划定原则一览表

类型	城市蓝线范围划定原则
水库工程	挡水、泄水、引水建筑物及厂房的占地范围及其周边 10m 主副坝下游坝脚线外 50m
湖泊	(1) 有堤防的湖泊：以堤防管理范围外缘为界，包括周边界之内的水域、洲滩、出入湖水道。 (2) 无堤防的湖泊：按设计洪水位或历史最高洪水位确定湖泊管理范围界线
水闸	水闸工程各组成部分的覆盖范围以及大型水闸上下游 200m，两侧 50m；中型水闸上下游 100m，两侧 25m
水利工程生产区	生产及管理用房用地范围

（三）蓝线划定

1. 一般技术要求

① 河湖蓝线应依据上一层次的蓝线成果并结合相应的城乡规划、水系专项规划划定。如没有上位规划或相关专项规划支撑，在蓝线划定之前，应研究确定河湖地表水域的规划方案和控制参数。

② 对现状河湖地表水域，应尽量予以保留和利用。

③ 应开展对现状沿线建筑、文物、道路、水利工程设施、管线、古树等的调查，并在蓝线划定时统筹协调与上述设施的关系。

④ 应使用测绘部门发布的地形图，采用乐陵市统一的地方坐标系和高程系。

⑤ 应考虑河湖水系治理的施工条件和管理用地需求。

⑥ 应统筹与相关专业规划用地的关系，与相关道路红线、设施黄线、文保紫线、绿地绿线、拨地界线等相协调。

⑦ 当现状河湖地表水域位置和规模不满足规划要求时，应向条件较好和影响较小一侧拓宽。当现状宽度大于规划要求时，原则上予以保留，不得缩窄现状河道宽度。

⑧ 河道转弯半径、干支流交汇角度等参数应满足相关技术标准和规范要求。

2. 带状水域蓝线划定

带状水域包含河道、灌排渠、引水渠、排洪沟、截洪沟等，岸线分为有堤防、无堤防两种形式，均以规划上口线进行划定。河道蓝线按平面形态分为规则型、非规则型两种类型，按不同类型，采用以下不同方式划定蓝线。

（1）规则型河道蓝线划定

当河道宽度为定值，蓝线以规划河道中心线和上口线划定。规划河道中心线通过确定折点坐标、折点转弯半径控制；规划河道上口线以确定上口线至中心线的宽度控制，左右岸宽度不一致的河段应分别确定中心线至上口线宽度。

（2）非规则型河道蓝线划定

当河道两岸上口线为不规则线型，蓝线以规划河道上口线划定。规划河道上口线通过确定上口线折点坐标、折点转弯半径控制；为确定河道主河槽位置，一般在划定规划上口线的同时，应将河道中心线一并确定。当两条及以上河道交汇时，如为分离形式，堤岸不受水力作用，堤脚不进行倒圆角处理；如为互通形式，堤岸受水力作用，为保护堤岸稳定，堤脚应进行倒圆角处理，交汇处蓝线以确定两条河道相邻上口线延长线交点坐标及转弯半径的方式控制。

3. 面状水域蓝线划定

面状水域包含湖泊、水库、人工湿地、蓄滞洪区等，岸线分为有堤防、无堤防两种形式，均以规划上口线进行划定。面状水域蓝线以确定规划上口线折点坐标、折点转弯半径的方式划定。

现状湖泊蓝线是在现状湖泊上口线基础上拟合划定，规划湖泊蓝线以保障规划面积和满足所在区域的空间景观形态设计为原则划定。

水库蓝线原则上参考坝顶高程等高线，并结合现状自然地形、库区管理、周边城乡建设、水源保护、淹没范围等综合划定。

人工湿地蓝线原则上以现状或规划确定的湿地岸线为基准，并结合现状自然地形、周边建设情况、水源保护、淹没范围等因素，综合划定。

蓄滞洪区蓝线应依据上位规划或相关专项规划，并结合现状自然地形、周边城乡建设、生态环境、淹没范围等因素，综合划定。

4. 蓝线划定结果

规划中心城区内主要河道水系为城市蓝线范围，总面积约 231hm^2。蓝线范围包括水域及周边的绿化带，主要包括盘河、跃马河、大岔河沟、玉心湖、元宝湖和千红湖等。

三、生态保障机制

（一）生态控制原则

生态控制区对乐陵市空间结构有重要影响，城市建设用地选择应避让，生态空间管控应注重以下原则：

（1）生态空间体系应进一步扩大

生态空间体系由单纯关注建成区内部绿地系统向关注区域生态框架一体化拓展，采用环城绿带、区域性楔形绿地等多种形式构建贯通城市内外的全域生态廊道网络体系。

（2）生态空间总量的控制应成为生态保护的重要内容

生态空间体系由单纯关注各类生态用地空间的布局，转向生态空间体系构建和生态空间总量控制并重。基于生态足迹、碳氧平衡法等生态规划的研究方法成为确定生态空间总量的有效研究基础。

（3）分区分级的管控政策是实现生态空间有效保护的必要保障

规划层面的生态空间体系构建必将依赖可操作性的管控政策，而生态空间的落地则需要强有力的监督手段予以确保，在此基础上，还需根据规划所确定的政策研究采取多样化的管理手段。

（二）生态控制区

1.滨河绿地生态控制区

针对现有水系，对跃马河、马颊河、盘河等干流大部分河段结合防洪堤进行生态型岸线改造，城市内河以亲水景观型岸线改造为主。水系两侧的河道绿化防护带宽度不小于10m，结合具体用地布局设置绿化带。其中，对河流两侧绿带宽度大于25m的河流进行生态型岸线改造，防洪堤适当后退，在河漫滩种植挺水、潜水植物，形成水生生态系统；对宽度小于25m的内河河流进行景观型岸线改造，营造亲水空间。二者统称为功能型生态景观岸线（图2-2）。

图2-2 功能型生态景观岸线

2.道路生态控制区

京沪高速济乐段和德滨高速公路两侧分别设置不低于30～50m的绿化林带；省道乐胡路（S247）、盐济路（S248）、乐德路（S314）、永馆路（S315）两侧分别设置15m的绿化林带；县乡道两侧分别设置10m的绿化林带。

3.高压走廊生态控制区

220kV高压防护走廊宽度为45m，110kV高压防护走廊宽度为30m，35kV架空线路防护走廊宽度为25m。

第四节　海绵城市系统规划

一、海绵城市建设管控分区划分

（一）划分原则

① 海绵城市建设管控分区以自然地形为基础，参考雨污水管网、河流水系资

料，并结合海绵城市要求，进行调整与细化。

② 海绵城市建设管控分区的排水方式要以所在排水分区为基础，整体考虑，局部优化。

③ 海绵城市建设管控分区以路网划分、区域建设情况为边界，根据区内地形高低、汇水面积大小、现状雨水管网等因素具体细分各分区。

（二）自然汇水分区分析

为了更加合理地确定海绵城市建设管控分区，需要对规划范围内自然汇水路径进行分析。本规划基于乐陵市地形图，对规划范围内自然汇水路径进行了分析。

首先根据基础地形图，分析雨水汇流流向，在此基础上，提取出自然汇水河流的潜在路径，根据潜在的汇水路径对自然汇水分区进行划分。

结合自然汇水分区，综合考虑内河水系主干流及其支流分布情况，将规划区共划分为 16 个汇水流域，具体见图 2-3。

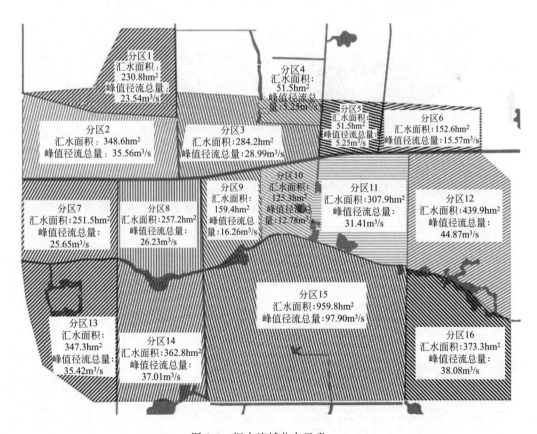

图 2-3 汇水流域分布示意

（三）海绵城市建设管控分区结果

结合规划区用地规划、水系规划、排水（雨水）防涝综合规划以及路网结构等资料，将规划区划分为 82 个海绵城市建设管控分区，具体见图 2-4。

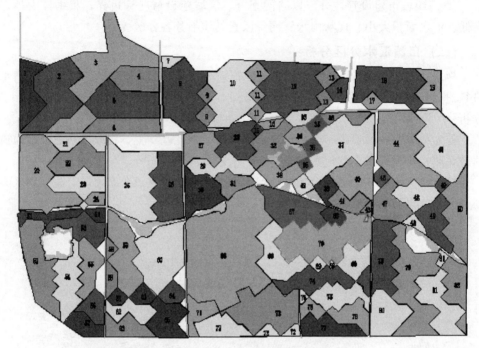

图 2-4　乐陵市海绵城市建设管控分区示意

（四）各分区情况分析

乐陵市城市规划主要用地类型包括居住用地、商业及商务用地、行政及公共用地、工业用地等，在各个分区中均有所体现。各管控分区用地类型及面积如表2-15 所示。

表 2-15　各管控分区用地类型及面积　　　　　　单位：hm^2

分区编号	用地类型												总面积
	居住用地	行政用地	商业用地	工业用地	仓储用地	交通用地	公共用地	绿地	水域	学校	广场	道路	
1	0.00	0.00	0.00	37.97	0.00	0.00	0.00	0.00	0.00	0.00	0.00	1.42	39.39
2	0.88	0.82	0.97	72.49	0.00	0.08	0.00	28.33	0.83	0.00	0.00	9.68	114.08
3	0.00	0.00	0.00	113.23	0.00	0.00	0.00	12.89	0.54	0.00	1.80	16.93	145.39
4	0.00	0.00	0.00	29.10	0.00	0.00	0.00	5.36	1.05	0.00	0.00	6.31	41.82
5	7.36	4.05	0.00	55.43	0.00	0.00	0.00	3.03	0.00	0.00	0.00	8.60	78.47
6	4.55	2.52	1.92	20.38	0.00	1.50	0.00	5.00	0.00	0.00	0.00	4.85	40.72

分区编号	用地类型												总面积
	居住用地	行政用地	商业用地	工业用地	仓储用地	交通用地	公共用地	绿地	水域	学校	广场	道路	
7	0.00	0.00	0.00	6.68	0.00	0.00	0.00	0.00	0.00	0.00	0.00	0.43	7.11
8	0.00	0.00	0.00	66.78	0.00	0.00	0.00	18.11	1.53	0.00	0.00	9.61	96.03
9	0.00	0.00	0.00	15.80	0.00	0.00	0.00	0.12	0.00	0.00	0.00	1.94	17.86
10	22.45	0.09	3.82	43.38	0.00	0.60	0.39	6.20	2.30	0.00	0.00	12.01	91.24
11	7.69	1.99	1.66	1.45	0.00	0.00	1.46	4.19	0.32	0.00	0.00	6.57	25.33
12	34.49	8.04	0.00	22.60	0.00	0.00	0.63	20.59	3.20	4.47	0.00	14.77	108.79
13	1.41	0.00	0.00	5.22	0.00	1.02	3.95	4.30	1.42	0.00	0.00	3.89	21.21
14	0.00	0.00	0.00	4.01	0.00	0.17	5.60	2.47	0.00	0.00	0.00	2.34	14.59
15	0.00	0.22	1.78	0.00	0.00	0.00	0.00	0.00	0.00	0.00	0.00	1.09	3.09
16	3.72	1.35	0.15	0.00	0.00	0.00	0.00	4.08	1.95	0.00	0.00	1.15	12.40
17	0.00	0.00	0.17	5.10	0.00	0.00	0.00	1.31	0.00	0.00	0.00	1.76	8.34
18	0.00	0.27	0.00	43.00	22.12	6.99	0.00	0.00	0.44	0.00	0.00	14.94	87.76
19	0.00	0.00	0.00	5.49	15.61	0.00	0.98	3.27	0.17	0.00	0.00	3.30	28.82
20	0.00	4.00	10.72	25.54	33.81	2.48	4.95	14.32	0.00	0.00	0.00	18.74	114.56
21	0.00	0.00	0.00	12.27	0.00	0.00	5.15	0.76	0.79	0.00	0.00	4.98	23.95
22	4.00	0.00	0.00	12.24	6.51	0.00	2.30	17.68	1.51	0.00	0.00	7.53	51.77
23	9.13	4.30	0.00	0.00	15.76	0.00	0.00	5.35	1.03	0.00	0.00	6.34	41.91
24	4.35	0.00	0.00	0.00	0.00	0.00	0.29	2.59	0.78	0.00	0.00	0.83	8.84
25	47.44	11.91	1.47	25.48	0.00	0.88	0.00	12.85	0.00	5.53	3.79	14.73	124.08
26	15.02	7.60	16.14	10.96	0.00	0.00	0.00	15.98	0.00	0.00	0.49	8.68	74.87
27	23.46	1.08	0.00	0.00	0.00	0.00	0.00	7.26	0.24	0.00	0.00	6.72	38.76
28	16.64	0.00	11.33	0.00	0.00	0.00	0.69	6.95	2.24	0.83	0.00	6.76	45.44
29	13.41	0.25	0.00	0.00	0.00	0.00	0.00	10.15	0.16	4.83	0.00	7.90	36.70
30	21.58	0.00	5.43	0.00	0.00	0.00	0.00	7.94	3.91	0.59	0.00	8.23	47.68
31	10.33	0.00	1.62	0.00	0.00	0.00	0.00	8.58	0.26	0.00	0.00	3.92	24.71
32	27.53	0.07	1.25	0.00	0.00	0.57	0.00	15.01	9.79	0.00	0.57	8.62	63.41
33	8.44	0.00	0.00	0.00	0.00	0.00	0.00	2.52	3.09	0.00	0.00	1.01	15.06
34	6.34	0.00	0.00	0.00	0.00	0.00	0.00	3.03	3.15	0.00	0.00	1.84	14.36
35	5.73	1.56	0.00	0.00	0.00	0.00	0.00	14.65	0.00	0.00	0.00	1.79	23.73
36	3.10	0.91	0.00	7.27	0.00	0.00	0.00	1.58	0.78	1.24	0.00	1.55	16.43
37	53.20	0.91	2.67	14.46	0.00	0.00	0.00	4.26	0.00	8.45	0.00	21.41	105.36

分区编号	用地类型												总面积
	居住用地	行政用地	商业用地	工业用地	仓储用地	交通用地	公共用地	绿地	水域	学校	广场	道路	
38	11.65	0.43	1.32	0.00	0.00	0.00	0.00	5.49	3.44	0.00	0.00	5.04	27.37
39	6.88	0.00	0.00	0.00	0.00	0.00	0.00	4.84	1.60	0.00	0.00	2.10	15.42
40	18.66	1.46	1.10	0.00	0.00	0.00	0.00	10.69	1.01	6.18	0.00	10.20	49.30
41	12.49	5.78	0.00	0.00	0.00	0.00	0.00	0.86	0.32	0.00	0.04	2.68	22.17
42	0.00	1.64	5.55	0.00	0.00	0.00	0.00	1.47	1.09	0.00	0.00	1.58	11.33
43	0.00	1.48	0.00	0.00	0.00	0.00	0.00	0.57	0.05	0.00	0.00	1.57	3.67
44	18.62	0.96	0.85	66.90	0.00	0.00	9.24	3.89	1.44	0.00	0.00	17.62	119.52
45	15.56	0.67	0.71	41.50	0.00	0.00	0.00	16.60	1.13	0.00	0.00	25.97	102.14
46	0.25	0.00	1.65	0.31	2.26	0.00	0.44	0.90	0.55	0.00	0.00	1.69	8.05
47	24.36	0.00	0.00	0.00	1.06	0.00	0.00	6.04	3.59	0.00	0.00	5.16	40.21
48	18.61	4.92	3.41	0.00	0.00	0.00	0.00	4.58	3.71	0.00	0.00	5.70	40.93
49	9.98	1.68	0.39	0.00	0.00	0.00	0.64	22.49	6.17	0.00	0.00	6.73	48.08
50	46.47	0.00	0.00	0.00	0.00	0.00	0.00	7.48	1.24	0.00	0.00	6.62	61.81
51	6.90	0.00	2.18	0.00	0.00	0.00	0.00	14.87	0.35	0.00	0.00	6.70	31.00
52	48.54	0.00	1.22	0.00	0.00	0.51	0.00	15.44	0.00	0.00	0.21	19.08	85.00
53	16.57	1.78	3.53	0.00	4.35	0.24	0.00	12.84	0.00	0.00	0.00	5.35	44.66
54	23.38	0.81	0.70	0.00	3.04	0.23	0.00	9.11	0.00	7.96	1.01	10.26	56.50
55	8.12	0.00	0.00	0.00	1.96	0.00	0.00	7.36	0.00	14.46	0.00	5.19	37.09
56	6.54	0.00	1.63	0.00	0.00	0.69	0.46	4.31	0.00	3.06	0.00	7.32	24.01
57	15.97	0.96	0.96	0.00	0.00	0.00	0.31	3.49	0.00	0.00	0.00	3.13	24.82
58	14.17	0.00	0.00	0.00	0.00	0.00	0.87	0.58	0.00	0.00	0.00	3.32	18.94
59	32.98	0.00	20.59	0.00	0.00	0.00	0.05	5.36	0.00	0.00	1.14	9.21	69.33
60	25.10	8.77	32.23	0.00	0.00	0.00	1.54	5.21	0.16	2.70	9.80	12.41	97.92
61	9.12	0.00	3.02	0.00	0.00	0.00	0.00	2.73	0.00	0.00	2.62	5.79	23.28
62	19.13	0.00	0.00	0.00	0.00	0.00	0.00	4.15	0.00	0.00	0.00	5.62	28.90
63	20.98	0.00	0.00	0.00	0.00	0.00	0.00	4.16	0.83	0.00	0.00	4.82	30.79
64	2.89	0.00	5.60	0.00	0.00	0.00	1.05	2.02	1.81	0.00	0.00	2.70	16.07
65	17.06	0.00	2.65	0.00	0.00	0.00	0.00	8.83	7.87	0.00	0.00	6.57	42.98
66	173.02	27.27	11.51	0.00	0.00	3.15	0.81	21.85	15.41	29.16	0.00	15.47	297.65
67	34.08	6.59	11.73	0.00	0.00	0.00	0.00	3.38	9.49	0.00	0.00	14.49	79.76
68	5.98	0.53	0.00	0.00	0.00	0.00	0.00	0.78	0.00	0.19	0.00	4.07	11.55

分区编号	用地类型												总面积
	居住用地	行政用地	商业用地	工业用地	仓储用地	交通用地	公共用地	绿地	水域	学校	广场	道路	
69	45.11	0.32	9.27	0.00	0.00	0.00	0.00	6.37	0.00	1.41	0.00	31.58	94.06
70	80.33	1.16	11.93	0.00	0.00	0.00	0.00	2.53	0.00	3.30	0.00	18.23	117.48
71	12.09	0.00	4.74	0.00	0.00	0.00	0.00	6.63	2.59	0.00	0.00	0.31	26.36
72	35.93	0.00	4.43	0.00	0.00	0.00	0.00	1.93	0.00	0.00	0.00	7.05	49.34
73	43.27	0.36	9.86	0.00	0.00	0.64	0.00	10.29	7.84	5.43	0.00	20.25	97.94
74	39.47	0.00	0.00	0.00	0.00	0.00	0.71	0.90	0.00	3.14	0.00	15.29	59.51
75	18.02	1.32	0.33	0.00	0.00	0.00	0.00	9.58	0.00	0.00	0.00	16.17	45.42
76	16.93	0.00	0.33	0.00	0.00	0.00	0.44	2.12	0.00	2.02	0.00	8.19	30.03
77	29.41	0.00	0.00	0.00	0.00	0.00	0.00	1.69	1.26	0.00	0.00	5.64	38.00
78	42.15	0.54	0.00	0.00	0.00	0.00	1.18	4.58	2.05	2.49	0.00	13.49	66.48
79	62.16	7.87	11.63	0.00	0.00	0.00	0.96	12.74	0.37	0.00	0.00	18.26	113.99
80	37.19	0.00	0.00	0.00	0.00	0.00	0.00	4.52	0.00	0.00	0.00	10.37	52.08
81	30.04	3.65	0.20	0.00	0.00	0.00	1.25	6.86	0.49	10.72	0.00	14.37	67.58
82	27.91	0.00	0.00	0.00	0.00	0.00	0.00	4.08	0.45	0.00	0.00	12.00	44.44

二、水生态修复规划

水生态工程运用低影响开发和生态学的理念，最大限度地保护原有的河流、湖泊、湿地等水生态敏感区，维持城市开发前的自然水文特征；同时控制城市不透水面积比例，最大限度地减少城市开发建设对原有水生态环境的破坏；此外，对传统城市建设模式下已经受到破坏的水体和其他自然环境运用生态的手段进行恢复和修复。

水生态修复体系分为径流控制工程和河湖生态治理工程两部分。径流控制工程通过构建低影响开发雨水系统，在场地开发过程中采用源头、分散式措施维持场地开发前的水文特征，达到70%的径流总量控制率目标；河湖生态治理工程通过对规划区内具备改造条件的河湖水系的硬质化驳岸进行改造，对现有生态化驳岸河湖水系进行修复和维护，达到生态岸线恢复的目标。

（一）径流控制工程

1. 径流控制目标分解方案

利用"海绵城市总体规划系统"构建数字化模型，根据地形图和路网结构、排水管网规划以及水系规划等数据，划分径流控制单元；根据各控制单元本底条件、建设情况、用地性质等因素，分解径流控制目标，并提出引导性指标，指导各分区单元的规划设计。

（1）划分径流控制单元

① 结合规划区地形、河流水系、雨污水管网以及路网结构等资料，在防涝专项规划等相关规划中排水分区的基础上，划分规划区的径流控制单元。

② 规划区范围内的排水分区相对粗略，径流控制单元划分时，需对排水分区进行调整和细化。

（2）设定控制单元目标

通过对海绵城市各建设分区地块建设情况以及开发强度的分析，将海绵城市建设管控分区分为旧城改造区、新城建设区和工业园区三大类。这三类区域的径流控制标准如下：

① 以旧城改造为主的分区，其低影响开发措施以滞、蓄为主，年径流总量控制率目标为55%以上。

② 以新城建设为主的分区严格按照海绵城市建设标准进行建设和改造，低影响开发措施以滞、蓄、净为主，年径流总量控制率目标为70%以上。

③ 以工业园区为主的分区采用以净化为主的低影响开发措施，年径流总量控制率目标达到70%以上。

（3）分解控制单元指标

通过现场踏勘、卫星影像图确定规划区可以实施的低影响开发措施，并根据乐陵市城市总体规划目标和土地利用规划情况，对各个分区的建设比例、开发强度、现状径流控制率进行计算评估，对年径流总量控制率（70%）进行逐级分解，并计算得到实现控制目标所需的控制容积与单位面积控制容积，初步提出各分区的低影响开发措施的引导性指标，指标包括雨水花园面积、下沉式绿地面积、渗透设施面积、湿塘面积、调蓄池容积等。

径流控制规划技术路线如图 2-5所示。

2.径流控制目标体系

规划区径流控制单元与海绵城市建设管控分区一致，针对不同径流控制单元，分析其空间条件和规划用地布局，分区域制定管控指标和控制策略，每个控制单元的控制体系如表2-16所列。

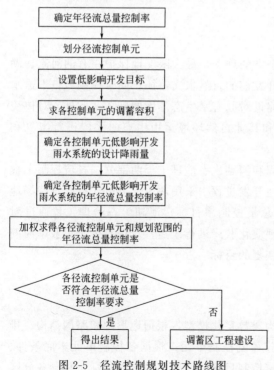

图 2-5 径流控制规划技术路线图

表 2-16　年径流控制目标与低影响开发设施控制规模

控制单元编号	下沉式绿地面积/m²	雨水花园面积/m²	湿塘面积/m²	渗透设施面积/m²	调蓄池 PP 模块容积/m³	年径流总量控制率目标/%
1	47264	15755	0	142	0	70
2	79862	57044	8272	968	0	70
3	116304	58152	5373	3746	0	65
4	8363	8363	10482	631	0	65
5	102007	70620	0	860	0	70
6	48858	40715	0	485	0	70
7	8532	2133	0	43	0	70
8	76829	48018	15320	961	0	70
9	21428	7143	0	194	0	70
10	100356	63863	22979	2402	0	70
11	35456	25326	3199	657	0	80
12	130541	108784	32033	2953	0	75
13	12727	8484	14192	389	0	75
14	16026	4371	0	234	0	70
15	3099	1240	0	109	0	65
16	3720	2480	19530	115	0	80
17	10029	1672	0	176	0	75
18	105294	26324	4359	2987	0	75
19	25943	11530	1652	330	0	70
20	91648	45824	0	3747	2000	65
21	14368	0	7882	498	0	75
22	25886	0	15138	753	0	75
23	54476	37714	10307	634	0	70
24	7958	3537	7774	83	0	70
25	99276	49638	0	3704	2000	65
26	112289	44915	0	916	0	65
27	34886	19381	2399	672	0	60
28	40898	36353	22389	676	0	55
29	18348	7339	1557	790	0	60
30	47683	28610	39143	823	0	65
31	14817	7409	2551	392	0	75
32	76101	69760	97907	920	0	75

续表

控制单元编号	下沉式绿地面积/m²	雨水花园面积/m²	湿塘面积/m²	渗透设施面积/m²	调蓄池PP模块容积/m³	年径流总量控制率目标/%
33	13560	10546	30911	101	0	70
34	11494	7184	31547	184	0	75
35	16609	7118	0	179	0	75
36	13145	8216	7841	155	0	55
37	73754	73754	0	4282	0	55
38	30113	24638	34420	504	0	70
39	3084	6168	16021	210	0	75
40	39443	34512	10112	2041	0	70
41	24373	15510	3209	272	0	60
42	12453	9057	10905	158	0	65
43	2198	1099	504	157	0	75
44	131469	107566	14370	3523	0	75
45	102135	51067	11287	5194	0	80
46	8848	5631	5507	169	0	75
47	24129	16086	35944	516	0	75
48	45019	28649	37131	570	0	80
49	24045	19236	61725	673	0	85
50	37095	18547	12426	662	0	75
51	24803	9301	3543	670	0	85
52	118998	50999	0	3858	500	80
53	49125	22330	0	535	0	75
54	62162	28256	0	2255	1000	75
55	44505	22252	0	519	0	75
56	36007	12002	0	732	0	80
57	27314	9932	0	313	0	70
58	22724	7575	0	332	0	70
59	83198	48532	0	2070	0	70
60	117490	58745	1607	4442	1000	75
61	27938	23282	0	841	0	70
62	37560	17335	0	562	0	75
63	15396	9238	8314	482	0	70
64	25737	20911	18133	270	0	75

控制单元编号	下沉式绿地面积/m²	雨水花园面积/m²	湿塘面积/m²	渗透设施面积/m²	调蓄池PP模块容积/m³	年径流总量控制率目标/%
65	38676	38676	78690	657	0	85
66	386950	208358	154064	3094	0	70
67	127617	119641	94935	2897	0	70
68	15008	13854	0	407	0	70
69	103463	56435	0	6315	0	70
70	187975	187975	0	3646	0	65
71	18447	21082	25852	31	0	65
72	69064	64130	0	705	0	65
73	107729	107729	78352	4051	0	65
74	65457	59507	0	3058	0	65
75	54505	27253	0	3234	0	75
76	45061	12016	0	819	0	75
77	38008	7602	12610	564	0	65
78	119668	33241	20524	2698	0	70
79	193787	91194	3745	3653	0	75
80	57296	26044	0	2075	0	70
81	114890	33791	4877	2873	0	75
82	40002	13334	4524	2401	0	70

注：1.下沉式绿地率＝下沉式绿地面积/分区总面积，下沉式绿地泛指具有一定调蓄容积的可用于调蓄径流雨水的绿地，平均调蓄深度按0.15m计算。

2.雨水花园率＝雨水花园面积/分区总面积。

3.控制容积单位为m³/hm²。

(二) 河湖生态治理

1.水系设计指引

城市水体包括湿塘、湖泊、河道等。根据水体周边地块的场地条件，基于合适的雨水利用、峰值流量削减等雨水径流控制目标，针对低影响开发措施种类和规模决策低影响开发措施空间布局与水体衔接，落实海绵城市指标。

① 充分利用现有自然水体建设湿塘、雨水湿地等具有雨水调蓄、净化功能的低影响开发设施，湿塘、雨水湿地的布局、规模应与城市上游雨水管渠系统和超标雨水径流排放系统及下游水系相衔接。

② 规划建设新的水体或扩大现有水体的水域面积时，应该与低影响开发雨水系统的控制目标相协调，增加的水域宜具有雨水调蓄功能。

③ 应充分利用城市水系滨水绿化控制线范围内的城市公共绿地。在绿地内有

条件区域建设湿塘、雨水湿地等设施调蓄、净化径流雨水。

④ 滨水绿化控制线范围内的绿化带接纳相邻城市道路等不透水汇水面径流雨水时，应建设为植被缓冲带，以降低径流流速和削减污染负荷。

⑤ 尽可能将河湖岸线建设为生态驳岸，并根据调蓄水位变化选择适应的水生及湿地植物。

⑥ 根据水体现状条件，适当增加水体水生植物种类和数量。

2. 现状自然水体保护

应将水体、岸线和滨水区作为整体进行水系保护，包含水域保护、水生态保护、水质保护和滨水空间控制等内容。水域控制线范围内不得占用、填埋，必须保持水体的完整性；对水体的改造应进行充分论证，确有必要改造的应保证蓝线区域面积不减少，根据《城市水系规划规范》要求划定水域保护范围，具体要求如下。

① 有堤防的水体，宜以堤顶临水一侧边线为基准划定。

② 无堤防的水体，宜按防洪、排涝设计标准所对应的洪（高）水位划定。

③ 对水位变化较大而形成较宽涨落带的水体，可按多年平均洪（高）水位划定。

对于目前尚未治理的自然河道，应结合工程所在地实际地形、地质条件，根据河道防洪排涝的要求布置生态堤线，兼顾保护生态环境和创造良好景观的需要，考虑城市整体建设规划及技术经济合理等因素。

一般情况下，堤线布置应以不侵占现有河道为原则，以保证不减小现状河道的行洪断面。堤线布置需要考虑的因素有：城市总体规划、防洪排涝规划、河道过流要求、地形地质条件、景观要求、用地要求、移民拆迁、工程投资等。

3. 河湖生态改造

按照生态学和低影响开发的理念，对规划范围内的河湖水系进行改造，通过生态岸线改造、水系连通、人工湿地和雨水花园等工程，恢复河湖水系的自然生态系统，提高生态系统健康指数，打造提供供给服务、调节服务、支持服务和文化服务的多功能绿色基础设施。

（1）水系连通工程

规划范围内河流水系众多，但分布比较分散，连通性差，影响了防洪排涝等功能的发挥。水系连通工程有以下三个主要作用。

① 提高防洪减灾能力，即改变河湖水系连通状况，疏通行洪通道，维系洪水蓄滞空间，提高防洪能力，降低灾害风险。

② 修复水生态环境，即改善河湖的水联系，加速水体流动，增强水体自净能力，提高河湖健康保障能力。

③ 提高水资源统筹调配能力，增强抗旱防汛能力。

应加快城市河道水系的修建或治理工作，按照水系规划中的河道宽度、走向等要求整治河道，通过河道疏浚和连接管道建设等措施连通市内断头、堵塞河道，保证河网正常流通,使城市内河逐步形成连通完整的河网体系,提高城市的防洪排涝能力,改善城市水环境。

(2) 生态岸线改造工程

依据生态自然的设计理念,对规划范围内直立式硬化驳岸的河流和排洪渠的岸线进行改造,保证雨洪安全的同时发挥河流的生态和景观功能。

生态驳岸根据功能及结构形式可分为:自然缓坡型驳岸、生态型台阶驳岸、生态型人工草坡驳岸、生态型亲水驳岸和生态型自然驳岸等。

生态型驳岸形式选择需考虑河道尺度、河湖功能、水动力条件、空间位置与占地、地形地质条件、筑堤材料、工期、工程投资、环境影响与景观要求、运行条件等因素,应结合工程现状,通过综合方案比选,选定水系的生态驳岸形式。

① 在城市中心河段,对符合生态岸线建设要求的河流,进行防洪堤改造,建设内河生态型岸线,功能以防洪和生态系统重建为主。

基于现有堤岸,通过工程措施,采用锚固方式将土工织物固定于河堤坡面或垂面,在土工织物表面进行草皮种植以改善堤岸生态状况。

堤坝外部以乔木和草地为主,由于植被根系的吸附作用,堤坝外部的城市绿化将有效调控土壤水分含量、保持水土,从而起到重要的水源涵养作用。

在洪水期,湿生植被将被洪水淹没,形成水面景观效果;在枯水期和平水期,挺水植被将出露水面,形成湿生植被景观效果。

内河生态型岸线如图 2-6 所示。

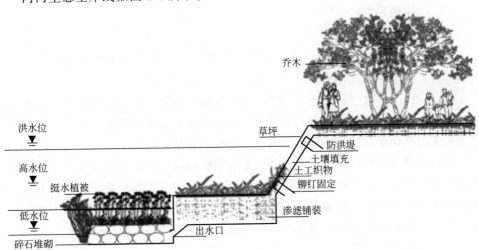

图 2-6　内河生态型岸线示意图

② 在城市内河段,结合现有堤防和居住、商业用地,建设城市景观型岸线,功能以防洪和城市景观为主。基于现有堤岸,通过工程措施,采用锚固方式建设观景亭台。堤岸底部采用碎石加固,保证堤岸的稳定性。

堤坝外部可充分考虑河流作为开放空间的功能,设计与城市景观相和谐的河畔公园、广场、绿地，使河流两岸周边的空间成为舒适、宜人的休闲娱乐场所。根据河流水位的季节性变化，景观型岸线将表现出不同景观效果。在洪水期，湿生植被将被洪水淹没，形成水面景观效果；在枯水期和平水期，挺水植被将出露水面，形成湿生植被景观效果。

内河景观型岸线如图 2-7 所示。

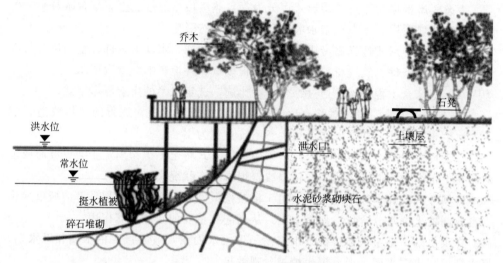

图 2-7 内河景观型岸线示意图

（三）绿道系统

（1）绿道布局原则

① 综合考虑园林绿化的社会、经济、生态效益，优化城市生态系统，维护生物多样性，结合城市河湖水系滨岸带绿化，营造城市特色景观。

② 利用城市的自然"山水格局"，确定与城市用地布局相适应的多级园林绿地结构。考虑城市未来的拓展方向和模式，完善绿地对城市功能组团的分隔，营造自然与人工的立体绿化网络，满足城市对绿地的各种功能要求。

城市绿地是海绵城市生态本底和生态安全格局的重要组成部分。为促进生态系统内部有效循环，加强各生态斑块之间联系，改善城市生态环境，应加强规划区内生态绿道系统的建设。绿道建设应适当结合生态滞留池、植草沟等低影响开发措施，形成具有乐陵特色的海绵城市绿道系统。

（2）绿地系统建设

按照建设现代化生态城市的要求，乐陵城市绿地系统建设以城区为中心，由外到内形成三个层次：即市域大环境绿化、城郊绿化和城区绿化，形成完整而富有特色的绿地系统，即形成"一轴、两带、五区、八湖、十二园"的绿化系统结构。

① "一轴"：位于城区西部生活居住用地中心，枣城大街以西。集枣类名品于园内，形成乐陵市最富有地方枣文化特色的枣林公园。

② "两带"：沿跃马河、盘河形成的绿化景观带。

③ "五区"：城区东部风景区、城西南风景区、南部生态林区、西部生态林区、北部生态防护林区。

④ "八湖"：城区内八处较大的水面，即城北湖、龙湾湖、碧溪湖、开元湖、元宝湖、东湖、五里湖、城南湖。

⑤ "十二园"：十二处公园（详见表2-17、表2-18）。

表2-17 市级公园一览表

序号	公园名称	位置	面积/hm²	性质
1	枣林公园	城区西部	41.6	以枣文化为主题的特色公园
2	五里冢公园	二号路与枣城大街东北角	4.6	以自然状态绿化为主,结合五里冢遗址,适当设置休闲设施,形成田园式生态公园
3	枣城公园	南外环路与枣城南大街西北角	19.9	休闲
4	龙湾公园	开元大街以北	43.9	滨水、休闲公园
5	东湖公园	阜盛路与东外环路西北角	106	滨水绿化休闲公园
6	体育公园（主题公园）	南外环路与云红大街西北角	27.3	结合体育设施及居民健身设施,形成现代化、综合性主题公园
7	盘河公园	开元大街以南、盘河以北	4	滨水、休闲公园

表2-18 区级公园一览表

序号	公园名称	位置	面积/hm²	性质
1	元宝湖公园	湖滨路兴隆大街东北角	23.6	休闲
2	挺进公园	挺进路兴隆大街东南角	6.9	休闲
3	跃马河公园	文昌路六号路东北角	7.2	休闲
4	渤海公园	二号路以北渤海路以东	3.2	休闲
5	文庙公园	兴隆大街与开元路东北角	4	休闲

（3）城区道路绿化

各干道应按各自规划红线宽度控制相应宽度的绿化带。根据《城市道路绿化规划与设计规范》(CJJ 75—97)及山东省的规定，市区道路绿化规划应满足以下要求：①园林景观路绿地率不得小于40%；②红线宽度大于50m的道路绿地率不得小于30%；③红线宽度在40～50m的道路绿地率不得小于25%；④红线宽度小于40m的道路绿地率不得小于20%。

（4）街头绿地

其面积占建成区面积的2%以上（详见表2-19）。

表 2-19　城市街头绿地一览表

编号	名称	位置	面积/hm²	性质
1	富民路绿地	二号路与富民路西北角	0.8	开放式小游园
2	商场绿地	富民路与振兴路东北角	0.6	装饰绿地
3	工业区绿地	枣园二路西	0.76	开放式小游园
4	安居绿地	安居路东、跃马河北	0.52	开放式小游园
5	振兴绿地	振兴路与枣城大街东南角	0.82	开放式小游园
6	滨河绿地	建设路与云红大街东南角	0.44	装饰绿地
7	盘河绿地	盘河与枣城大街西南角	0.76	开放式小游园
8	商贸城绿地	建设路与渤海路西北角	0.36	城市休闲绿地
9	中心绿地	富民路与建设路西南角	0.4	装饰绿地
10	挺进绿地	挺进路与枣城大街东北角	1.02	开放式小游园
11	枣城大街绿地	跃马河与枣城大街东北角	0.94	城市休闲绿地
12	车站绿地	阜盛路与枣城大街东南角	0.8	城市休闲绿地
13	兴隆绿地	富民路与三号路西南角	0.66	城市休闲绿地
14	二号路绿地	玉皇堂商贸街与二号路西北角	0.71	装饰绿地
15	厂区绿地	东外环路与一号路西北角	0.53	城市休闲绿地
16	五里绿地	二号路与兴隆大街东南角	0.4	装饰绿地
17	市府绿地	府北路与五号路东北角	0.72	城市休闲绿地
18	玉皇绿地	建设路与玉皇堂商贸街东南角	0.9	绿化、休闲
19	文化绿地	振兴路与枣城大街西北角	1.2	绿化、休闲
20	黄金绿地	兴隆大街与开元路东南角	0.3	绿化、休闲
21	康庄绿地	康庄路与五号路西北角	0.2	绿化、休闲
22	阜盛绿地	玉皇堂商贸街与阜盛路西南角	0.3	绿化、休闲
23	湖滨绿地	振兴路与湖滨路交叉口	0.2	绿化、休闲

（四）小结

根据每个分区的径流控制情况、目标分解要求、控制设施规模，计算出低影响开发所需的工程量，以及绿地建设所需工程量，具体指标如表2-20所列。

表 2-20　低影响开发设施及公园绿地工程量

设施类型	下沉式绿地/hm²	雨水花园/hm²	湿塘/hm²	渗透设施/hm²
规模	468.08	281.96	117.81	11.36
设施类型	调蓄池PP模块/m³	市级公园/hm²	区级公园/hm²	街头绿地/hm²
规模	6500	247.3	44.9	14.34

三、水环境综合整治规划

(一)点源污染物控制

可通过在排水系统规划设计中采用雨污分流制排水体制,实现雨污分流,完善乐陵市雨污管路建设等措施对点源污染进行控制。在此基础上综合考虑乐陵市内河管网丰富等现状,结合乐陵市污水管网存在的雨污混流等问题,在乐陵市现有的雨水管道、污水管道系统的基础上,旧城采用截流式综合排水体制,并逐步改造为分流制,新区和旧城改造区采用雨污分流制,雨水可就近排入水体,污水经管网进入污水处理厂处理达标后排放进入水体。乐陵市需重点解决现有污水管网存在的问题,完善截污系统,保障晴天污水不排河。近期对乐陵市截流式排水体制进行合理规划及完善,在远期考虑污水厂出水的水资源回用。

1. 污水量预测

根据《乐陵市城市总体规划》,按照单位面积用水量法预测规划区的总需水量,然后按照污水排放系数法计算排水量。污水折污率采用 0.80,日变化系数取 $K_d = 1.3$,地下水渗入量按照排水量的 10% 计算,最终折合成平均日污水排放总量约为 $8 \times 10^4 \mathrm{m^3/d}$,面积比流量为 $16 \mathrm{L/(s \cdot km^2)}$。

2. 污水处理厂

根据《城市排水工程规划规范》以及污水量预测结果,结合规划区内居民生活、企业的排水情况,综合考虑使用两座现状的污水处理厂。现状污水厂均位于工业区附近,方便污水再生回用,且靠近水系,有足够的建设空间,远离生活区,远期可进行扩建改造,出水中没有再生回用的部分排入污水厂北部的跃马河。

(1)东部污水处理厂

东部污水厂覆盖范围北至齐北路(规划五路),南到津南路(南外环),西至汇源大街(四号路),东到碧霞大街(规划四路),覆盖面积约 $29 \mathrm{km^2}$。污水厂位于泰山大街(五号路)与跃马河路交叉口附近,目前占地 5.79hm²,规划近期处理能力达到 $5 \times 10^4 \mathrm{m^3/d}$,远期预留 $2 \times 10^4 \mathrm{m^3/d}$,最终规模为 $7 \times 10^4 \mathrm{m^3/d}$。东部污水厂运营时间较早,目前处理工艺有待进一步升级改造。现在处理后的出水一部分作为再生水回用,一部分排入跃马河,出水水质未知。

(2)西部污水处理厂

西部污水厂覆盖范围北至齐北路(规划五路),南到津南路(南外环),西至开泰路,东到汇源大街(四号路),面积约 $27 \mathrm{km^2}$。污水厂位于创业大道与跃马河路交叉口附近,占地 6.11hm²,规划近期处理能力达到 $3 \times 10^4 \mathrm{m^3/d}$,远期预留 $2 \times 10^4 \mathrm{m^3/d}$,最终规模为 $5 \times 10^4 \mathrm{m^3/d}$。西部污水厂为新建污水处理厂,处理工艺达到一级 A 出水标准,出水一部分作为再生水回用,一部分排入跃马河。

中心城区污水厂设置情况见表 2-21。

表 2-21　中心城区污水厂设置一览表

序号	水厂	近期规模/($10^4 m^3/d$)	远期规模/($10^4 m^3/d$)	备注
1	东部污水处理厂	5.00	7.00	扩建
2	西部污水处理厂	3.00	5.00	新建
	合计	8.00	12.00	—

3.污水管网

（1）东部污水收集系统

东部污水提升泵站位置及提升规模见表 2-22。

表 2-22　东部污水提升泵站设置一览表

编号	提升规模/(L/s)	位置	备注
1#	120	枣城北大街与跃马河路相交处	已建
2#	170	阜康路（康庄路）与兴隆南大街相交处	已建
4#	130	化工二路（规划中辛公路附近）	新建

老城区以现状主干管为依托，新建污水支管全部汇入已建的污水主干管中。除能够依靠重力排入东部污水厂的污水外，其余污水分别排入两个现状污水泵站，再经过提升后排入东部污水处理厂。东部新建道路周边产生的污水穿越水系后汇入 4# 污水泵站，经过提升再进入下游的污水重力管中，排入东部污水处理厂。

（2）西部污水收集系统

西部污水提升泵站位置及提升规模见表 2-23。

表 2-23　西部污水提升泵站设置一览表

编号	提升规模/(L/s)	位置	备注
3#	130	西二环路与阜盛西路相交处	已建

在西二环路敷设污水主干管，现状污水管予以保留，污水自南向北先汇入 3# 污水泵站，经提升后再由重力管排入西部污水处理厂。

（二）面源污染物控制

城市面源是引起水体污染的主要污染源，具有突发性、高流量和重污染等特点。城市面源污染主要由降雨径流的淋浴和冲刷作用产生。城市降雨径流主要以合流制形式通过排水管网排放，径流污染初期作用十分明显。特别是在暴雨初期，由于降雨径流将地表的、沉积在下水管网的污染物，在短时间内，突发性冲刷汇入受纳水体，从而引起水体污染。据观测，在暴雨初期（降雨前 20min）污染物浓度一般都超过平时污水浓度。

通过布置源头削减措施，污染物削减率可达到 35%～45%，最后根据河流的环境容量，确定末端处理措施的形式和规模，将面源污染物的排放控制在环境容量允许范围内。

1. 源头削减措施

源头削减措施，主要是指在地表径流产生的源头采用一些工程性和非工程性的措施削减径流量，减少进入径流的污染物总量。通常情况下，在雨水径流进入排水管网前对其进行削减和处理不仅简单经济，而且效果较好。工程性源头控制措施既有最佳管理措施（BMPs），也包括一些低影响开发措施，因其均作用于源头而不予区分，具体则包括透水铺装、植被过滤带、植草沟、入渗沟、砂滤池和生物滞留池。

2. 末端处理措施

末端处理措施，主要是指设置在分流制雨水管网末端、雨水径流进入受纳水体之前的径流污染控制措施，或者设置在分流制雨水管网末端且本身就是径流最终出路的措施，以及设置在合流制系统和污水处理厂中用来应对雨季污染负荷的措施，包括入渗池、滞留池、雨水湿地和滨水缓冲区等。

雨水湿地是以雨洪调蓄控制和降雨径流水质净化为目的的人工湿地系统，是一种运用较为广泛的径流污染控制工程措施。通常情况下，在雨水湿地中，雨水径流被滞留在地势相对较低的洼地中，为水生动植物的生长提供水环境。雨水湿地中密集种植的植物增大了水流阻力，可以有效延缓水流、降低洪峰，并能够通过蒸发蒸腾作用在一定程度上减少径流总量。通过物理（沉降、过滤）、物化（吸附、絮凝、分解）和生物（微生物代谢、植物吸收）等过程，雨水湿地可以去除径流中的多种污染物，如悬浮颗粒物、营养物质（氮和磷）、重金属、有毒有机污染物、石油类化合物等，对大肠杆菌等病原微生物也有一定的去除效果。与湿式滞留池、生物滞留池等措施相比，雨水湿地对 TSS、NH_3-N、TP 以及部分重金属的去除率相对较高。

四、水安全保障规划

（一）中心城区防洪系统

1. 规划思路

中心城区内涝防治体系的规划思路如下：

（1）内河水系综合治理

确定内河蓝线，对内河上构筑物（桥梁、闸）等进行改造，通过拓宽河道、增加滞洪空间、新增排涝泵站或增大排涝泵站规模等措施，降低内河水位。

（2）平面与竖向调整

结合区域建设实际情况，考虑局部调整用地性质和抬高地坪标高。

（3）防涝设施布局

在以上方案实施的基础上，针对积水仍很严重的区域，通过规划调蓄池、路面行泄通道、雨水强排系统等方案，促进地面积水快速排除。

通过以上规划思路制定适宜的方案，确保中心城区达到相应的内涝防治标准。

2. 综合治理规划

（1）城市内河治理规划

内河水系综合治理规划内容包括规划蓝线调整确定、河底标高按要求整治到位、阻水桥梁改造、滞洪空间布置。

（2）平面与竖向控制调整规划

地面高程（竖向标高）在内涝风险中起重要作用，合理控制城市用地竖向标高是规避内涝风险、防治城市内涝最为有效的手段之一，是从源头上降低城市内涝风险的方法。

分析提高城市竖向规划的标准，不在于无限制地提高道路与地块的高程，而在于制定高标准的排涝规划，使之既能提高市区排涝标准，又能基本维持市区范围内的原设计排涝水位；同时根据防洪排涝安全要求，确定道路、地块等竖向标高的上下限要求，特别是为保障排水分区内的雨水安全排放，确定道路最低点控制标高，其计算公式为：道路最低点控制标高＝本路段雨水管出水口处河道规划 5 年一遇的排涝水位＋该点沿雨水管走向到出水口的距离×0.001＋不小于 0.5m 安全值。

从乐陵主城区的内涝风险评估和区划结果可知，内涝中、高风险区域已按竖向规划成果建设到位，难以通过大规模抬高地面高程来解决内涝风险问题。因此，暂不考虑进行平面与竖向调整。

（3）道路涝水行泄通道规划

① 规划原则。内涝防治标准要高于城市排水管道设计标准，因此存在涝水（即超标雨水）的排放问题。

发生暴雨时，雨水管道已满负荷，排放涝水必须规划行泄通道。本规划主要利用城市道路作为涝水行泄通道。

道路作为涝水行泄通道应注意以下事项：a. 涝水行泄通道应该设置在非重要路段，重要路段应通过提高竖向标高避免发生积水；b. 涝水行泄通道应保证道路路面雨水能通过重力自流进入自然水体。当道路和河道平行且紧邻河道时，可在道路最低点开口，方便路面雨水流入河道；当道路和河道相交时，应确保作为行泄通道的道路纵坡坡向河道，中间不能有凹形竖曲线存在；c. 涝水行泄通道两侧的绿化带必须做成植草沟形式，以提高道路的排水能力。

② 排入水体方式。通过道路排水，将涝水汇聚排入河道等调蓄水体。根据具体条件的不同，行泄通道排入调蓄水体的方式可分为以下两种类型。

a. 设置排水管涵型。在道路下凹处设置排水管涵，将水引至调蓄水体。如涝水通过道路行泄至临河时，道路坡向发生变化（如道路和桥梁衔接段），应根据实际条件，设置排水管涵，将涝水引至河道。排水管涵的设置如图 2-8 所示。

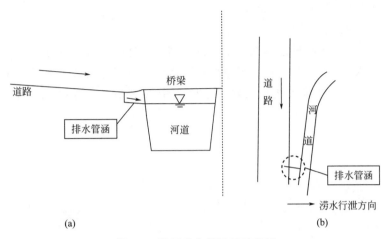

(a)   (b)

图 2-8　设置排水管涵型示意图

b. 设置排水坡道型。在行泄通道的末端（与调蓄水体衔接处）设置排水坡道（图 2-9），如设置坡向河道的消能阶梯，将涝水引至调蓄水体。

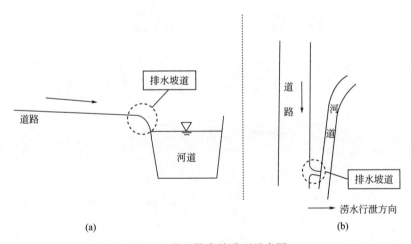

(a)   (b)

图 2-9　设置排水坡道型示意图

（二）中心城区雨水管网系统

1. 排水体制的确定

城市排水系统是城市基础设施建设的重要组成部分，主要由排水管网和污水处理厂组成。

根据总体规划，一方面乐陵市要建设海绵城市，对生态环境要求较高，雨污分流有利于保护城市水体环境；另一方面雨污分流便于雨水收集利用和集中管理排放，降低水量对污水处理厂的冲击。按照《城市排水工程规划规范》，将乐陵市排水体制确定为雨污分流制。

2. 现状情况及模拟

（1）雨污水现状情况

乐陵市主城区现状排水体制为雨污分流制，但是存在以下问题。

① 雨污水混接的问题。如：挺进西路雨水管道直接接入污水干管中（图 2-10）；兴隆北大街雨水直接接入跃马河路污水管道中（图 2-11）；振兴东路雨污水混接（图 2-12）。

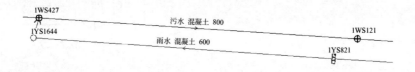

图 2-10　挺进西路雨污水混接

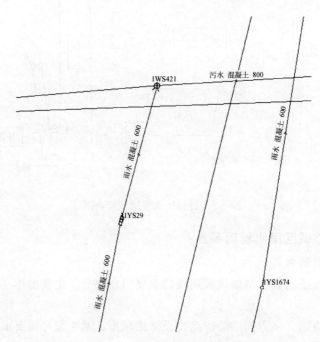

图 2-11　兴隆北大街雨污水混接

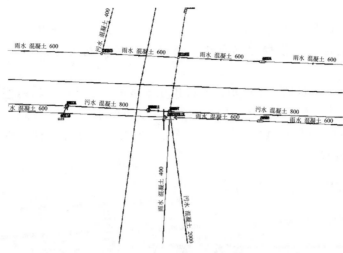

图 2-12　振兴东路雨污水混接

②　部分路段仅有雨水管道，没有污水管道，排水系统不完善，如兴隆北大街（图 2-13）。

③　雨水管径偏小，不满足 2 年设计重现期的要求。如汇源大街排出口处，上游服务面积为 $25.3hm^2$，而排出口处管径仅为 $d800$，不满足 2 年一遇设计重现期的要求（图 2-14）。

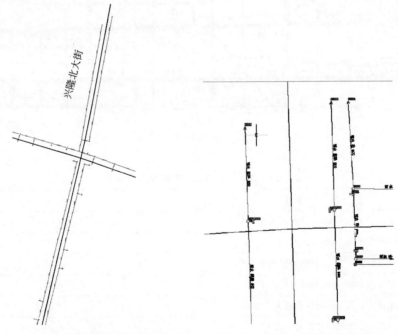

图 2-13　兴隆北大街排水系统不完善　　　　图 2-14　汇源大街雨水管径偏小

（2）现状模拟

针对以上现状存在的问题，建立了乐陵市主城区的三维和二维模型，对乐陵市的排水情况进行了模拟和分析。通过分析模拟结果，指导下一步规划的方向。

① 乐陵市主城区的三维模拟。通过建立乐陵市主城区的三维模型，分别模拟降雨 2 年一遇 2h、5 年一遇 2h 和 20 年一遇 24h 的结果。

a. 2 年一遇 2h 模拟结果如图 2-15 所示。表 2-24 列出了不同淹没水深和持续时间下的淹没面积。

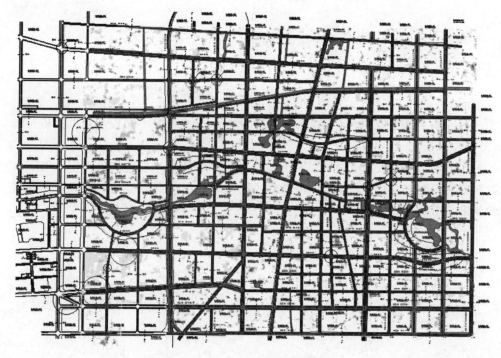

图 2-15　2 年一遇 2h 降水三维模拟结果

表 2-24　2 年一遇 2h 三维模拟淹没面积

条件	淹没面积/hm^2
淹没水深大于 0.15m,持续时间大于 0.5h	215.589
淹没水深大于 0.15m,持续时间大于 1h	39.961
淹没水深大于 0.27m,持续时间大于 0.5h	69.425
淹没水深大于 0.27m,持续时间大于 1h	6.542
淹没水深大于 0.5m,持续时间大于 0.5h	11.382
淹没水深大于 0.5m,持续时间大于 1h	0.280

由表 2-24 可知，对于 2 年一遇的降水，规划范围内仍存在一些淹没区域。通过本次雨水规划，经过对主城区的雨污分流改造、雨水管道新建及扩建，以及海绵城市设施的建设，真正实现"小雨不积水、大雨不内涝"的目标。

b. 5 年一遇 2h 模拟结果如图 2-16 所示。不同淹没水深和持续时间下的淹没面积见表 2-25。

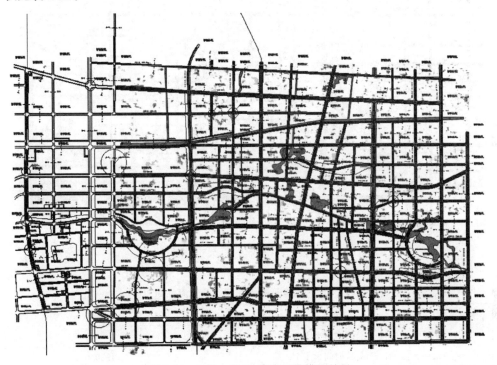

图 2-16　5 年一遇 2h 降水三维模拟结果

表 2-25　5 年一遇 2h 三维模拟淹没面积

条件	淹没面积/hm²
淹没水深大于 0.15m，持续时间大于 0.5h	338.742
淹没水深大于 0.15m，持续时间大于 1h	91.681
淹没水深大于 0.15m，持续时间大于 1.5h	1.476
淹没水深大于 0.27m，持续时间大于 0.5h	135.961
淹没水深大于 0.27m，持续时间大于 1h	18.961
淹没水深大于 0.5m，持续时间大于 0.5h	29.836
淹没水深大于 0.5m，持续时间大于 1h	1.355

由表 2-25 可知，在 5 年一遇的降水条件下，区域内各淹没水深对应的淹没区域面积增加。

c. 20 年一遇 24h 模拟结果如图 2-17 所示。不同淹没水深和持续时间下的淹没面积见表 2-26。

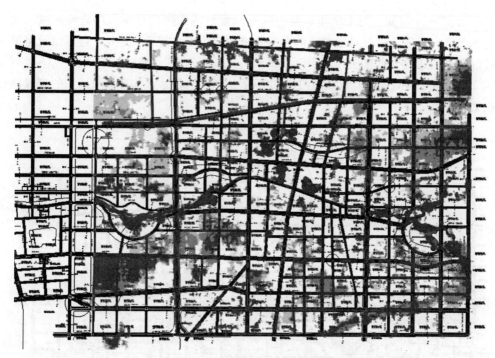

图 2-17　20 年一遇 24h 降水三维模拟结果

表 2-26　20 年一遇 24h 三维模拟淹没面积

条件	淹没面积/hm²
淹没水深大于 0.15m，持续时间大于 0.5h	1561.137
淹没水深大于 0.15m，持续时间大于 1h	1530.097
淹没水深大于 0.15m，持续时间大于 2h	1487.323
淹没水深大于 0.15m，持续时间大于 3h	1454.358
淹没水深大于 0.15m，持续时间大于 4h	1423.834
淹没水深大于 0.15m，持续时间大于 6h	1361.445
淹没水深大于 0.15m，持续时间大于 10h	1219.825
淹没水深大于 0.15m，持续时间大于 15h	302.957
淹没水深大于 0.27m，持续时间大于 0.5h	1012.726
淹没水深大于 0.27m，持续时间大于 1h	995.651
淹没水深大于 0.27m，持续时间大于 2h	965.824
淹没水深大于 0.27m，持续时间大于 3h	940.615
淹没水深大于 0.27m，持续时间大于 4h	917.089
淹没水深大于 0.27m，持续时间大于 6h	873.608
淹没水深大于 0.27m，持续时间大于 10h	758.717

条件	淹没面积/hm²
淹没水深大于 0.27m,持续时间大于 15h	126.995
淹没水深大于 0.5m,持续时间大于 0.5h	501.311
淹没水深大于 0.5m,持续时间大于 1h	493.174
淹没水深大于 0.5m,持续时间大于 2h	477.925
淹没水深大于 0.5m,持续时间大于 3h	461.414
淹没水深大于 0.5m,持续时间大于 4h	446.991
淹没水深大于 0.5m,持续时间大于 6h	416.803
淹没水深大于 0.5m,持续时间大于 10h	334.354
淹没水深大于 0.5m,持续时间大于 15h	27.822
淹没水深大于 1m,持续时间大于 0.5h	129.150
淹没水深大于 1m,持续时间大于 1h	127.876
淹没水深大于 1m,持续时间大于 2h	125.218
淹没水深大于 1m,持续时间大于 3h	121.676
淹没水深大于 1m,持续时间大于 4h	118.472
淹没水深大于 1m,持续时间大于 6h	110.504
淹没水深大于 1m,持续时间大于 10h	85.379
淹没水深大于 1m,持续时间大于 15h	1.482
淹没水深大于 1.5m,持续时间大于 0.5h	46.764
淹没水深大于 1.5m,持续时间大于 1h	46.437
淹没水深大于 1.5m,持续时间大于 2h	45.636
淹没水深大于 1.5m,持续时间大于 3h	44.561
淹没水深大于 1.5m,持续时间大于 4h	43.432
淹没水深大于 1.5m,持续时间大于 6h	38.776
淹没水深大于 1.5m,持续时间大于 10h	20.760
淹没水深大于 1.5m,持续时间大于 15h	0.059

② 乐陵市主城区的二维模拟。图 2-18 展示的是 2 年一遇 2h 降水的情况。

从图 2-18 中可以看出,2 年一遇 2h 降水后,乐陵主城区雨水管道大都处于满流状态,部分路段发生内涝,产生内涝点。经过对现状管线的调查及研究,得出产生内涝的原因主要有以下两个方面:

a. 雨水管道存在断头的现象。管道下游无排出口,导致个别管段服务范围内产生积水不退的现象。

b. 雨水管道管径偏小。老城区雨水管道已建成,其设计重现期不满足 2 年一遇

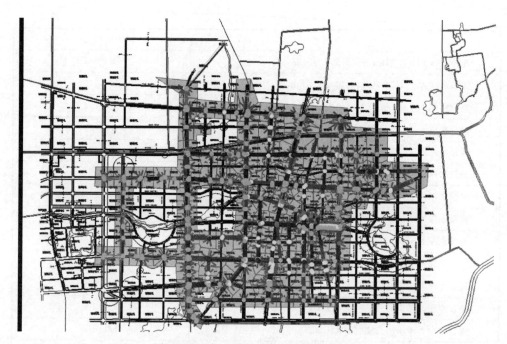

图 2-18　2 年一遇 2h 降水二维模拟结果

的要求，导致部分管段过流能力不足而造成积水内涝。

3. 雨水汇流分区的确定

乐陵市主城区内河流或河道纵横交错，这些河流或河道不仅对洪峰流量起到了暂时的调蓄作用，同时也造就了乐陵主城区雨水干管的布设主要以水体作为排出口，及时就近排放的特点，为雨水的及时排除提供了便利条件。因此雨水干管间并未构成系统，其相互关系是通过共同排入的内河来实现的。因而各条河道的集雨区域的划分实际上体现了对雨水区域的划分。

根据乐陵市主城区内水系分布的情况，将乐陵市主城区分为以下 16 个大的排水分区（图 2-19）。

4. 规划方案的确定

结合对现状的梳理及对乐陵城区雨水分区的划分，本次规划共分为两部分，一部分是以现状雨污水管线改建和新建为主的老城区；另一部分是以新建区域为主的新城区。老城区和新城区的雨水管网相对独立，各成系统。图 2-20 所示为老城区范围线。

（1）已建区域雨水管网改造规划

图 2-20 中网格线区域中大部分区域为建成区，此范围内雨水管网规划方案侧重于针对实际问题对现有雨水管网系统进行改造。改造规划原则为：

① 以现状模型评估结果为基础。

② 在管道清淤的基础上，提出改造规划措施。

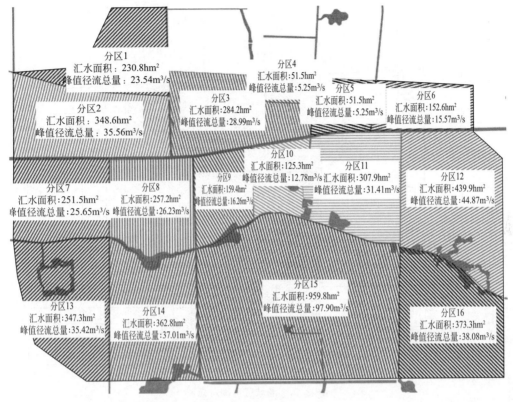

图 2-19　雨水汇流分区图

③ 尽量不对现状管道进行改建和废除。

④ 优先采用分流、串联等方式在工程量较小的模式下进行改造；当分流、串流等工程量小的改造方式不能满足改造目标时，再采用调蓄方式进行改造；仍无法满足改造目标时，最后采用增加雨水管道或者翻建方式进行改造。

⑤ 确定雨水管道改造规模时，不考虑雨水源头控制措施能控制的雨水径流量。

（2）新建区域雨水管网规划

图 2-20 中网格线区域以外的范围基本上都是新建区域，本区域内的雨水管网均为新建，其规划原则为：

① 合理确定设计标准，在投资和排水效果之间找到合理的契合点。

② 雨水管网按照最终用地面积所产生雨水量进行设计。

③ 分步实施，近远结合，适度超前的原则。

④ 雨水由管道收集，依靠重力排至天然河道。

⑤ 与区域内给水工程、道路交通、管线综合等专业规划相协调。

⑥ 根据地形及路网规划合理划分排水区域、布置排水管道，力求达到节省工程造价、节省能耗、运行管理简单的目标。

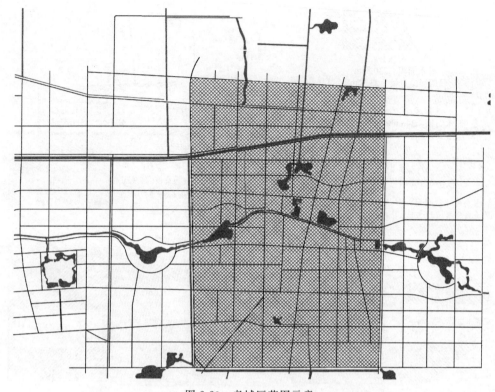

图 2-20　老城区范围示意

5.现状雨水管网改造规划

（1）改造规划的步骤

第一步，分析现状管道整体情况，找到需要改造且具有改造可行性的管线区域。

第二步，分析待改造管线周边管线的情况，将需要改造的管线与不需要改造的管线联通，分流一部分水量，充分利用各管道能力。

第三步，当第二步改造不能达到改造目标时，分析周边用地情况，在绿地或者开敞空间建设雨水调蓄池。

第四步，在经过上述改造工作仍不能达到改造目标时，考虑新增或者改建雨水管道。当顺向的几条道路管线均不满足要求时，可选择其中一条较易实施的道路新增一条较大管线，将几条道路串联，分段截流入新增管线，以降低施工难度。

（2）改造规划区域识别

根据《城市排水（雨水）防涝综合规划编制大纲》，"城市现状排水防涝系统能力评估"中以雨水管道是否满管来评判管道是否达标，根据该标准进行评估，得出乐陵市主城区大部分管道未达到 2 年一遇排水标准的结论。雨水管道实际运行过程中，一般情况下，即使管道满管，只要不造成地面积水，就不会造成灾害影响。因此管道改造的区域界定为管网系统自身原因导致的积水严重区域。

考虑到此类积水区域受降雨量、降雨峰值等综合因素影响，降雨情况不同将导致积水点位置和积水程度发生一定变化，为保证确定的管网改造规划区域具备代表性和真实性，以 2 年一遇设计暴雨重现期下的模型模拟积水情况为基础，结合现实中相同量级暴雨下已发生的积水区域，确定管网改造规划区域。

（3）老城区改造方案

根据"雨水管渠、泵站及附属设施规划设计标准"的分析，乐陵市雨水系统改造的暴雨重现期最低标准为 2 年一遇。2 年一遇设计暴雨下（2h 降雨量为 56.0mm），乐陵市主城区积水情况如图 2-21 所示。

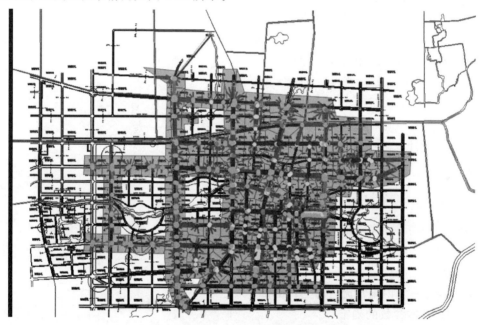

图 2-21　2 年一遇 2h 降雨积水分布

根据前述对积水成因的分析，提出如下解决方案：

① 针对断头管道（如图 2-22 所示区域内），采取清淤疏通措施，并将断头管道衔接到下游管道上，为断头管道找到排出口，以解决因断头管道造成的内涝问题。

② 针对片区内现状混接错接的 5 处雨水管道，将其就近接入其他雨水管道或者新建雨水管道中，完成雨污分流，减轻雨天时污水处理厂的冲击负荷。

③ 针对个别路段仅有雨水管道，没有污

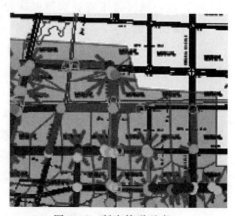

图 2-22　断头管道示意

水管道的情况，若路段雨水管道管径太小，无法保证本路段雨水排放（如个别路段雨水管道管径均为 $d600$），将此段雨水管道改为污水管道，并新建雨水管道，完成排水系统的建设。

④ 对于老城区内尚无雨水管道建成的道路，尽量自成排水系统，就近排放，不接入现状雨水管道；个别道路雨水必须排入现状雨水管道时，通过模拟软件对其积水内涝情况进行模拟，调整并修改雨水管道的管径等条件，以保证排水的安全顺畅。

6. 新建区雨水管网规划

（1）雨水量计算

雨水设计流量计算方法如下：

$$Q = q \cdot F \cdot \Psi \tag{2-1}$$

式中　Q——雨水设计流量，L/s；

q——设计暴雨强度，L/(s·hm²)；

F——汇水面积，hm²；

Ψ——径流系数。

其中设计暴雨强度 q 采用乐陵市暴雨强度公式计算：

$$q = \frac{1619.486 \times (1 + 0.958 \lg P)}{(t + 11.142)^{0.698}} \tag{2-2}$$

$$t = t_1 + t_2$$

式中　P——设计降雨重现期，a；

t——降雨历时，min；

t_1——起点集水时间，min；

t_2——管内雨水流行时间，min。

（2）基本参数的确定

① 设计降雨重现期 P。根据工程建设性质，参考本地同类工程，一般区域取 $P = 2a$，核心地区及下穿处局部低洼设计重现期取 $P = 5a$。

② 降雨历时 t。$t = t_1 + t_2$，式中 t_1 为起点集水时间，本工程取 15min。

③ 综合径流系数 Ψ。考虑降雨因素和地面因素等具体条件，按《室外排水设计规范》的规定，综合径流系数核心区域取 0.6，一般区域取 0.3～0.5，绿地取 0.15。

径流系数与排水区的地面性质有关，例如地面是否铺砌、植被覆盖率、建筑物占地面积、道路路网密度等，这些因素对径流系数均有较大影响。故规划片区内应尽量避免铺砌过多的不渗水地面，提高植被覆盖率，从而降低径流系数，减少暴雨设计流量，进而达到适当减小管径、降低工程造价的目的。

（3）雨水管道的设计计算

按《室外排水设计规范》中对雨水管道设计参数有关取值的规定，对不同管径管道进行雨水管网水力计算。

雨水管道计算公式：

$$v = \frac{1}{n} R^{2/3} I^{1/2} \qquad (2\text{-}3)$$

式中 v——流速，m/s；

R——水力半径，m；

I——水力坡降；

n——粗糙系数。

混凝土与钢筋混凝土管的粗糙系数 n 为 $0.013 \sim 0.014$。

设计最大流速控制在规范规定的 $0.6 \sim 4.5 \text{m/s}$ 范围内。

7.雨水管网规划

（1）管网布置原则

① 尽量少破坏现状管线。

② 不因满足雨污水自流，造成现状道路改变坡向。

③ 雨水管网按规划远期地形及地块性质进行规划设计。

④ 尽量减少雨水提升，技术可行，经济合理。

⑤ 管道尽量少穿过铁路，高速公路，水体，涵洞等重要建构筑物。

⑥ 雨水主干管尽量沿路坡敷设，减小管道埋深。

（2）雨水区域的划分

根据前述的分区依据，每一个排水分区又分为若干个小分区。

① 分区1雨水管道布置如图2-23所示。分区1雨水自南向北、自西向东汇流至齐北路，由齐北路排至河道。雨水管道管径范围为 $d(600 \sim 4400) \times 3400$。

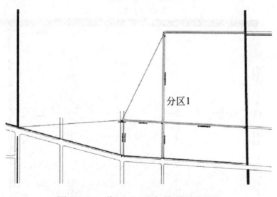

图 2-23   分区 1 雨水管道布置图

② 分区 2 雨水管道分区布置如图 2-24 所示。分区 2 又分为 6 个小排水分区，各小排水分区雨水管道就近排入水体，雨水管道管径范围为 $d(600 \sim 3400) \times 2400$。

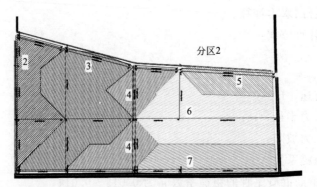

图 2-24　分区 2 雨水管道分区布置图

③ 分区 6 雨水管道分区布置如图 2-25 所示。分区 6 又分为 3 个小排水分区，3 个小排水分区各自独立，就近排入水体，雨水管道管径范围为 $d(600\sim3400)\times2600$。

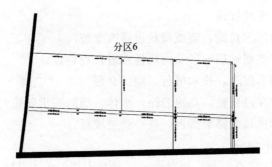

图 2-25　分区 6 雨水管道分区布置图

④ 分区 7 雨水管道分区布置如图 2-26 所示。分区 7 又分为 5 个小排水分区，每个小排水分区各自独立，雨水管道管径范围为 $d(600\sim3400)\times2400$。

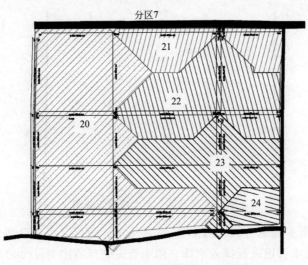

图 2-26　分区 7 雨水管道分区布置图

⑤ 分区 8 雨水管道分区布置如图 2-27 所示。分区 8 根据地势及排水方向分为 4 个小分区，分别排向四周水系，雨水管道管径范围是 $d(600\sim3400)\times2400$。

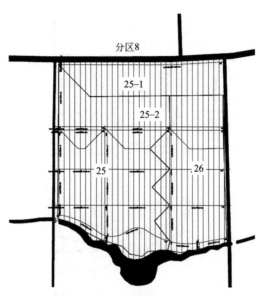

图 2-27　分区 8 雨水管道分区布置图

⑥ 分区 12 雨水管道分区布置如图 2-28 所示。分区 12 又划分为 7 个小排水分区，分别排入周围水系，雨水管道管径范围为 $d(600\sim3400)\times2600$。

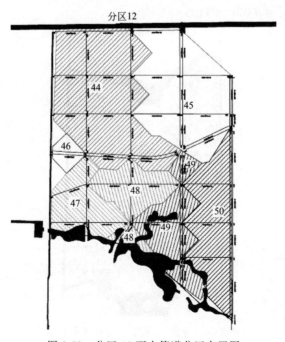

图 2-28　分区 12 雨水管道分区布置图

⑦ 分区 13 雨水管道分区布置如图 2-29 所示。分区 13 划分为 7 个小排水分区，雨水管道管径范围为 $d(600\sim4400)\times3400$。

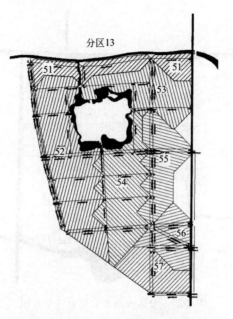

图 2-29　分区 13 雨水管道分区布置图

⑧ 分区 14 雨水管道分区布置如图 2-30 所示。分区 14 划分为 8 个小排水分区，雨水管道管径范围为 $d(600\sim4400)\times3400$。

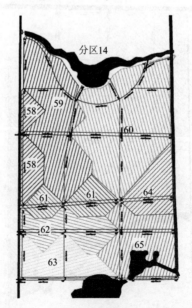

图 2-30　分区 14 雨水管道分区布置图

⑨ 分区 16 雨水管道分区布置如图 2-31 所示。分区 16 划分为 5 个小排水分区，雨水管道管径范围为 $d(600\sim3400)\times2800$。

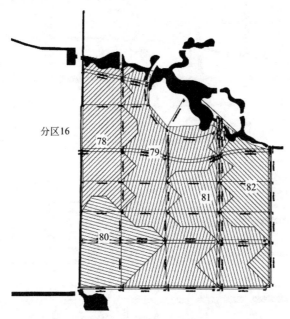

图 2-31　分区 16 雨水管道分区布置图

其他分区雨水管道布置情况略。

8. 管网布置

规划区域内，道路宽度大于 50m 时雨水管道设置双排，小于 50m 时雨水管道均设计为单排。

（三）中心城区内涝防治系统

1. 内涝积水点分布情况

规划区域内涝点分布情况如图 2-32 所示。

图 2-32 中○积水点表示积水深度为 0.15~0.27m，⊜积水点表示积水深度为 0.27~0.5m，⊕积水点表示积水深度为 0.5~0.8m，⊕积水点表示积水深度为 0.8~1m，●积水点表示积水深度超过 1m。

2. 内涝成因分析

通过对图 2-32 中相对集中且内涝较为严重的两处内涝点进行分析，内涝形成的主要原因有以下两方面。

① 雨水管道存在断头的现象。图中两处●内涝点处管道下游无排出口，导致内涝点上下游雨水管道满流且无法排出，造成积水不退的现象。

② 雨水管道管径偏小。图中⊕和⊜积水点集中的区域，由于老城区雨水管道已建成，其设计重现期不满足 2 年一遇的要求，导致部分管段过流能力不足而造成积

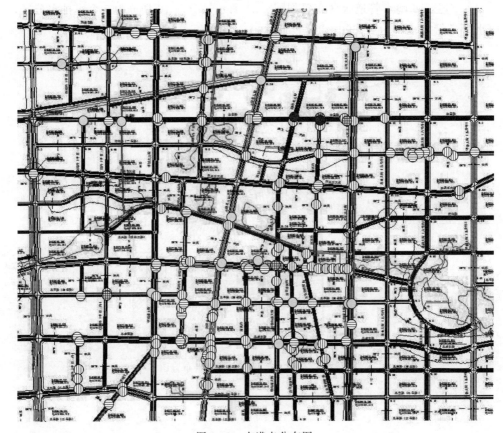

图 2-32　内涝点分布图

水内涝。

五、水资源利用系统规划

水资源利用系统规划的内容主要包括：结合城市水资源分布、供水工程，围绕城市水资源目标，严格水源保护，制定再生水、雨水资源综合利用的技术方案和实施路径，提高本地水资源开发利用水平，增强供水安全保障能力；明确水源保护区、再生水厂、小水库山塘雨水综合利用设施等可能独立占地的市政重大设施布局、用地、功能、规模；复核水资源利用目标的可达性。

（一）雨水资源综合利用分区策略

根据乐陵市总体规划市区土地使用规划图，乐陵市城区主要是以径流污染控制为主，兼顾洪峰控制的雨水资源综合利用区，该区域主要通过低影响开发措施削减面源污染，并设置雨水收集设施，起到一定的滞洪削峰的作用。具体措施为建设下沉式绿地、湿塘、调蓄设施等，在总面积为 4327.02hm^2 的汇水区上，可调蓄雨水资源量共计 141.55×10^{4}m^3，各管控分区的汇水面积与调蓄容积如表 2-27 所示。

表 2-27　雨水资源综合利用分区调蓄容积

管控分区编号	汇水面积/hm²	调蓄容积/10⁴m³	管控分区编号	汇水面积/hm²	调蓄容积/10⁴m³
1	39.39	0.71	42	11.32	0.84
2	114.09	1.69	43	3.66	0.06
3	145.38	2.07	44	119.52	2.83
4	41.82	0.75	45	102.13	2.21
5	78.47	1.53	46	8.04	0.46
6	40.71	0.73	47	40.21	2.52
7	7.11	0.13	48	40.93	2.90
8	96.04	2.07	49	48.09	4.06
9	17.86	0.32	50	61.82	1.30
10	91.23	2.88	51	31.00	0.58
11	25.33	0.72	52	85.00	1.83
12	108.35	3.88	53	44.66	0.74
13	21.21	1.04	54	56.51	1.03
14	14.57	0.24	55	37.09	0.67
15	3.10	0.05	56	24.00	0.54
16	12.40	1.23	57	24.83	0.41
17	8.36	0.15	58	18.94	0.34
18	87.75	1.84	59	69.33	1.25
19	28.83	0.49	60	97.91	1.96
20	112.08	1.57	61	23.28	0.42
21	23.95	0.69	62	28.89	0.56
22	51.77	1.30	63	30.79	0.73
23	41.90	1.44	64	16.09	1.47
24	8.84	0.59	65	42.97	5.30
25	124.10	1.69	66	297.65	15.05
26	74.86	1.68	67	79.76	7.61
27	38.76	0.67	68	11.54	0.23
28	45.44	1.96	69	94.06	1.55
29	36.70	0.37	70	117.48	2.82
30	47.68	3.06	71	26.35	1.83
31	24.70	0.38	72	49.33	1.04
32	63.42	7.02	73	97.94	6.32
33	15.07	2.06	74	59.51	0.98
34	14.37	2.07	75	45.42	0.82
35	23.73	0.25	76	30.04	0.68
36	16.43	0.67	77	38.01	1.33
37	105.36	1.11	78	66.48	3.03
38	27.38	2.52	79	113.99	3.13
39	15.42	1.01	80	52.09	0.86
40	49.30	1.20	81	67.58	2.02
41	22.16	0.56	82	44.45	0.87

（二）雨水资源化利用策略

雨水资源化利用方式主要分为渗透利用及集蓄利用两大类。通过建设低影响开发设施以及集蓄利用设施布局，加强雨水的渗透量与调蓄量；通过将雨水利用于绿地浇洒、道路灌溉等，雨水资源综合利用率可达12％。

（1）渗透利用

生态用地内通过自然渗透，实现水源涵养，补充地下水水源；建设用地内道路、屋面及广场的雨水通过雨水调蓄塘、塘床系统的净化作用后，再渗透补充地下水水源。

在居住区和大型公共建筑、商业区等区域利用屋面雨水，建设屋顶的雨水集蓄和渗透系统。以绿地（广场）—雨水花园—雨水调蓄塘—河道的水系组织形式，将雨水先净化后渗透，保障补充地下水水源的水质，减小土壤去除污染物的负荷。

（2）集蓄利用

识别规划区域中的内涝易发区域，利用地势低洼区域和积水点，进行生态空间预留，建设雨水集蓄利用措施，并为用地布局提出指引方针。结合水质保障所需要的相关湿地，以及人工湖、天然洼地、坑塘、河流和沟渠等，建立综合性、系统化的蓄水工程措施，将雨水蓄积后再加以利用。

在公园绿地等场所，通过增加小型雨水调蓄塘等景观小品集蓄雨水，同时用于公园内水体的补水换水，以及就近绿化和道路浇洒。

在居住区、学校、体育场馆内可以通过人工湖、景观水体等设施增加调蓄水面，调节小气候的同时美化环境，集蓄水体可以用于场所内部的景观水体补水、绿化、道路浇洒、冲厕等，从而最大限度节约城市水资源。

（三）雨水资源化利用目标可达性分析

将城市雨水用作道路浇洒、绿化用水，并从水资源可持续利用的角度，在水质可以满足标准时，将雨水用于补充城市景观水系，体现城市水生态系统的自然修复、恢复与循环流动，改善城市的水源涵养条件，达到改善自然气候条件以及水生态循环的目的。

乐陵市通过海绵城市建设，增加了可渗透下垫面的比例，其中下沉式绿地、雨水花园可有效实现雨水的渗透利用及自然净化，对于15mm以上的降雨事件，下沉式绿地、湿塘、调蓄设施能够对雨水进行滞留，实现调蓄利用的目的。

根据1987—2016年乐陵市降雨情况统计分析，年均降雨量为518.68mm，在市区4327.02hm^{2}的汇水面积上，年均降雨总体积为2244.34×10^{4}m^3。降雨量大于15mm的降雨事件年均11起，年均降雨总量368.18mm。

雨水资源分区利用情况如表2-28所列。

表 2-28　雨水资源分区利用情况

管控分区编号	汇水面积/hm²	雨水利用量/(10⁴m³/a)	管控分区编号	汇水面积/hm²	雨水利用量/(10⁴m³/a)
1	39.39	2.13	42	11.32	0.97
2	114.09	4.39	43	3.66	0.14
3	145.38	7.39	44	119.52	7.76
4	41.82	1.11	45	102.13	6.22
5	78.47	4.54	46	8.04	0.61
6	40.71	2.21	47	40.21	2.61
7	7.11	0.39	48	40.93	3.43
8	96.04	4.35	49	48.09	3.64
9	17.86	0.97	50	61.82	2.44
10	91.23	6.37	51	31.00	1.35
11	25.33	1.68	52	85.00	6.13
12	108.35	8.16	53	44.66	2.26
13	21.21	1.20	54	56.51	3.52
14	14.57	0.74	55	37.09	2.01
15	3.10	0.15	56	24.00	1.57
16	12.40	0.98	57	24.83	1.25
17	8.36	0.45	58	18.94	1.03
18	87.75	5.79	59	69.33	4.45
19	28.83	1.30	60	97.91	6.44
20	112.08	5.87	61	23.28	1.26
21	23.95	1.06	62	28.89	1.67
22	51.77	2.03	63	30.79	1.18
23	41.90	2.80	64	16.09	1.78
24	8.84	0.67	65	42.97	4.75
25	124.10	6.34	66	297.65	25.87
26	74.86	4.88	67	79.76	9.79
27	38.76	1.76	68	11.54	0.67
28	45.44	2.78	69	94.06	5.69
29	36.70	1.10	70	117.48	9.27
30	47.68	3.67	71	26.35	1.89
31	24.70	0.89	72	49.33	3.04
32	63.42	7.04	73	97.94	8.81
33	15.07	1.79	74	59.51	3.60
34	14.37	1.73	75	45.42	2.92
35	23.73	0.85	76	30.04	1.96
36	16.43	0.94	77	38.01	2.24
37	105.36	4.82	78	66.48	6.49
38	27.38	2.65	79	113.99	9.55
39	15.42	0.86	80	52.09	3.15
40	49.30	2.81	81	67.58	5.76
41	22.16	1.24	82	44.45	2.53

分析表 2-28 可知，雨水利用总量为 $284.56\times10^4\,\mathrm{m}^3$，雨水利用率可达到 2% 以上，其中渗透利用总量为 $68.20\times10^4\,\mathrm{m}^3$，调蓄利用总量为 $216.36\times10^4\,\mathrm{m}^3$。

第五节　海绵城市建设管控分区指引

一、海绵城市总体建设指引

规划区内的乐陵市海绵城市示范区全面推进海绵城市建设，以示范区为样板，其他区域逐步开展海绵城市建设，涉及水生态系统、水安全系统、水环境系统以及雨水资源化系统，采用渗、滞、蓄、净、用、排等 6 种低影响开发技术，整体达到年径流总量控制率 70%，最终实现"小雨不积水、大雨不内涝、水体不黑臭、热岛有缓解"的目标。

水生态方面，新建和改造下沉式绿地面积 468.08hm²，透水铺装面积 11.36hm²，湿塘面积 117.81hm²，雨水花园面积 281.96hm²，调蓄设施容积 6500m³，整体实现 70% 的年径流总量控制率目标。老城区为主的分区因地制宜进行改造，低影响开发措施以滞、蓄为主，年径流总量控制率目标为 65% 以上；新城区为主的分区严格按照海绵城市建设标准进行建设和改造，低影响开发措施以滞、蓄、净为主，年径流总量控制率目标为 75% 以上；工业区为主的分区采用以净化为主的低影响开发措施，年径流总量控制率目标达到 75% 以上。

水安全方面，采取一系列工程，力争规划区内地块外排径流峰值流量减少。雨水管渠设计标准 2～5 年。各河道及周边地块在建设时应严格遵守专项规划中提出的要求，注意河底标高、河道规格、排涝水位与场地的关系，如果有局部的调整，应提出专题论证，重点关注与上下系统的衔接。

水环境方面，规划区内主要水系水质达到Ⅲ类标准，其他地表水环境达到相应功能区标准。

水资源方面，有条件的小区需布置雨水罐，新建小区必须布置雨水罐，建设景观调蓄水体，用于小区的景观绿化和道路喷洒等，新建绿地需建设湿塘、人工湿地等收集和利用雨水，实现雨水资源利用率达到 12%。

二、各分区建设指引

（一）强制性指标
强制性指标见表 2-29。

（二）引导性指标
引导性指标见表 2-30。

表 2-29 分区强制性指标

分区	强制性指标			
	水生态	水安全	水环境	水资源
	年径流总量控制率/%	管网标准	水质目标	雨水资源利用率/%
1	70	2 年一遇	不低于Ⅳ类	9.31
2	70	2 年一遇	不低于Ⅳ类	6.61
3	65	2 年一遇	不低于Ⅳ类	8.74
4	65	2 年一遇	不低于Ⅳ类	4.57
5	70	2 年一遇	不低于Ⅳ类	9.95
6	70	2 年一遇	不低于Ⅳ类	9.31
7	70	2 年一遇	不低于Ⅳ类	9.31
8	70	2 年一遇	不低于Ⅳ类	7.79
9	70	2 年一遇	不低于Ⅳ类	9.31
10	70	2 年一遇	不低于Ⅳ类	12.00
11	80	2 年一遇	不低于Ⅳ类	11.38
12	75	2 年一遇	不低于Ⅳ类	12.90
13	75	2 年一遇	不低于Ⅳ类	9.75
14	70	2 年一遇	不低于Ⅳ类	8.68
15	65	2 年一遇	不低于Ⅳ类	8.05
16	80	2 年一遇	不低于Ⅳ类	13.59
17	75	2 年一遇	不低于Ⅳ类	9.31
18	75	2 年一遇	不低于Ⅳ类	11.35
19	70	2 年一遇	不低于Ⅳ类	7.78
20	65	2 年一遇	不低于Ⅳ类	8.80
21	75	2 年一遇	不低于Ⅳ类	7.60
22	75	2 年一遇	不低于Ⅳ类	6.73
23	70	2 年一遇	不低于Ⅳ类	11.50
24	70	2 年一遇	不低于Ⅳ类	12.98
25	65	2 年一遇	不低于Ⅳ类	8.78
26	65	2 年一遇	不低于Ⅳ类	11.21
27	60	2 年一遇	不低于Ⅳ类	7.81
28	55	2 年一遇	不低于Ⅳ类	10.53
29	60	2 年一遇	不低于Ⅳ类	5.15
30	65	2 年一遇	不低于Ⅳ类	13.24
31	75	2 年一遇	不低于Ⅳ类	6.17

分区	强制性指标			
	水生态	水安全	水环境	水资源
	年径流总量控制率/%	管网标准	水质目标	雨水资源利用率/%
32	75	2年一遇	不低于Ⅳ类	19.09
33	70	2年一遇	不低于Ⅳ类	20.40
34	75	2年一遇	不低于Ⅳ类	20.68
35	75	2年一遇	不低于Ⅳ类	6.15
36	55	2年一遇	不低于Ⅳ类	9.80
37	55	2年一遇	不低于Ⅳ类	7.87
38	70	2年一遇	不低于Ⅳ类	16.64
39	75	2年一遇	不低于Ⅳ类	9.56
40	70	2年一遇	不低于Ⅳ类	9.80
41	60	2年一遇	不低于Ⅳ类	9.60
42	65	2年一遇	不低于Ⅳ类	14.78
43	75	2年一遇	不低于Ⅳ类	6.39
44	75	2年一遇	不低于Ⅳ类	11.16
45	80	2年一遇	不低于Ⅳ类	10.47
46	75	2年一遇	不低于Ⅳ类	13.01
47	75	2年一遇	不低于Ⅳ类	11.17
48	80	2年一遇	不低于Ⅳ类	14.42
49	85	2年一遇	不低于Ⅳ类	13.01
50	75	2年一遇	不低于Ⅳ类	6.79
51	85	2年一遇	不低于Ⅳ类	7.51
52	80	2年一遇	不低于Ⅳ类	12.40
53	75	2年一遇	不低于Ⅳ类	8.68
54	75	2年一遇	不低于Ⅳ类	10.71
55	75	2年一遇	不低于Ⅳ类	9.31
56	80	2年一遇	不低于Ⅳ类	11.21
57	70	2年一遇	不低于Ⅳ类	8.68
58	70	2年一遇	不低于Ⅳ类	9.31
59	70	2年一遇	不低于Ⅳ类	11.03
60	75	2年一遇	不低于Ⅳ类	11.31
61	70	2年一遇	不低于Ⅳ类	9.31
62	75	2年一遇	不低于Ⅳ类	9.95

分区	强制性指标			
	水生态	水安全	水环境	水资源
	年径流总量控制率/%	管网标准	水质目标	雨水资源利用率/%
63	70	2年一遇	不低于Ⅳ类	6.59
64	75	2年一遇	不低于Ⅳ类	18.98
65	85	2年一遇	不低于Ⅳ类	19.01
66	70	2年一遇	不低于Ⅳ类	14.94
67	70	2年一遇	不低于Ⅳ类	21.10
68	70	2年一遇	不低于Ⅳ类	9.95
69	70	2年一遇	不低于Ⅳ类	10.40
70	65	2年一遇	不低于Ⅳ类	13.57
71	65	2年一遇	不低于Ⅳ类	12.36
72	65	2年一遇	不低于Ⅳ类	10.58
73	65	2年一遇	不低于Ⅳ类	15.46
74	65	2年一遇	不低于Ⅳ类	10.40
75	75	2年一遇	不低于Ⅳ类	11.03
76	75	2年一遇	不低于Ⅳ类	11.21
77	65	2年一遇	不低于Ⅳ类	10.15
78	70	2年一遇	不低于Ⅳ类	16.79
79	75	2年一遇	不低于Ⅳ类	14.41
80	70	2年一遇	不低于Ⅳ类	10.40
81	75	2年一遇	不低于Ⅳ类	14.66
82	70	2年一遇	不低于Ⅳ类	9.78

表 2-30　分区引导性指标

分区	引导性指标				
	水生态			水环境	水安全
	下沉式绿地/hm²	雨水花园/hm²	渗透设施/hm²	湿塘/hm²	调蓄设施/m³
1	4.73	1.58	0.39	0.00	0
2	7.99	5.70	1.14	0.83	3045
3	11.63	5.82	2.91	0.54	1978
4	0.84	0.84	0.42	1.05	3859
5	10.20	7.06	0.78	0.00	0
6	4.89	4.07	0.41	0.00	0
7	0.85	0.21	0.07	0.00	0

分区	引导性指标				
	水生态			水环境	水安全
	下沉式绿地/hm²	雨水花园/hm²	渗透设施/hm²	湿塘/hm²	调蓄设施/m³
8	7.68	4.80	0.96	1.53	5641
9	2.14	0.71	0.18	0.00	0
10	10.04	6.39	1.82	2.30	8461
11	3.55	2.53	0.25	0.32	1178
12	13.05	10.88	2.18	3.20	11794
13	1.27	0.85	0.21	1.42	5225
14	1.60	0.44	0.15	0.00	0
15	0.31	0.12	0.03	0.00	0
16	0.37	0.25	0.12	1.95	7191
17	1.00	0.17	0.08	0.00	0
18	10.53	2.63	1.75	0.44	1605
19	2.59	1.15	0.29	0.17	608
20	9.16	4.58	2.29	0.00	2000
21	1.44	0.00	0.24	0.79	2902
22	2.59	0.00	0.52	1.51	5573
23	5.45	3.77	0.42	1.03	3795
24	0.80	0.35	0.09	0.78	2862
25	9.93	4.96	2.48	0.00	2000
26	11.23	4.49	0.75	0.00	0
27	3.49	1.94	0.39	0.24	883
28	4.09	3.64	0.45	2.24	8243
29	1.83	0.73	0.37	0.16	573
30	4.77	2.86	0.48	3.91	14412
31	1.48	0.74	0.25	0.26	939
32	7.61	6.98	0.63	9.79	36048
33	1.36	1.05	0.15	3.09	11381
34	1.15	0.72	0.14	3.15	11615
35	1.66	0.71	0.24	0.00	0
36	1.31	0.82	0.16	0.78	2887
37	7.38	7.38	2.11	0.00	0
38	3.01	2.46	0.27	3.44	12673

分区	引导性指标				
	水生态			水环境	水安全
	下沉式绿地/hm²	雨水花园/hm²	渗透设施/hm²	湿塘/hm²	调蓄设施/m³
39	0.31	0.62	0.15	1.60	5899
40	3.94	3.45	0.99	1.01	3723
41	2.44	1.55	0.22	0.32	1181
42	1.25	0.91	0.11	1.09	4015
43	0.22	0.11	0.04	0.05	185
44	13.15	10.76	2.39	1.44	5291
45	10.21	5.11	2.04	1.13	4156
46	0.88	0.56	0.08	0.55	2027
47	2.41	1.61	0.40	3.59	13234
48	4.50	2.86	0.41	3.71	13671
49	2.40	1.92	0.48	6.17	22726
50	3.71	1.85	0.62	1.24	4575
51	2.48	0.93	0.31	0.35	1304
52	11.90	5.10	1.70	0.00	500
53	4.91	2.23	0.45	0.00	0
54	6.22	2.83	1.13	0.00	1000
55	4.45	2.23	0.37	0.00	0
56	3.60	1.20	0.24	0.00	0
57	2.73	0.99	0.25	0.00	0
58	2.27	0.76	0.19	0.00	0
59	8.32	4.85	1.39	0.00	0
60	11.75	5.87	1.96	0.16	1592
61	2.79	2.33	0.23	0.00	0
62	3.76	1.73	0.29	0.00	0
63	1.54	0.92	0.31	0.83	3061
64	2.57	2.09	0.16	1.81	6676
65	3.87	3.87	0.43	7.87	28972
66	38.70	20.84	5.95	15.41	56723
67	12.76	11.96	1.60	9.49	34953
68	1.50	1.39	0.12	0.00	0
69	10.35	5.64	1.88	0.00	0

分区	引导性指标				
	水生态			水环境	水安全
	下沉式绿地/hm²	雨水花园/hm²	渗透设施/hm²	湿塘/hm²	调蓄设施/m³
70	18.80	18.80	2.35	0.00	0
71	1.84	2.11	0.26	2.59	9518
72	6.91	6.41	0.49	0.00	0
73	10.77	10.77	1.96	7.84	28847
74	6.55	5.95	1.19	0.00	0
75	5.45	2.73	0.91	0.00	0
76	4.51	1.20	0.30	0.00	0
77	3.80	0.76	0.38	1.26	4643
78	11.97	3.32	1.33	2.05	7556
79	19.38	9.12	2.28	0.37	1379
80	5.73	2.60	1.04	0.00	0
81	11.49	3.38	1.35	0.49	1796
82	4.00	1.33	0.89	0.45	1666

三、小结

水生态方面,新建和改造下沉式绿地面积 468.08hm²,透水铺装面积 11.36hm²,湿塘面积 117.81hm²,雨水花园面积 281.96hm²;调蓄设施容积 6500m³,整体实现 70% 的年径流总量控制率目标。

水安全方面,雨水管渠设计标准 2～5 年。水环境方面,规划区内主要水系水质达到Ⅳ类标准,其他地表水环境达到相应功能区标准。水资源方面实现雨水资源利用率达到 12% 以上。

第六节 相关专项规划调整建议

一、生态规划

乐陵已开展《乐陵市城市总体规划》,规划总目标为:以构建和谐乐陵为目标,坚持"城乡一体、绿色开放、经济繁荣、生活舒适"的发展方针,打造"中国枣都"城市形象品牌,建设具有浓郁地方特色的现代化生态园林城市。低影响开发强调"自然积存、自然渗透、自然净化"的生态理念,是生态城市建设的重要补充,生态城市规划应包含低影响开发理念。具体要点如下:

① 依据城市总体规划划定城市水源地、河流、湖泊、湿地、森林等生态保护

区，明确保护要求。

② 结合低影响开发理念，运用更为自然生态的绿色设施，实现城市径流雨水的自然渗透、净化、调蓄作用，维持开发建设前后的用地水文特征基本不变，保护城市生态功能，逐步完善可持续、健康的生态城市系统构建。

二、城市水系统规划

城市水系是城市径流雨水自然排放的重要通道、受纳体及调蓄空间，与低影响开发雨水系统联系紧密。具体规划要点如下：

① 依据城市总体规划划定城市水域、岸线、滨水区，明确水系保护范围，划定水生态敏感区范围并加强保护，确保开发建设后的水域面积不小于开发前，已破坏的水系应逐步恢复。

② 城市水系规划应尽量保护与强化其对径流雨水的自然渗透、净化与调蓄功能，优化城市河道（自然排放通道）、湿地（自然净化区域）、湖泊（调蓄空间）布局与衔接，与城市总体规划、排水防涝规划同步协调，实现自然、有序排放与调蓄。

③ 城市水系规划应根据河湖水系汇水范围，同步优化、调整蓝线周边绿地系统布局及空间规模，并衔接控制性详细规划，明确水系及周边地块低影响开发控制指标。

三、城市防洪规划

建设大面积分散的渗蓄低影响开发设施能够有效降低峰值流量并延缓径流峰值时间，进而降低城市防洪压力，并且可净化径流雨水，改善城市河道水质。具体规划要点如下：

① 安全优先，"灰绿"结合，协调共治。在优先满足城市防洪的条件下，宜采用"灰绿"结合设施（即传统防洪堤、泵站等灰色基础设施与分散式源头控制低影响开发设施），提高洪水调蓄能力，降低洪水灾害风险。

② 构建以储为主，渗排结合的新型雨水系统。城市化过程中形成大量硬化下垫面，造成洪涝灾害风险增大。城市内可以建立以储为主、渗排结合的新型雨水排放系统。在增加城市绿地，提高城市下垫面透水性的前提下，利用城市绿地储存部分暴雨径流，雨水经过植被和土壤层的渗透、滞留等多重净化后可作为城市再生水源，也可恢复地下水的补充来源，多余的雨水可通过市政管网向河流排放。新型雨水排放系统可以延缓径流时间、削减洪峰流量，同时其环保作用也不可忽视。

③ 维持防洪设施生态水文特征。传统城市水系治理中多采用水泥护堤衬底，破坏了水、土、生物间形成的物质和能量循环系统。应尽量采取天然堤岸以及蜿蜒河道方式，形成丰富多样的生境组合，为多种水生生物提供适宜的生存环境，保证河道的生态功能。

④ 降低河道、水库等防洪设施径流污染。水质污染导致城市河流及其两岸的生物多样性下降，特别是一些对人类有益的或有潜在价值的物种消失。径流污染是城市河道、水库污染的重要来源，需通过生物滞留、初期雨水截污等低影响开发设施加强面源污染控制，严格控制城市水体污染，维护并改善城市河道的生态功能及城市景观。

四、排水（雨水）防洪综合规划

低影响开发雨水系统是城市内涝防治综合体系的重要组成，应与城市雨水管渠系统、超标雨水径流排放系统同步规划设计。城市排水系统规划、排水防涝综合规划等相关排水规划中，应结合当地条件确定低影响开发控制目标与建设内容，并满足《城市排水工程规划规范》《室外排水设计规范》等相关要求。调整要点如下：

① 对排水系统进行总体评估、内涝风险评估等，明确低影响开发雨水系统径流总量控制目标，并与城市总体规划、详细规划中低影响开发雨水系统的控制目标相衔接，将控制目标分解为单位面积控制容积等控制指标，通过建设项目的管控制度进行落实。

② 最大限度地发挥低影响开发雨水系统对径流雨水的渗透、调蓄、净化等作用，低影响开发设施的溢流应与城市雨水管渠系统或超标雨水径流排放系统衔接。城市雨水管渠系统、超标雨水径流排放系统应与低影响开发系统同步规划设计。

③ 利用城市绿地、广场、道路等公共开放空间，在满足各类用地主导功能的基础上合理布局低影响开发设施；其他建设用地应明确低影响开发控制目标与指标，并衔接其他内涝防治设施的平面布局与竖向布局，共同组成内涝防治系统。

④ 根据乐陵水资源条件及雨水回用需求，确定雨水资源化利用的总量、用途、方式和设施。在进行规划区内管控时，可将海绵城市专项规划中各地块的雨水资源利用率作为管控条件落实。同时根据该规划分区、分类指引确定雨水资源利用量和设施。

五、绿地系统专项规划

城市绿地系统规划应明确低影响开发控制目标，在满足绿地生态、景观、游憩和其他基本功能的前提下，合理地预留或创造空间条件，对绿地自身及周边硬化区域的径流进行渗透、调蓄、净化，并与城市雨水管渠系统、超标雨水径流排放系统相衔接。调整要点如下：

① 根据绿地的类型和特点，明确公园绿地、附属绿地、生产绿地、防护绿地等各类绿地低影响开发规划建设目标、控制指标和适用的低影响开发设施类型，其中适用设施可根据本规划中相应内容进行补充。

② 统筹水生态敏感区、生态空间和绿地空间布局，落实低影响开发设施的规模和布局，充分发挥绿地的渗透、调蓄和净化功能。充分利用绿地系统进行雨水利用，如利用防护走廊两侧较宽空地进行雨水集蓄利用。

③ 明确周边汇水区域汇入水量，在提出预处理、溢流衔接等保障措施的基础上，通过平面布局、地形控制、土壤改良等多种方式，将低影响开发设施融入绿地规划设计中，尽量满足周边雨水汇入绿地进行调蓄的要求。

④ 径流污染较为严重的地区，可采用初期雨水弃流、沉淀、截污等预处理措施，在径流雨水进入绿地前将部分污染物进行截流净化。

六、环境保护规划

雨水径流水质控制是保护城市水系水质的重要措施。城市水源地、湿地、森林、湖泊、河流等敏感区域应与生态功能保护区域相衔接，在重点流域的水环境综合治理、生态保护与建设等重点领域应体现低影响开发理念。

七、道路系统专项规划

城市道路专项规划应落实低影响开发理念及其控制目标，减少道路径流及污染物外排量，调整要点如下：

① 在满足道路交通安全等基本功能的基础上，充分利用城市道路自身及周边绿地空间落实低影响开发设施，结合道路横断面和排水方向，利用不同等级道路的绿化带、车行道、人行道和停车场建设下沉式绿地、植草沟、雨水湿地、透水铺装、渗管/渠等低影响开发设施，通过渗透、调蓄、净化方式，实现道路低影响开发控制目标。

② 道路红线内绿地及开放空间在满足景观效果和交通安全要求的基础上，应充分考虑承接道路雨水汇入的功能，通过建设下沉式绿地、透水铺装等低影响开发设施，提高道路对径流污染及径流总量等的控制能力。

③ 道路横断面、纵断面设计应体现低影响开发设施的基本选型及布局等内容，并合理确定低影响开发雨水系统与城市道路设施的空间衔接关系。

第七节　海绵城市设施建设指引

低影响开发设施往往具有补充地下水、集蓄利用、削减峰值流量及净化雨水等多种功能，可实现径流总量、径流峰值和径流污染控制等多个目标。乐陵市海绵城市建设应根据乐陵市城市总体规划、专项规划及控制性详细规划中明确的控制目标，结合汇水区特征和设施的主要功能、经济性、适用性、景观效果等因素，灵活选用低影响开发设施及其组合系统。

低影响开发设施比选如表 2-31 所示。

表 2-31　低影响开发设施比选一览表

单项设施	功能					控制目标			处置方式		经济性		污染物去除率（以SS计）/%	景观效果
	集蓄利用雨水	补充地下水	削减峰值流量	净化雨水	转输	径流总量	径流峰值	径流污染	分散	相对集中	建造费用	维护费用		
透水砖铺装	○	●	◎	◎	○	●	◎	◎	√	—	低	低	80～90	—
透水水泥混凝土	○	○	◎	◎	○	◎	◎	◎	√	—	高	中	80～90	—
透水沥青混凝土	○	○	◎	◎	○	◎	◎	◎	√	—	高	中	80～90	—
绿色屋顶	○	○	◎	◎	○	●	◎	◎	√	—	高	中	70～80	好
下沉式绿地	○	●	◎	◎	○	●	◎	◎	√	—	低	低	—	一般
简易型生物滞留设施	○	●	◎	◎	○	●	◎	◎	√	—	低	低	—	好
复杂型生物滞留设施	○	●	●	●	○	●	◎	●	√	—	中	低	70～95	好
渗透塘	○	●	◎	◎	○	●	◎	◎	—	√	中	中	70～80	一般
渗井	○	●	○	○	○	●	◎	○	√	√	低	低	—	—
湿塘	●	○	◎	◎	○	●	●	◎	—	√	高	中	50～80	好
雨水湿地	●	○	●	●	○	●	●	●	—	√	高	中	50～80	好
蓄水池	●	○	◎	○	○	●	◎	○	—	√	高	中	80～90	—
雨水罐	●	○	○	○	○	●	◎	○	√	—	低	低	80～90	—
调节塘	○	○	●	◎	○	○	●	○	—	√	高	中	—	一般
调节池	○	○	●	○	○	○	●	○	—	√	高	中	—	—
转输型植草沟	◎	○	○	◎	●	○	○	◎	—	—	低	低	35～90	一般
干式植草沟	○	●	○	◎	●	◎	◎	◎	√	—	低	低	35～90	好
湿式植草沟	○	○	○	◎	●	○	○	●	√	—	中	低	—	好
渗管/渠	○	◎	○	○	◎	◎	◎	◎	√	—	中	中	35～70	—
植被缓冲带	○	○	○	◎	—	○	○	●	√	—	低	低	50～75	一般
初期雨水弃流设施	◎	○	○	◎	—	◎	○	●	√	—	低	中	40～60	—
人工土壤渗滤系统	●	○	○	◎	○	○	○	◎	—	√	高	中	75～95	好

注：1. ●—强；◎—较强；○—弱或很小。

2. SS去除率数据来自美国流域保护中心（Center for Watershed Proteciton，CWP）的研究数据。

一、分类地块建设指引

　　海绵城市低影响开发措施根据地块用地性质类型的不同，建设方案存在差异。乐陵市海绵城市建设按地块类型主要分为：居住用地（R）、公共管理及商业服务类用地（A、B、V）、绿地（G）和工业用地（M）。应根据所在区域海绵城市建设指标指引，结合各类用地的建设条件、内涝风险等因素确定地块年径流总量控制目标，并确定海绵城市设施组合方案。

（一）居住用地建设指引

乐陵市居住用地根据《乐陵市城市总体规划》主要为二类居住用地。

居住用地适宜措施主要有：下沉式绿地、雨水花园、湿塘、渗透设施、调蓄设施等，各类设施建设要点如表 2-32 所列。

表 2-32　居住用地海绵城市设施建设要点

位置	设施建设要点
绿地	（1）绿地应按比例建设下沉式绿地、雨水花园等，充分利用现有绿地入渗雨水； （2）绿地植物宜选用耐干旱耐水涝的本土植物，以乔灌木结合为主； （3）在绿地适宜位置可增建湿塘、浅沟、洼地等雨水滞留渗透设施
道路广场	（1）小区内的非机动车道路、人行道、游步道、广场、露天停车场、庭院，有条件的可以设置渗透设施，增加下垫面的渗透性； （2）广场、庭院等可以增建湿塘等雨水滞留渗透设施； （3）小区内非机动车道超渗的雨水应集中引入周边的下沉式绿地、雨水花园中入渗，人行道、游步道、广场、露天停车场、庭院应尽量坡向绿地或修建适当的引水设施，以便雨水能够自流入绿地下渗； （4）雨水口宜设于绿化带内，雨水口高程宜高于绿地而低于周围硬化路面，超渗雨水排入市政管网
水景	（1）小区景观水体应兼有雨水调蓄功能，开设溢水口，超过设计标准的雨水排入市政管网中； （2）小区景观水体宜与湿地有机结合，成为有雨水处理功能的设施
排水系统	（1）优化排水系统，进行径流系数本地分析与雨水利用核算； （2）雨水口宜采用环保型，雨水口内设置截污挂篮； （3）合理设置超渗系统，并按照现行规范标准建设室外排水管网

（二）公共管理及商业服务类用地建设指引

乐陵市公共管理及商业服务类用地根据《乐陵市城市总体规划》主要分为行政办公用地、文化设施用地、体育用地、医疗卫生用地、教育科研用地、社会福利用地、文物古迹用地、宗教用地、商业用地、商务用地、娱乐康体用地以及环境、安全、供应设施用地等。

公共管理及商业服务类用地适宜措施主要有：下沉式绿地、雨水花园、湿塘、渗透设施、调蓄设施等，各类设施建设要点如表 2-33 所列。

表 2-33　公共管理及商业服务类用地海绵城市设施建设要点

位置	设施建设要点
绿地	（1）绿地应按比例建设下沉式绿地、雨水花园等，充分利用现有绿地入渗雨水； （2）绿地植物宜选用耐干旱耐水涝的本土植物，以乔灌木结合为主； （3）在绿地适宜位置可增建湿塘、浅沟、洼地等雨水滞留渗透设施
道路广场	（1）区域非机动车道路、人行道、游步道、广场、露天停车场、庭院，有条件的可以设置渗透设施，增加下垫面的渗透性； （2）广场、庭院等可以增建湿塘等雨水滞留渗透设施； （3）区域非机动车道超渗的雨水应集中引入周边的下沉式绿地、雨水花园中入渗，人行道、游步道、广场、露天停车场、庭院应尽量坡向绿地或修建适当的引水设施，以便雨水能够自流入绿地下渗； （4）雨水口宜设于绿化带内，雨水口高程宜高于绿地而低于周围硬化路面，超渗雨水排入市政管网

续表

位置	设施建设要点
水景	(1)区域景观水体应兼有雨水调蓄功能,开设溢水口,超过设计标准的雨水排入市政管网中; (2)区域景观水体宜与湿地有机结合,成为有雨水处理功能的设施
排水系统	(1)优化排水系统,进行径流系数本地分析与雨水利用核算; (2)雨水口宜采用环保型,雨水口内设置截污挂篮; (3)合理设置超渗系统,并按照现行规范标准建设室外排水管网

(三)绿地建设指引

乐陵市绿地根据《乐陵市城市总体规划》主要分为公共绿地和防护绿地。

公共绿地包含公园绿地、带状绿地、街头绿地三类,此类绿地应充分利用绿地内的地形起伏,合理设置渗井、综合渗滤设施等,结合景观设置雨水回用设施。

防护绿地应在相关规范允许的范围内采取入渗和调蓄措施,修建生物滞留池、雨水调蓄设施等;江河两岸的防护绿地应充分发挥植被缓冲带的功能,对径流雨水进行初期消纳,并结合滨水带湿地、滞留塘等设施对雨水进行有效滞留和调蓄。

绿地适宜措施主要有:收集回用设施、滞留设施、入渗设施、雨水滞留湿地、植草沟、雨水调蓄设施、生态树池等,各类设施建设要点如表2-34所列。

表 2-34 绿地海绵城市设施建设要点

位置	设施建设要点
绿地	(1)绿地应尽量低于周围硬化地面,并应建导流设施,以确保流入绿地的雨水能够迅速入渗; (2)雨水口宜设于绿化带内,雨水口高程宜高于绿地而低于周围硬化地面; (3)绿地植物宜选用本土耐旱耐涝植物,以乔灌木结合为主; (4)在绿地适宜位置可建设浅沟、洼地等雨水滞留、渗透设施; (5)绿地适宜位置可建收集回用设施,收集回用设施可建在地下,以保证安全和节约用地,雨水经适当处理可用于浇洒、灌溉; (6)绿地适宜位置可建雨水滞留设施,如雨水生态塘或人工湿地
广场	(1)广场周围应采用下沉式绿地,如雨水花园、植草沟等,广场超渗雨水应引入周围绿地进行入渗和排放; (2)广场雨水可收集回用,经适当处理可用于道路、广场浇洒和绿地灌溉

(四)工业用地建设指引

乐陵市工业用地根据《乐陵市城市总体规划》主要分为一类工业用地、二类工业用地、三类工业用地。

工业用地适宜措施主要有:下沉式绿地、雨水花园、湿塘、渗透设施、调蓄设施等,各类设施建设要点如表2-35所列。

表 2-35　工业用地海绵城市设施建设要点

位置	设施建设要点
绿地	(1)绿地应按比例建设下沉式绿地、雨水花园等,充分利用现有绿地入渗雨水; (2)绿地植物宜选用耐干旱耐水涝的本土植物,以乔灌木结合为主; (3)在绿地适宜位置可增建湿塘、浅沟、洼地等雨水滞留渗透设施
道路广场	(1)工业区内非机动车道路、人行道、小车露天停车场,有条件的可以设置渗透设施,增加下垫面的渗透性; (2)广场、庭院等可以增建湿塘等雨水滞留渗透设施; (3)工业区内非机动车道超渗的雨水应集中引入周边的下沉式绿地、雨水花园中入渗,非机动车道路、人行道、小车露天停车场应尽量坡向绿地或修建适当的引水设施,以便雨水能够自流入绿地下渗; (4)雨水口宜设于绿化带内,雨水口高程宜高于绿地而低于周围硬化路面,超渗雨水排入市政管网
水景	(1)工业区景观水体应兼有雨水调蓄功能,开设溢水口,超过设计标准的雨水排入市政管网中; (2)工业区景观水体宜与湿地有机结合,成为有雨水处理功能的设施
排水系统	(1)优化排水系统,进行径流系数本地分析与雨水利用核算; (2)雨水口宜采用环保型,雨水口内设置截污挂篮; (3)合理设置超渗系统,并按照现行规范标准建设室外排水管网

对于有可能产生污染物及有毒物质的工业用地,应谨慎采取海绵城市建设措施,首先采取雨水截流措施,雨水经处理后再进行收集回用,防止污染水体对土壤和地下水造成污染。

二、分类项目建设指引

乐陵市海绵城市建设根据项目类型分为城市水系类、建筑与小区类、城市道路类、绿地和广场类等四部分进行规划。

(一) 城市水系项目

乐陵市海绵城市建设水系类项目根据功能不同主要分为城市江河、湖泊。建设内容包括水域形态保护与控制、河湖调蓄控制、生态岸线建设、排口设置,以及与上游城市雨水管道系统和下游水系的衔接。

1.乐陵市城市水系概况

乐陵市系华北平原的一部分,由黄河冲积而成。市域内地貌形态由古黄河的泛滥变迁所决定。目前,主要的河流水系情况如下。

(1) 马颊河

马颊河由化楼镇杨庵村入境,流经化楼、孔镇、杨安镇、郭家、市中办、寨头堡、云红、铁营八乡镇,由铁营乡王滩子出境。流经乐陵市段长43km,控制乐陵市流域面积833.81km^2,其支流有:跃丰河中段、跃马河、前进沟、二干沟、马家沟、朱家河子、小刘沟、大宋沟、刘绳匠沟、赵桥沟、小杨桥沟、善化桥沟、大桥沟、于肖沟、阎桥沟、杠子李沟、后杨沟、王陌阡沟、尹道口沟、孙家沟、高文亭沟、赵滩子沟。马颊河由西至东横穿市境,将乐陵分为两部分,以该河为界,以南称为乐南,以北称为乐北。该河是乐陵市引水、蓄水、排涝、行洪的主干河道。乐陵市境内有拦河闸两座,设计蓄水量 $1255 \times 10^4 m^3$。

(2)漳卫新河

漳卫新河由乐陵市大孙乡簸箕武家村入境,流经大孙、黄夹、西段、朱集四乡镇,至朱集的郭家村出境,段长 34.4km,控制乐陵市流域面积 $203.63km^2$。其主要支流有:跃丰河北段、一干沟、茨头堡沟、辛店沟、霍寨沟、徐黄沟、张库吏沟、大岔河沟、荣家沟、朱集沟、马铁匠沟、李杏雨沟、沈阁沟、王斗枢沟。该河为乐陵与河北省的界河,主要为排涝与行洪河道。在罗寨处有拦河闸一座。

(3)德惠新河

德惠新河由乐陵市郑店镇奎台的小宋村入境,流经郑店、花园、铁营三乡镇,在铁营乡的大白张村出境,境内段长 35.12km,控制乐陵市流域面积 $134.56km^2$。其支流有跃丰河南段、王莫沟、崔楼子沟、杨琪沟、胜利沟、小许沟、刘程基沟、买虎沟、五店沟、常庄沟、后刘沟、花园沟、大顾家沟、大韩沟、刘武官沟、谷王庄沟、牛家沟、红旗沟。该河为乐陵市与济南市界河,原乐陵市为邢家渡灌区的一部分,邢家渡向乐陵市调水时,经过该河的郑店闸节制,通过跃丰河南段、杨琪沟、胜利沟、崔楼子沟、常庄沟等向北送水,灌溉乐南土地,邢家渡划归乐陵后,该河称为一排水河道。该河上有节制闸一座,设计蓄水量为 $265 \times 10^4 m^3$。

(4)干、支流

乐陵市有 5 条干流,分别是跃丰河、跃丰一干、跃马河、跃丰二干、前进沟,其中流域面积在 $200km^2$ 以上的有跃丰河、跃马河、前进沟,$30 \sim 200km^2$ 的有跃丰一干、跃丰二干。有支流 50 条,其中 $30km^2$ 以上的有 28 条。流域面积超过 $30km^2$ 的干、支流河道长度及流域面积见表 2-36。

表 2-36　乐陵市流域面积 $30km^2$ 以上干、支流河道长度及流域面积

河道名称	河道长度/km	流域面积/km^2
跃丰河	42.5	213
跃丰一干	32.8	104.7
跃丰二干	13.35	47.7
跃马河	26.35	309
前进沟	32	213.5
茨头堡沟	12.6	30.2
辛店沟	12.6	32.2
霍寨沟	11.6	30.3
徐黄沟	6	33
张库吏沟	10.4	33
大岔河沟	11.4	30
荣家沟	10.3	40.2
朱集沟	10.2	32

河道名称	河道长度/km	流域面积/km²
马铁匠沟	8.7	30
沈阁沟	14.8	30
王斗枢沟	10.5	39
刘绳匠沟	12.9	38.2
赵桥沟	11.5	32.4
小杨桥沟	9	31.7
善化桥沟	6.8	30.2
大桥沟	5.3	33.2
马家沟	9.6	30.2
赵滩子沟	9.6	40
尹道口沟	8.5	34
王陌阡沟	20	36.5
后杨沟	9.6	33
小刘沟	14	32
大宋沟	7	31
崔楼子沟	10.2	31.7
杨琪沟	10.3	30
五店沟	12.5	37.4
买虎沟	10.5	30
霍安沟	6	30

2. 城市水系海绵工程措施要求

城市水系海绵工程措施应符合以下要求。

(1) 对于流速较缓的河段宜优先采用自然驳岸,设置滨河植被缓冲带,结合滨水公共绿地,宜设置生物滞留设施等具有净化功能的低影响开发设施;如实现有难度,则建议选用植生型砌石护岸、植生型混凝土砌块护岸等;对于城市湖泊、港渠设计流速小于3m/s,岸坡高度小于3m的岸坡,应采用生态护岸形式或天然材料护岸形式,如三维植被网植草护坡、土工植物草坡护坡、石笼护岸、木桩护岸、乱石缓坡护岸、水生态植物护岸等。

(2) 充分利用城市自然水体,建设湿塘、雨水湿地等具有雨水调蓄与净化功能的低影响开发设施,湿塘、雨水湿地的布局、调蓄水位等应与城市上游雨水管渠系统、超标雨水径流排放系统相衔接。

(3) 对内河进行海绵城市建设时,在满足安全的前提下,应优先采用生态岸线。建设新的水体或扩大现有水体的水域面积,应与低影响开发雨水系统的控制目标相协调,增加的水域宜具有雨水调蓄功能。

(4) 位于蓄滞洪区的河道、湖泊、滨水低洼地区建设低影响开发雨水系统,同时应满足《蓄滞洪区设计规范》相关要求。

城市水系海绵城市措施衔接关系如图 2-33 所示。

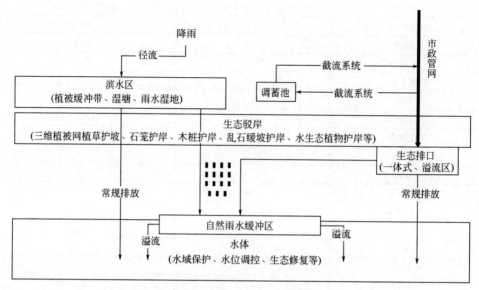

图 2-33　城市水系海绵城市措施衔接关系

（二）建筑与小区项目

建筑与小区项目包括新建、改扩建项目。由于改扩建项目受场地等客观因素制约，因此在海绵城市建设过程中需与新建项目区别开来。根据乐陵当地的实际情况，经分析，新建建筑与小区项目年径流总量控制率宜控制在 70％以上，改扩建建筑与小区项目年径流总量控制率宜控制在 65％。建筑与小区的海绵城市建设内容包括场地建设、建筑建设、小区道路建设、小区绿地建设。

乐陵市主要改建建筑与小区项目基本分布在旧城范围内，在改造该区域进行海绵城市建设的过程中，应充分利用旧区的文化资源优势，在不破坏原有的历史文化遗产的基础上，逐步完善海绵城市建设采取的相关设施，增强城市活力，达到雨水控制与有效利用的目的。

乐陵市新建建筑与小区项目在进行海绵城市建设时应充分考虑与景观相协调，在有效控制雨水的前提下提升景观品质，打造生态宜居城市。

1. 建筑与小区海绵措施建设应遵循的思路

① 场地海绵措施建设应因地制宜，保护并合理利用场地内原有的湿地、坑塘、沟渠等；应优化不透水硬化面与绿地空间布局，建筑、广场、道路宜布局可消纳径流雨水的绿地，建筑、道路、绿地的建设应利于径流汇入海绵设施。

② 建筑的海绵措施建设应充分考虑雨水的控制与利用，屋顶应采取措施将屋面雨水进行收集消纳，或引入下沉式绿地、雨水花园等渗透设施内进行处理。

③ 小区道路海绵措施建设应考虑道路横坡坡向、道路路面与后排绿地的竖向关系，建成后应便于径流雨水汇入绿地内的海绵措施。

④ 小区绿地内可设置消纳屋面、路面、广场及停车场径流雨水的海绵措施，并通过溢流系统与城市雨水管网系统和超标雨水径流系统有效衔接。

⑤ 当上述措施不能满足设定的低影响开发指标时，应设置低影响开发设施，按照所需蓄水容积或污染控制要求合理建设蓄水池、雨水花园、雨水桶及污染处理设施。

2.建筑与小区雨水排放竖向组织

① 降落在屋面的雨水经过初期弃流，可进入高位花坛和雨水桶，并溢流进入下沉式绿地，雨水桶中的雨水宜作为小区绿化用水。

② 降落在道路、广场等其他硬化地面的雨水，应利用导水管、雨水管口引入下沉式绿地、渗透管道、雨水花园等设施对径流进行净化、消纳，超标雨水可就近排入雨水管网，在雨水口可设置截污挂篮、旋流沉砂等设施截留污染物。

③ 经处理后的雨水一部分可以下渗或排入雨水管网，间接进行利用，另一部分可进入雨水池和景观水体进行调蓄、储存，经过处理后用于绿化灌溉、景观水体补水和道路浇洒等。

3.建筑与小区海绵建设措施指引

① 海绵建设措施应因地制宜，综合考虑功能性、景观性、安全性，应采取保障公共安全的保护措施。

② 屋面雨水宜采取雨落管断接或设置集水井等方式将屋面雨水断接并引入周边绿地内小型、分散的低影响开发设施，或通过植草沟、雨水管渠将雨水引入场地内的集中调蓄设施。

③ 屋面及硬化地面雨水回用系统均应设置弃流设施。

④ 建筑与小区道路两侧及广场宜采用植被浅沟、渗透沟槽等地表排水形式输送、消纳、滞留雨水径流，减少小区内雨水管道的使用。

⑤ 建筑与小区内绿地宜采用可用于滞留雨水的下沉式绿地。

a.下沉式绿地应低于周边铺砌地面或道路，下沉深度宜为100～200mm，且不大于200mm。

b.周边雨水宜分散进入下沉式绿地，当集中进入时应在入口处设置缓冲。

c.当采用绿地入渗时可设置入渗池、入渗井等入渗设施增加入渗能力。

d.下沉式绿地内一般应设置溢流口（如雨水口），保证暴雨时径流的溢流排放，溢流口顶部与绿地的高差不宜超过50mm。

⑥ 小区道路两侧、广场以及停车场周边的绿地宜设置植草沟，植草沟与其他措施联合运行，可在完成输送功能的同时满足雨水收集及净化处理要求。

a.植草沟断面形式宜采用抛物线形、三角形或梯形。

b.植草沟顶宽不宜大于1500mm，深度宜为50～250mm，最大边坡宜为3∶1，纵向坡度不应大于4%，沟长不宜小于30m。

⑦ 在小区内建筑、道路及停车场的周边绿地宜设置生物滞留设施，对于径流污染严重、设施底部渗透面距离季节性最高地下水位或岩石层小于1m及距离建筑

物基础小于 3m（水平距离）的区域，可采用底部防渗的复杂型生物滞留设施。

生物滞留设施的蓄水层深度应根据植物的耐淹性能和土壤渗透性能确定，一般为 200～300mm，并设 100mm 的超高，局部区域超高可进行适当调整，但需满足相关设计规范要求。

⑧ 建筑与小区应根据现场实际条件设置雨水调蓄设施，设施规模参照乐陵当地地方标准进行核算。雨水调蓄设施包括：雨水桶、雨水调蓄池、雨水调蓄模块、具有调蓄空间的景观水体、洼地，不包括低于周边地坪 50mm 及以内的下沉式绿地。

a. 雨水调蓄池可采用室外地埋式塑料模块蓄水池、硅砂砌块水池、混凝土水池等。

b. 塑料模块组合水池作为雨水储存设施时，应考虑周边荷载的影响，其竖向荷载能力及侧向荷载能力应大于上层铺装和道路荷载及施工要求，考虑模块使用期限的安全系数应大于 2.0。塑料模块水池内应具有良好的水流流动性，水池内的流通直径应不小于 50mm，塑料模块外围包有土工布层。

c. 有景观水体的小区，景观水体宜具备雨水调蓄功能，水体应低于周边道路及广场，同时配备将汇水区内雨水引入水体的设施，景观水体的规模应根据降水规律、水面蒸发量、径流控制率、雨水回用量等，通过全年水量平衡分析确定。

⑨ 对产生污染物及有毒物质的工业建筑，绿地中不宜设置雨水入渗系统，宜设置雨水截流设施，防止污染水体对土壤和地下水造成污染。

⑩ 新建项目有地下室时，应考虑雨水花园、下沉式绿地、雨水模块等设施的水向更深处土壤渗透的要求。

建筑与小区海绵城市措施衔接关系如图 2-34 所示。

（三）城市道路项目

乐陵市新建道路应落实海绵城市低影响开发建设要求。道路设计应优化道路横坡坡向、路面与道路绿化带及周边绿地的竖向关系等，便于路面径流雨水汇入低影响开发设施。在满足城市道路基本功能的前提下，达到低影响开发控制目标与指标要求。径流雨水通过有组织的汇流与转输，经截污等预处理后引入道路红线内、外绿地内，通过设置在绿地内的以雨水渗透、储存、调节等为主要功能的低影响开发设施进行处理。

新建、改扩建城市道路人行道采用透水铺装，车行道、人行道横坡优先考虑坡向绿化带；位于公园、景区等的城市道路非机动车道和机动车道采用透水沥青路面或透水混凝土路面。

1. 可采用的低影响技术开发措施

可采用的低影响技术开发措施有以下几类。

（1）渗透设施

①下沉绿地；②简易型、复杂型生物滞留设施（如：生物滞留带、雨水花园、生态树池等）。

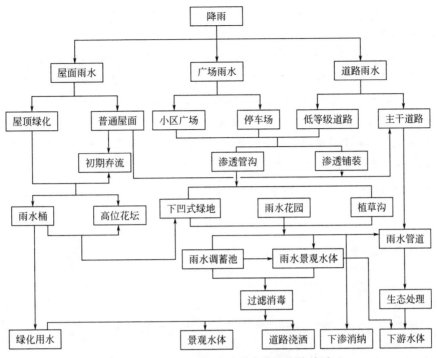

图 2-34 建筑与小区海绵城市措施衔接关系

（2）储存设施

湿塘等。

（3）调节设施

①调节塘；②调节池等。

（4）转输设施

①植草沟（干式、湿式、转输型）；②渗管、渗渠等。

（5）截污净化设施

①植被缓冲带；②初期雨水弃流设施（池、井）。

城市道路绿化带宜采用下沉绿地、生物滞留设施、植草沟等设施。面积、宽度较大的绿化带、交通岛、渠化岛等区域可依据实际情况采用雨水湿地、雨水花园、湿塘、调节塘、调节池等设施。大型立交绿地内宜采用下沉绿地、雨水湿地、雨水花园、湿塘、调节塘、植草沟等设施。立交路段内的雨水应优先引导排到绿地内。城市高架路下应根据建设条件和水质监测情况设置雨水弃流、调蓄、利用设施，如雨水桶、滞蓄池等。

2. 低影响开发设施安全要求

① 易积水路段可利用道路周边洼地与公共用地的地下空间建设调蓄设施，雨水调蓄设施与市政工程管线相贯通。

② 下穿立交段进行内涝风险控制，采用泵站排水与调蓄相结合的排水形式，雨水调蓄设施结合雨水泵站的前池进行建设。

③ 城市径流雨水行泄通道及易发生内涝的道路、下沉式立交桥区等区域的低影

响开发雨水调蓄设施，配建警示标志及必要的预警系统，避免对公共安全造成危害。

④ 城市道路低影响开发雨水系统的建设应满足其他相关规范的要求。

⑤ 城市道路绿化带内低影响开发设施采取必要的侧向防渗措施，防止雨水径流下渗对道路路面及路基的强度和稳定性造成破坏，并满足《城市道路路基设计规范》中相关要求。对于底部不适宜下渗的路段，还应采取底部防渗措施。

⑥ 城市道路穿越水源保护区或其他对水质要求较高的水域时，宜结合道路竖向及断面形式，布置初期雨水弃流设施或对雨水径流污染具有较强净化功能的低影响开发设施。城市道路海绵措施建设典型断面如图 2-35 所示。

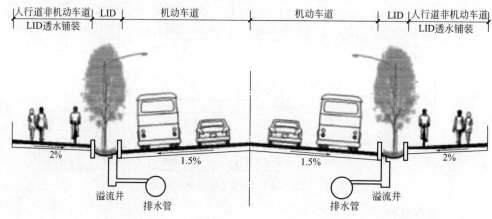

图 2-35　城市道路海绵措施建设典型断面示意

（四）绿地和广场项目

海绵城市建设中绿地与广场是至关重要的环节，作为承接雨水源头与下游的传输体，海绵城市建设的多项措施都需要在绿地与广场内完成。

1.绿地与广场项目海绵措施选择应遵循的思路

① 公园绿地的海绵措施选择应以入渗和减排削峰为主，以调蓄和净化为辅。

② 防护绿地的海绵措施选择应以入渗为主，净化为辅。

③ 广场用地的海绵措施选择应以入渗为主，调蓄为辅。

2.绿地与广场项目海绵技术设施的选择

在满足相关规范及自身功能条件的前提下，选择适宜城市绿地及广场的海绵措施及设施，主要海绵设施包括以下几种。

（1）下沉式绿地

下沉式绿地设计，应符合下列要求：

① 宜选用耐渍、耐淹、耐旱的植物品种。

② 下沉深度应根据土壤渗透性能确定，一般为 100～200mm。

③ 绿地内应设置溢流口（如渗井），保证暴雨时径流的溢流排放，溢流口顶部与绿地的高差不宜超过 50mm。

④ 与硬化地面衔接区域应设有缓坡处理。

⑤ 与非透水铺装之间应做防水处理。

防护绿地应根据港渠、道路、高压走廊等不同防护用地类别，确定是否采用下沉式绿地。改造项目应根据防护类型、现有植物品种等因素确定具体下沉深度。广场用地宜选用下沉式绿地，但需与硬化地面及溢流设施相结合。

（2）生物滞留设施

① 按应用位置的不同，生物滞留设施又可称为雨水花园、高位花坛、生物滞留带和生态树池等。

② 生物滞留设施的蓄水深度应根据植物耐淹性能和土壤渗透性能确定，一般为 200～300mm，并应设 100mm 的超高。

③ 生物滞留设施内应设有溢流设施，可采用溢流竖管，盖箅、溢流井和渗井等。溢流设施顶部一般应低于汇水面 100mm。

公园绿地内生物滞留设施应根据地形、汇水面积确定规模和形式。

生态树池的超高高度可做适当调整，但需满足相关设计规范要求。

防护绿地内的生物滞留设施应根据防护类型合理选用。

广场用地的生物滞留设施规模应根据汇水面积确定，对于含道路汇水区域的生物滞留设施应选用植草沟、沉淀池等对径流雨水进行预处理。

污染严重区域应设置初期雨水弃流设施，弃流量根据下垫面旱季污染物状况确定。

（3）渗井、渗管、渗渠

城市绿地雨水井可采用渗井形式，雨水管采用渗管形式，通过地表、渗管和渗井多层次立体渗透，达到加快地表水入渗和吸收的目的。

公园绿地内的径流雨水污染较轻微，雨水井可全部采用渗井形式。

防护绿地内的径流雨水污染较小，可通过植草沟、沉淀池等对径流雨水进行预处理后溢流入渗井。

城市广场内的径流雨水污染较严重，不宜采用渗井。

（4）水体

① 城市绿地中的水体应具有雨水调蓄和水质净化功能。公园内的水体可根据需要适当收纳周边地块的地表雨水，但收纳车行道区域的雨水需进行预处理，对于污染严重的区域必须设有初期雨水弃流设施。

② 水体周边应根据水流方向、速度和冲刷强度，合理设置生态驳岸。

③ 缓坡入水的生态驳岸，坡度不大于 1：8。

④ 水体周边植物应结合区域污染源种类，选择具有特定净化功能的植物。

⑤ 水体间传输型旱溪和汇水型旱溪深度控制在 200～500mm，宽度不小于 1500mm。

公园绿地内景观水体的补水水源，应通过植草沟、生物滞留措施等对径流雨水进行预处理。生态驳岸比一般不低于50%。

广场用地内景观水体应设置初期雨水弃流设施，可不采用生态驳岸。

自然水体生态驳岸比一般不低于60%。

（5）蓄水池

① 无地表调蓄水体且径流污染较小的城市绿地，可设置蓄水池。

② 根据区域降雨、地表径流系数、地形条件、周边雨水排放系统等因素，确定调蓄池的容积。

根据土壤渗透率和下垫面比例合理选用蓄水池形式。塑料蓄水模块蓄水池适用于土壤渗透率较高的区域。封闭式蓄水池适用于土壤渗透率较低或硬化地面区域，但应设有净化设施。

（6）植草沟

① 沿硬化地面布置的植草沟深度应控制在200～500mm，宽度不大于1000mm。

② 汇水型植草沟深度控制在200～500mm，宽度不小于1500mm。

（7）植被缓冲带

植被缓冲带适用于公园绿地、防护绿地的临水区域。

公园绿地内临水区域绿地与水面高差较小，植被缓冲带宜采用低坡绿地的形式，以减缓地表径流。

防护绿地内临水区域绿地与水面高差较大，植被缓冲带宜采用多坡绿地的形式，以减缓地表径流。

3.绿地与广场海绵城市建设安全要求

（1）湿塘、雨水湿地等大型低影响开发设施应在进水口设置有效的防冲刷、预处理设施。

（2）城市绿地与广场低影响开发设施应建设有效的溢流排放系统，与城市雨水管渠系统和超标雨水径流排放系统有效衔接。城市绿地与广场海绵措施衔接关系如图2-36所示。

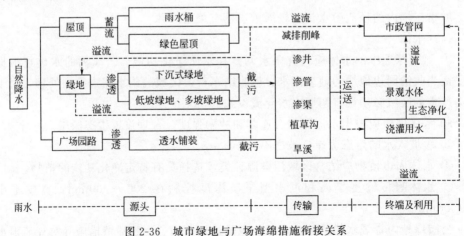

图2-36　城市绿地与广场海绵措施衔接关系

（3）周边区域雨水径流进入城市绿地内的生物滞留设施、雨水湿地前，应利用沉淀池、前置塘、植草沟和植被过滤带等设施对雨水径流进行预处理。

（4）城市绿地与广场内湿塘、雨水湿地等雨水调蓄设施应采取水质控制措施，利用雨水湿地、生态堤岸等设施提高水体的自净能力，有条件的可设计人工土壤渗滤等辅助设施对水体进行循环净化。

（5）湿塘、雨水湿地、景观湖和下沉式广场等调蓄设施应建设预警标识和预警系统，保障暴雨期间人员的安全撤离，避免事故发生。

第八节　重点区域海绵城市建设实施方案

一、重点区域的确定

（一）选区原则

乐陵市城市化进程中主要面临城市水环境污染、城市内涝等问题。因此，本次示范区选择应以乐陵市城市排水系统的迫切需求为导向，着重选取乐陵城市化发展过程中面临的水体黑臭、旧城改造难、合流制溢流污染控制、管网提标改造、新建区域规划建设标准制定等重大问题区域。选区原则包括以下几点。

（1）可操作性原则

示范区内的建成区要有一定的改造条件，新建区应符合土地利用规划和城市总体规划，改造和新建区都是三年之内可实施的，三年后经过海绵城市改造或者新建，能够达到"自然积存、自然渗透、自然净化"的海绵城市功能。

（2）可示范可推广原则

示范区内各项目应具有普遍代表性，建设过程中总结的规划、建设、管理经验要可示范、可推广，能为我国其他城市的海绵城市建设提供经验借鉴。

（3）新旧结合原则

海绵城市作为新型的城市建设理念，在旧城区与新城区的实施路径上存在显著差异。本次乐陵市海绵城市建设示范区的选取，同时兼顾老城区改造和新城区建设中的不同需求，探索这两类建设中的不同的管理办法与实施途径。

（4）流域完整性原则

根据地形地貌特征以及河流水系分布特点划定示范区，示范区尽量为统一的汇水分区，以统筹流域治理。

（5）要素多样性原则

河流、湖泊、山体、绿地为海绵城市建设的重要载体，选定示范区时，尽量选取自然生态要素多样的地区。

（6）区域连片性原则

根据海绵城市建设试点的相关要求，结合乐陵市的实际情况，本次示范区的选择要突出示范区域的连片性原则，以增强三年后示范的整体效果和显现度。

（二）重点区域选择方案

  基于乐陵面临的水安全、水环境等问题，结合新老城区分布范围（图2-37）、城市发展方向（图2-38）、用地性质、公园绿地分布（图2-39），确定本次海绵城市试点示范区预选方案有三个（图2-40）。

图2-37 新老城区范围

  方案1：西部商贸新城区。以西部商贸新城区为主，北至文昌西路，南至南外环，西至开泰路，东至汇源大街，约15km²。该区域以新城区为主，附带少量的工业区和老城区，是乐陵市未来发展的新城中心。

  方案2：西北部工业区。以西北部工业区为主，北至创业大道，南至阜锦路，西至开泰路，东至广源路，约15.6km²。该区域以工业区为主，附带少量的新城区和老城区，是乐陵市未来发展的新工业园区。

  方案3：东南部文教旅游服务区。以东部文教生活区和南部旅游服务区为主，北至齐北路，南至南外环，西至汇源大街，东至碧霞大街，约15km²。该区域以生活、文教、旅游为主，附带少量的工业区和老城区，是乐陵市未来发展的生态文化中心。

  综合比较上述3个方案，综合考虑老城区的改造计划、雨水汇水区域的完整性、水体与公园绿地的面积分布、城市近远期的开发时序，本次规划推荐方案1西

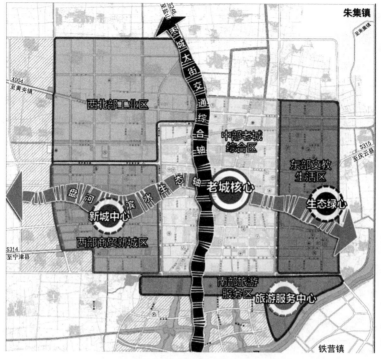

图 2-38　城市发展方向

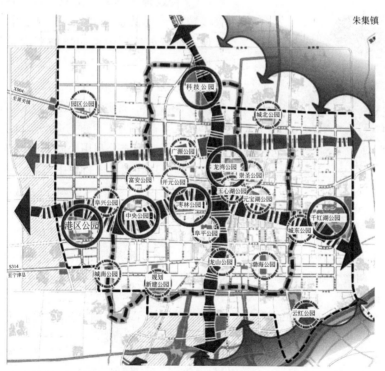

图 2-39　城市公园绿地分布

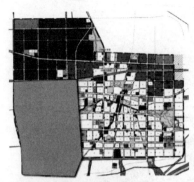

(a) 方案1

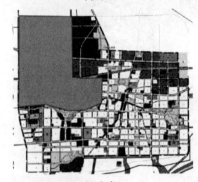

(b) 方案2

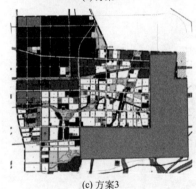

(c) 方案3

图 2-40　海绵城市试点
示范区预选方案

部商贸新城区。

二、建设方案及控制指标

（一）建设方案

本次海绵城市试点示范区选择西部商贸新城区（以新城区为主，附带少量工业区和少量老城区），主要位于文昌西路以南，南外环以北，西至开泰路，东至汇源大街，总面积约 15km²。西南片区内主要流域为盘河，还有其他一些支流水系。示范区所属汇水分区如图 2-41 所示。

1.建设目标

① 盘河水质达到地表水 IV 类水体要求。

② 年径流总量控制率综合达到 70%，设计雨量 22.3mm。

③ 年 SS 总量去除率不低于 40%。

④ 对雨水直排口采取生态控制措施。

⑤ 建设生态驳岸。

⑥ 构建地块的源头削减、过程传输（道路管线转输、大排水通道）、末端集中控制（雨水塘、前置塘等集中控制措施）的系统性流域治理系统。

⑦ 重点运用"渗、滞、蓄、净、用、排"等多样性技术，探索适合乐陵区域的海绵技术。

2.技术路线

总体策略：充分利用公园低势绿地、水系空间，对周边地块雨水进行集中控制，防止内涝。

内源污染：采用河道疏浚清淤、驳岸改造、生态浮岛技术。

外源污染：新建区域年径流总量控制目标范围内原则上不外排；可改造地块采用源头削减和末端控制措施；不可改造地块采用末端生态调蓄合流制调蓄池；有机更新地块采用源头措施控制。

3.建设方案

西部商贸新城区除对流域水系进行综合治理示范（图 2-42）外，还包括建筑小区改造、建筑小区与商业区新建、棚户区改造等示范。

（1）地块

可改造建筑小区，采取源头最大化控制原则，充分利用地块自身绿地，采用低

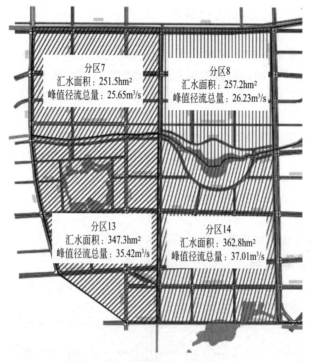

图 2-41　示范区所属汇水分区

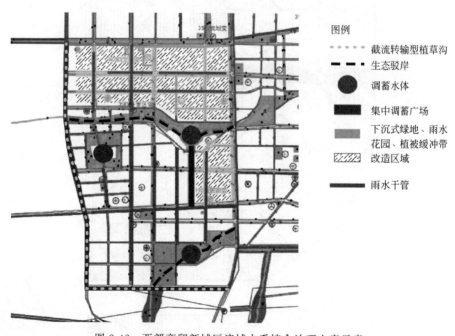

图例

········ 截流转输型植草沟

━ ━ ━　生态驳岸

● 调蓄水体

■ 集中调蓄广场

下沉式绿地、雨水
花园、植被缓冲带

改造区域

── 雨水干管

图 2-42　西部商贸新城区流域水系综合治理方案示意

影响开发技术进行控制，超出控制指标要求雨水可利用周边公共绿地空间进行调蓄或通过管线排入河道周边绿地进行调蓄（蓄水池、雨水塘、湿地等）；无绿地空间的不宜改造区域（如商业区），利用周边绿地空间进行生态调蓄（蓄水池、雨水塘、湿地等）；无绿地空间合流制区域，通过雨水截流，建设合流制调蓄池进行控制，降雨期间调蓄雨水，停雨期间排放雨水至污水管线，进入污水厂净化处理；新建小区按照控制目标进行设计、建设，原则上在设计年径流总量控制目标范围内不外排。

（2）道路

范围内道路低影响开发改造（透水铺装、生态树池、植草沟、雨水花园等）后很难达到控制目标的，通过管线传输方式，将雨水输送到集中绿地进行生态调蓄控制。

（3）集中公共绿地

充分利用集中绿地调蓄周边地块、道路雨水。

（4）河道末端

排口通过前置塘、雨水塘、湿地等技术控制雨水。

（二）主要控制指标

西部商贸新城区年径流总量控制率为 70%，区域内管控单元年径流总量控制率分布如图 2-43 所示，区域内管控单元控制指标见表 2-37。

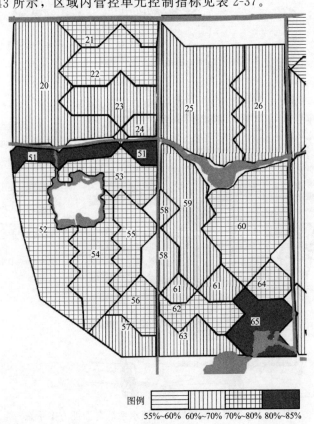

图 2-43　年径流总量控制率分布

表 2-37 年径流总量控制指标

管控单元编号	年径流总量控制率/%	设计降雨量/mm
20	65	18.8
21	75	26.5
22	75	26.5
23	70	22.3
24	70	22.3
25	65	18.8
26	65	18.8
51	85	40.9
52	80	32.2
53	75	26.5
54	75	26.5
55	75	26.5
56	80	32.2
57	70	22.3
58	70	22.3
59	70	22.3
60	75	26.5
61	70	22.3
62	75	26.5
63	70	22.3
64	75	26.5
65	85	40.9

　　区域以二类居住用地、商业用地和广场为主，乐陵市为较为缺水的城市，现状区域考虑以雨水资源化利用为主，主要应考虑雨水花园、下沉式绿地、湿塘、渗透路面、调蓄设施这五种 LID（低影响开发）措施（图 2-44）。

(a) 湿塘　　　　　　(b) 下沉式绿地

(c) 雨水花园　　　　(d) 渗透路面　　　　(e) 调蓄设施

图 2-44　LID（低影响开发）设施的主要类别

区域内管控单元下沉式绿地、雨水花园、湿塘、渗透设施、调蓄设施分布率如图 2-45～图 2-49 所示，分布率即该类型设施在此控制单元中所占比例，其中调蓄设施不考虑所占比例，只显示有或无。

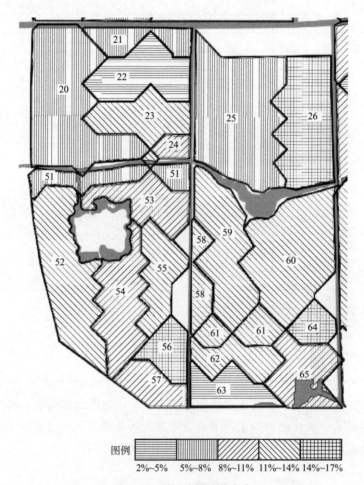

图例 2%～5%　5%～8%　8%～11%　11%～14%　14%～17%

图 2-45　下沉式绿地分布率

三、示范启动区域方案

（一）示范启动区域选址

示范启动区域位于汇源南大街以西，阜欣路以北，五洲西路以东（图 2-50）。面积约为 1.0km^2。

现状区域包括张北溪村、宋油坊村、城西高村、五洲国际现代装饰物流城、青建凤凰城等村落和建筑。宋油坊村以南和五洲国际以西为现状湖泊和农田。

现状区域卫星图和航拍图如图 2-51、图 2-52 所示。

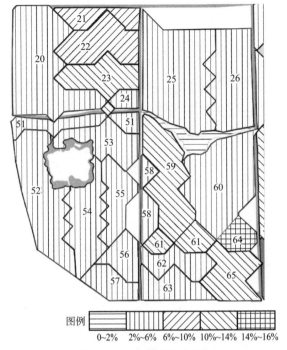

图例　　0~2%　　2%~6%　　6%~10%　　10%~14%　　14%~16%

图 2-46　雨水花园分布率

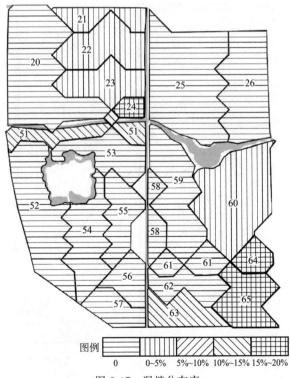

图例　　0　　0~5%　　5%~10%　　10%~15%　　15%~20%

图 2-47　湿塘分布率

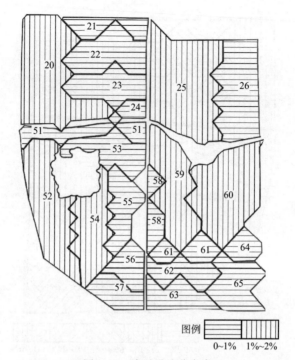

图 2-48　渗透设施分布率

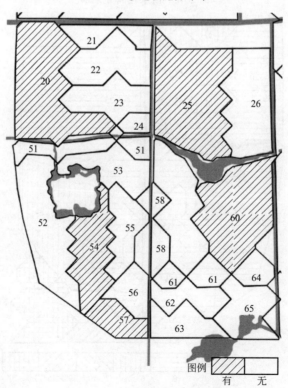

图 2-49　调蓄设施分布率

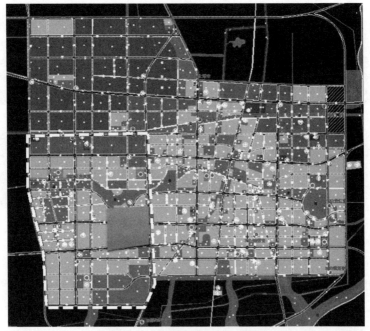

图 2-50　示范启动区域区位图

图 2-51　现状区域卫星图

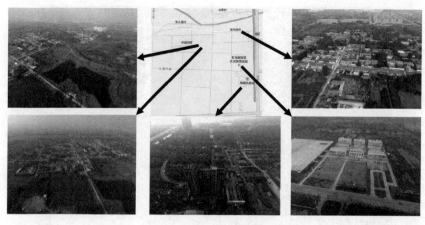

图 2-52　现状区域航拍图

（二）本底分析

规划用地以二类居住用地，商业用地和广场用地为主，下垫面本底分析见表 2-38，径流系数参考见表 2-39。

表 2-38　下垫面本底分析　　　　　　　　　　　　　　单位：hm²

用地类型												总面积
居住用地	公共管理用地	商业服务用地	工业用地	物流仓储用地	道路与交通设施用地	公用设施用地	绿地	水域	学校	广场	道路	
251042	87652	322267	0	0	0	15363	52076	1607	26987	97953	124139	979086

表 2-39　径流系数参考

汇水面种类	雨量径流系数 φ	流量径流系数 ψ
绿化屋面(绿色屋顶,基质层厚度≥300mm)	0.30～0.40	0.40
硬屋面、未铺石子的平屋面、沥青屋面	0.80～0.90	0.85～0.95
铺石子的平屋面	0.60～0.70	0.80
混凝土或沥青路面及广场	0.80～0.90	0.85～0.95
大块石等铺砌路面及广场	0.50～0.60	0.55～0.65
沥青表面处理的碎石路面及广场	0.45～0.55	0.55～0.65
级配碎石路面及广场	0.40	0.40～0.50
干砌砖石或碎石路面及广场	0.40	0.35～0.40
非铺砌的土路面	0.30	0.25～0.35
绿地	0.15	0.10～0.20
水面	1.00	1.00
地下建筑覆土绿地(覆土厚度≥500mm)	0.15	0.25
地下建筑覆土绿地(覆土厚度<500mm)	0.30～0.40	0.40
透水铺装地面	0.08～0.45	0.08～0.45
下沉广场(50 年及以上一遇)	—	0.85～1.00

注：以上数据参照《室外排水设计规范》(GB 50014) 和《雨水控制与利用工程设计规范》(DB 11/685)。

由表 2-38 和表 2-39 对照可知，区域内综合地表径流系数为 0.76，年径流总量控制率为 24%。

（三）年径流控制率目标与 LID 设施的选择

为了对比 70% 和 75% 这两种年径流控制率情况下，LID 设施规模和投资的差距，本方案同时考虑将 70% 和 75% 这两种年径流控制率作为控制目标。

目标区域以二类居住用地、商业用地和广场为主，乐陵市为较为缺水的城市，现状区域考虑以雨水资源化利用为主，主要应考虑雨水花园、下沉式绿地、湿塘、渗透路面、调蓄设施这五种 LID 措施。LID 设施类型和规模如表 2-40 所列。

表 2-40　LID 设施类型和规模

	雨水花园		下沉式绿地		湿塘		渗透路面		调蓄设施	
年径流总量控制率/%	70	75	70	75	70	75	70	75	70	75
每平方千米建设面积/m²	48954	58745	97909	117490	1607	1607	19582	19582	600	1000

（四）LID 设施的布局与选型

1.居住区

居住区的 LID 设施以下沉式绿地、雨水花园、渗透人行道为主，可以尝试少量的绿色屋顶和雨水收集利用设施用于宣传和科普教育。居住区 LID 设施布局与选型如图 2-53 所示。

居住区各类 LID 设施结构如图 2-54～图 2-58 所示。

2.商业区

商业区的 LID 设施以下沉式绿地、雨水花园、渗透人行道为主，可以尝试少

①下沉式绿地　　②雨水花园　　③渗透人行道　　④雨水收集利用设施　　⑤绿色屋顶

图 2-53　居住区 LID 设施布局与选型

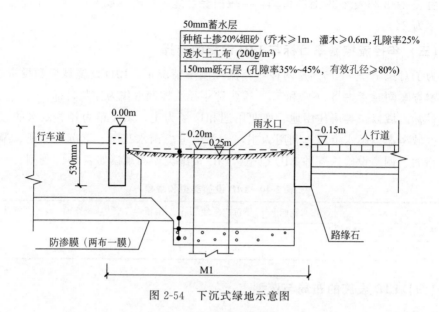

50mm蓄水层
种植土掺20%细砂（乔木≥1m，灌木≥0.6m，孔隙率25%
透水土工布（200g/m²）
150mm砾石层（孔隙率35%~45%，有效孔径≥80%）
0.00m
行车道
530mm
-0.20m
-0.25m
雨水口
-0.15m
人行道
防渗膜（两布一膜）
路缘石
M1

图 2-54　下沉式绿地示意图

植物
蓄水层
最大蓄
水高度
蓄水池设计
平均水深
雨水花园深度
树皮覆盖层
种植土层
人工填料层
砂层
穿孔管
砾石层

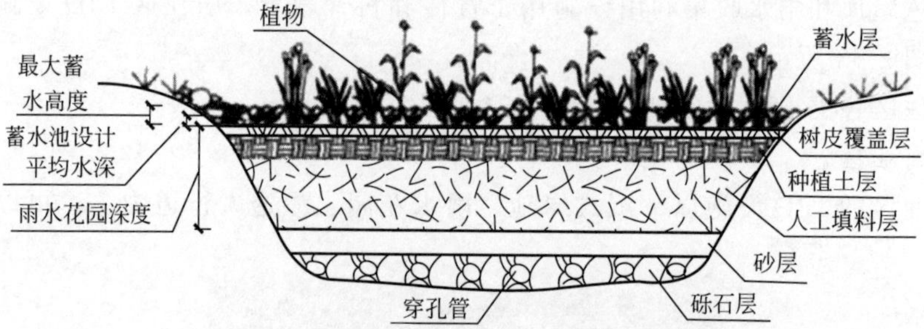

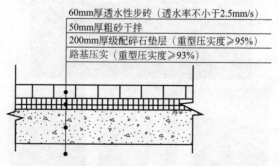

图 2-55　雨水花园示意图

60mm厚透水性步砖（透水率不小于2.5mm/s）
50mm厚粗砂干拌
200mm厚级配碎石垫层（重型压实度≥95%）
路基压实（重型压实度≥93%）

图 2-56　渗透设施示意图（不考虑机动车荷载）

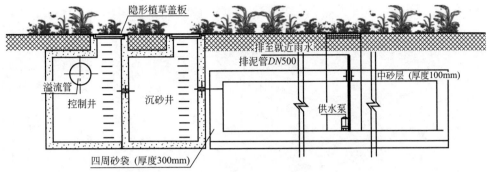

隐形植草盖板

溢流管

控制井

沉砂井

排至就近雨水

排泥管DN500

供水泵

中砂层（厚度100mm）

四周砂袋（厚度300mm）

图 2-57　雨水收集利用设施示意图

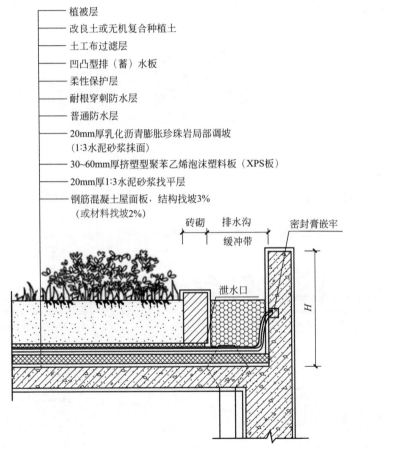

植被层

改良土或无机复合种植土

土工布过滤层

凹凸型排（蓄）水板

柔性保护层

耐根穿刺防水层

普通防水层

20mm厚乳化沥青膨胀珍珠岩局部调坡
（1:3水泥砂浆抹面）

30~60mm厚挤塑型聚苯乙烯泡沫塑料板（XPS板）

20mm厚1:3水泥砂浆找平层

钢筋混凝土屋面板，结构找坡3%
（或材料找坡2%）

砖砌　　排水沟　　密封膏嵌牢
缓冲带

泄水口

H

图 2-58　绿色屋顶示意图

量的绿色屋顶、下沉式广场、渗透停车场、湿地公园用于宣传和科普教育。商业区
LID 设施的布局与选型如图 2-59 所示。

　　商业区各类 LID 设施结构如图 2-60～图 2-62 所示。下沉式绿地、雨水花园及
绿色屋顶结构参见图 2-54、图 2-55 及图 2-58。

图 2-59　商业区 LID 设施的布局与选型

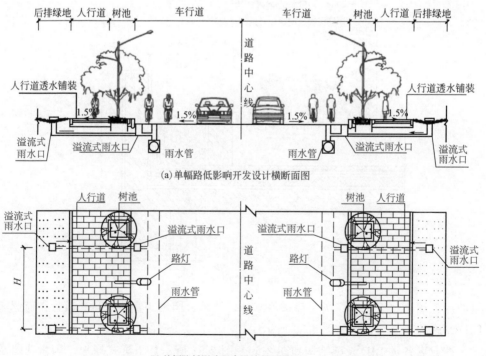

(a) 单幅路低影响开发设计横断面图

(b) 单幅路低影响开发设计平面图

图 2-60　渗透铺装示意图

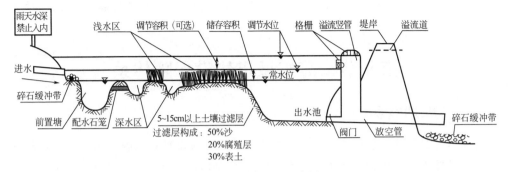

图 2-61 雨水湿地示意图

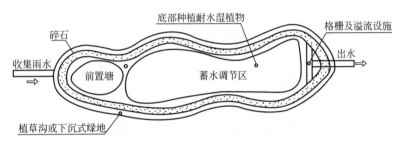

图 2-62 湿塘平面示意图

（五）投资估算

70％和75％年径流控制率指标下的投资估算对比见表 2-41。

表 2-41 70％和75％年径流控制率指标下的投资估算对比表

LID 设施类型	年径流控制率 /％	每平方千米建设面积/m²	单位面积造价 /（元/m²）	造价小计 /（万元/km²）	占总造价比例/％
雨水花园	70	48954.3	450	2202.9	61
	75	58745.2	450	2643.5	61
下沉式绿地	70	97908.6	89	871.4	24
	75	117490.3	86	1010.4	23
湿塘	70	1606.9	500	80.3	2
	75	1606.9	500	80.3	2
渗透路面	70	19581.7	150	293.7	8
	75	19581.7	150	293.7	7
调蓄设施	70	600.0	3000	180.0	5
	75	1000.0	3000	300.0	7
合计	70	168651.5	4189	3628.4	100
	75	198424.1	4186	4328.0	100

由表 2-40 可知在每 km^2，与 70％的控制指标相比，年径流控制率为 75％时规模增加 18％，投资增加 19％。

第九节　海绵城市建设保障体系

一、规划落实

为落实海绵城市建设要求，有必要进一步完善城市规划编制方法，充实规划内容，引导城市建设成为具有吸水、蓄水、净水和释水功能的"海绵体"，以减轻市政雨水管网的压力，有效缓解城市内涝，削减城市径流污染负荷，提高雨水资源化利用效率，修复城市水生态系统。落实海绵城市建设要求的规划内容，应当分层级、分步骤地纳入城市总体规划、控制性详细规划以及各相关规划中，成为各层级规划的有机组成部分。

（一）城市总体规划落实

总体规划层面的海绵城市规划应从战略高度明确海绵城市建设的原则、目标与方向，并基于海绵城市的规划建设要求，系统地提出规划目标和指标，优化原有城市总体规划编制的相关内容，包括用地布局以及城市给水、排水、排涝、防洪、绿地系统、道路交通等相关专业规划。

城市总体规划落实海绵城市建设要求的要点如下。

① 基于降水和地质条件等本底条件，识别并规划完善自然与人工的水系统，优化循环路径和机制，因地制宜地确定海绵城市建设原则。

② 协调绿地、水系、道路、开发地块的空间布局与城市竖向规划，明确城市尺度上对径流总量控制、径流峰值控制、径流污染控制、雨水资源化利用等方面的总体规划控制目标。

③ 识别海绵城市建设的重点区域，结合城市发展方向、总体规划的用地布局、近期旧城改造计划和海绵城市建设拟解决的问题，按照新旧结合、示范带动的原则，优先选择城市水环境问题比较严重的区域或者易涝点集中区域，作为海绵城市建设的重点区域。根据城市功能区划，功能用地的空间分布，土壤、植被和河流水系的分布情况及拟解决的重点问题等，进行海绵城市建设分区。

④ 协调城市水系、排水防涝、绿地系统、道路交通等专项规划，或编制城市雨水控制与利用专项规划，从"源头、过程、末端"多个层面，细化落实低影响开发雨水系统、城市雨水管渠系统和超标雨水径流排放系统的实施策略、建设标准、总体竖向控制及重大雨水基础设施的总体布局等相关内容。

⑤ 明确近期规划低影响开发主要项目的建设规模、重要时间节点及相应的建设目标实现程度，并落实相关建设任务。重点建设任务是与海绵城市建设相关的城市供水、排水防涝、污水处理及再生利用、河湖水系的水环境治理与生态修复、防

洪、节水、绿地等重大低影响开发项目。

（二）控制性详细规划细化

控制性详细规划应综合考虑水文条件等影响因素，以总体规划中的海绵城市规划指标和相关内容为指导，进一步分解控制指标至地块，进一步在用地、水系、给排水、绿地、道路、竖向等专业的规划设计过程中细化落实海绵城市的要求。

控制性详细规划中海绵城市的规划内容是细化并落实海绵城市规划管控的直接依据，将为地块海绵城市控制指标进入规划许可提供法定依据，并为下阶段修建性详细规划和市政、道路等工程设计提供指导依据。

控制性详细规划细化海绵城市建设要求的要点如下。

（1）为将总体规划中有关海绵城市的规划要求和指标落实到控制性详细规划的地块或专业技术内容中，可在总体规划海绵分区的基础上，进一步进行海绵分区的细化与分析，以更好地体现本地区特点，并引导海绵城市指标分解等相关工作。在分区划定过程中，可依据规划区现状、地表竖向和分水岭、土地利用、河流水系、管网布置等情况，综合考虑行政区划、道路、绿化带情况，充分体现本地区的空间结构、用地布局、土地开发强度等影响因素，确定海绵分区。

（2）明确各地块的低影响开发控制指标。控制性详细规划应在城市总体规划或各专项规划确定的低影响开发控制目标（包括年径流总量控制率及其对应的设计降雨量）指导下，根据城市用地分类的比例和特点进行分类分解，细化各地块的低影响开发控制指标。地块的低影响开发控制指标可按城市建设类型（已建区、新建区、改造区）、不同排水分区或流域等分区制定。有条件的控制性详细规划也可通过水文计算与模型模拟，优化并明确地块的低影响开发控制指标。

（3）合理组织地表径流。统筹协调开发场地内建筑、道路、绿地、水系等布局和竖向，使地块及道路径流有组织地汇入周边绿地系统和城市水系，并与城市雨水管渠系统和超标雨水径流排放系统相衔接，充分发挥低影响开发设施的作用。

（4）统筹落实和衔接各类低影响开发设施。根据各地块低影响开发控制指标，合理确定地块内的低影响开发设施类型及其规模，做好不同地块之间低影响开发设施之间的衔接，合理布局规划区内占地面积较大的低影响开发设施。

二、制度体系建设

（一）规划建设管控机制

为保证海绵城市建设理念在规划建设各环节真正落实，需制定《乐陵市海绵城市建设项目规划建设管理暂行办法》《乐陵市海绵城市项目审批指导手册》《乐陵市海绵城市施工图审查办法》《乐陵市低影响开发设施后期维护管理办法》等制度，将海绵城市建设要求依法纳入年度建设投资计划、用地申请、"一书两证"、施工图审查、项目招投标、开工许可、施工监管、竣工验收、项目审计、运行维护等各环节，实现海绵城市规划建设管理流程闭合循环。

（二）城市水环境保护机制

制定《乐陵市生态环境负面清单制度》《乐陵市环境污染第三方治理实施办法》《乐陵市城市蓝线管理办法》《乐陵市排水工程管理办法》等相关制度，建立完善的城市河湖水系保护机制，划定城市水系蓝线，最大限度地保护原有的河流、湖泊、湿地、坑塘、沟渠等水生态敏感区，保护城市水资源与水环境。

（三）城市水资源利用机制

为更好地建设乐陵市海绵城市，实现径流总量控制、径流污染控制以及雨水资源化利用目标，制定《乐陵市新建建设工程城市雨水资源利用管理办法》《乐陵市建设项目雨水径流控制管理办法》等，限制城市建设中过多采用不透水路面和屋顶，强制在市政工程建设和开发建设项目中采取低影响开发措施。

制定《乐陵市城市节约用水管理实施规定》等日常管理办法，加强城市日常供水、排水、节水管理，保障城市排水设施的安全正常运行，防治水污染，实现水资源优化配置与可持续利用，提高城市水资源利用率。

（四）城市水安全管理机制

为提高城乡防洪排涝能力，减轻洪涝灾害，制定《乐陵市城市内涝监测、预测及应急管理办法》，明确指出加强乐陵市防汛、水利、市政、交通、城市管理等部门之间的协作机制建设，理顺各专项应急指挥部之间的工作关系，做到应急联动、协同应对，同时对相关部门的职责作出较为具体的规定。乐陵市救灾办对灾害的防、抗、救等负责综合组织，协调政府各职能部门立即到位，一旦灾害发生，救灾办即向政府各职能部门发布政府命令。

（五）资金管理与投融资机制

拟制定《乐陵市海绵城市建设财政专项资金管理办法》《乐陵市关于推广政府与社会资本合作模式的指导意见》《乐陵市供水、污水、中水回用价格》，将海绵城市建设资金纳入年度预算安排，设立海绵城市专项资金。支持社会资本引入，通过特许经营等方式投资建设海绵城市，并制定鼓励支持商业开发的小区和公建设施低影响开发建设的激励政策，保障乐陵市海绵城市建设投融资模式的创新性，吸引更多的社会资本参与海绵城市建设。

三、监测与考核体系

（一）总体目标

乐陵市海绵城市考核的总体目标是将海绵城市的建设成果进行量化考核和绩效考核，结合住建部《海绵城市建设绩效评价与考核办法（试行）》，根据运行监测数据，利用统计分析、模拟分析手段，对已建项目进行工程效益的自评估与内部考核，保障如期全面达到住建部考核要求，并通过考核促进海绵城市建设。在考核中具体要实现三个目标：

（1）看得见

一方面要建设具有示范带动意义的亮点项目，作为经验推广和理念传播的载体，供其他城市学习和供市民了解海绵城市建设理念；另一方面要扎实解决城市水安全、水环境存在的问题，通过海绵城市建设减缓内涝、改善城市水环境。

（2）看得清

通过对降雨、径流的监测，在主要入河排放口、雨水干线重要节点、主要建设项目排出口等重要位置进行监测，通过实际监测数据反映海绵城市建设目标达成的情况，使考核目标直观可视。

（3）看得全

一方面通过对各类监测、建设数据的整合，构建乐陵市海绵城市一体化管控平台，使考核过程既可以对局部设施或项目进行考核，又可以针对全部试点区域进行综合情况汇总分析，并完成相关情况的上报工作，便于进行实时动态的监督考核；另一方面要将考核贯穿于海绵城市建设的全过程，在规划设计、建设、运营等不同阶段进行全方位的动态考核，通过全过程控制保障海绵城市建设理念的落实与推广。

（二）监测体系

根据《海绵城市建设绩效评价与考核办法（试行）》等要求，乐陵市海绵城市建设区域监测平台需要借助在线监测技术检验各个项目是否达到海绵城市规划目标要求，监测设施的长期运行效果，及时发现运行风险及问题，及时进行有效的处理处置，支持现场运行情况的应急预警，提高设施的运行保障率；需要对海绵城市规划建设的全过程信息进行有效记录，支持海绵城市建设全生命周期管理，为设施的建设、运行、考核提供依据，保障设施的持续运营。监测平台的建设内容包括以下内容。

（1）在线监测网络建设

根据乐陵市海绵城市管控分区、项目建设情况、重点设施等要求，进行监测点布设。

在线监测网络建设应在源头设施、排水管网、受纳水体等要素选择适宜的监测点，安装在线液位计、在线超声波流量计、在线 SS 检测仪、在线雨量计等设备并及时维护，建立监测预警系统，保障数据采集的持续性、准确性和及时性。同时维护运行在线监测软件服务平台，使得用户能方便地登录系统查询数据，并可通过手机微信端及时获取预警报警信息。通过智能算法识别各类设施的潜在运行风险，及时发布溢流、内涝等报警信息，辅助管理者了解设施的运行状态，为海绵城市建设运行、考核评估、防汛应急提供数据支持。

（2）信息化管理平台建设与运维

针对海绵城市建设的设计目标和需求分析，结合国家海绵城市相关技术要求及乐陵市具体情况，建议采用定制化开发方式，以海绵城市建设效果为核心，构建海绵城市信息化管理平台，并进行系统地运行维护。系统设计中主要考虑以下技术要点。

① 集成多源、多格式、多类型数据，对考核评估所需数据进行一体化信息管理，为海绵城市规划建设提供可视化及分析评估基础；

② 以"一张图"为基础海绵城市构建过程的全方位、动态化与可视化展示，通过分区、地块和低影响设施三个部分的划分实现不同层次的信息关联和分级显示；

③ 实现项目分级、分类、分阶段的全方位管理与展示，跟踪项目建设全过程，查询项目全要素信息，对海绵城市建设各类设施的运维与优化改造提供指导；

④ 逐项细化住建部颁布执行的《海绵城市建设绩效评价与考核办法（试行）》中的相关规定，开发考核评估指标动态计算引擎，支持海绵城市建设效果 4 个方面、7 项指标的全方位、可视化、精细化评估，实现海绵城市建设效果（各项指标）的逐级追溯、实时更新；

⑤ 利用用户角色设置实现数据填报与查看的权限控制，对软件系统整体运行环境、初始化配置、角色权限等实行统一管理，维护系统的安全性和稳定性。

（3）水质采样与化验分析

基于监测方案，降雨过程中在典型下垫面与排口处人工采集水样，按计划在河道关键断面、地下水监测点采集水样，并对采集的水样进行实验室化验分析。在水质分析采样时，可以利用自动采样器，但需要投入较大的资金成本。建议采用人工采样与在线检测相结合的方式，选取 SS 作为典型指标进行自动检测，其他指标采取实验室化验的方式进行检测。

基于水质采样的随机性，建议委托水质监测中心进行水质的采样与化验。水质化验的主要指标包括 pH 值、化学需氧量（COD_{Cr}）、悬浮物（SS）、氨氮（$NH_3\text{-}N$）、总氮（TN）、总磷（TP）等。

（4）监测考核技术服务

综合考虑国家相关技术标准、海绵城市验收考核要求、排水系统运行预警体系建设等多方面需求，优化海绵城市监测方案。在整个服务过程中，结合运行情况、数据情况及管理需求，对监测方案进行动态的优化、更新与完善，提供持续的咨询改进完善服务，不断优化调整完善布点监测方案，支持海绵城市建设与评估考核。

（三）考核体系

1.考核制度

（1）海绵城市建设绩效考评办法

制定《乐陵市海绵城市建设绩效考评办法》，构建海绵城市建设考核制度。

建立绩效评估方法，绩效评估内容包括项目进展情况与设施运行情况，按排水分区进行总体控制和分解，按照项目实施情况由下而上核算。建立在线监测系统，为海绵城市建设的考核评估工作提供长期在线监测数据和计算依据。综合利用在线监测数据、设施分布图、数学模型等手段，评估低影响开发设施运行效果。建设海绵城市信息化综合管理平台，为海绵城市考核评估提供全过程信息化支持。通过管理平台，管理部门可查看海绵城市的建设数据，包括年径流总量控制率、设计降雨量、LID 设施数量和规模，也可通过地图操作查看具体 LID 设施的空间布局、控制指标详情及设施的监测数据。

（2）海绵城市建设财政奖补标准

制定《乐陵市海绵城市财政奖补标准》，完善重点工程实施评估和付费管理制度。政府投资与社会投资相结合的重点工程项目，严格按照《海绵城市建设技术指南》与标准工程设计规范要求，对海绵城市建设工程的实施效果进行评估，严格施行按效果付费的政策，制定相应的付费标准和奖惩措施。同时，畅通标准实施信息反馈渠道，广泛搜集建设活动各责任主体、相关监管机构和社会公众对工程建设和运营维护的意见与建议，提出处理意见。规范项目工程款项支付管理程序，建立严格的工程款支付与管理控制流程，保证工程款按工程合同、工程进度计划合理支付。确保工程款尾款的支付，不产生遗留问题。

（3）PPP 合作项目监管

对 PPP（公共私营合作制）项目主要从以下几个方面进行监管。

加强预算监管。财政局负责、住建委配合，每年编制下一年度购买服务费专项预算，并向人大报告。保障每年费用支出，监督预算执行。对购买服务项目数量、质量和资金使用绩效等进行考核评价，评价结果向社会公布，并作为以后年度编制预算和选择承接主体的重要参考依据。

加强价格监审。审计局牵头建立完善成本监审机制，加强价格监审；建立调价机制，根据运营质量情况、市场价格水平建立服务费调价机制。

加强中期评估。建立中期评估机制，26 年特许经营期间每 5 年进行一次中期评估，对合同双方履约情况进行综合评估，指导调整合同履行。中期评估鼓励委托第三方机构进行。对 PPP 项目实施全生命周期监管，定期组织绩效评价，考核结果依法公开，并作为项目价格、补贴、合作期限等调整的依据。

2.考核指标

制定《乐陵市海绵城市建设绩效评价与考核评估细则》，统一考核评估方法，让考核评估有据可依。

四、技术标准体系

为推进乐陵市海绵城市建设，制定《乐陵市海绵城市规划设计导则》《乐陵市雨水控制与利用工程施工与质量验收规范》《乐陵市海绵城市建设——低影响开发雨水工程设计标准图集》等一系列海绵城市建设指标体系及技术实施导则，指导海绵城市建设项目低影响开发雨水系统工程和设施的规划、设计、建设、验收等工作，保障海绵城市建设过程中各环节的标准化、统一化、规范化。

制定《乐陵市海绵城市雨水利用工程设计维护技术指南》《乐陵市排水设施维护管理技术规程》，制定低影响开发设施运营维护管理相关技术要求，用于海绵城市建设低影响开发设施的运营、维护管理工作，提高低影响开发设施建设、改造、维护、管理的科学技术水平，保障低影响开发设施的运行效果。

制定《乐陵市低影响开发设施运行效果评估技术指南》，建立真实、系统、完整的评估指标体系，实现指标的由上到下分解与自下而上反馈，检验低影响开发设施运行效果是否达到海绵城市试点的目标要求。

五、其他保障措施

（一）资金保障

1. 发挥政府资金杠杆作用

海绵城市的建设由政府主导，资金来源以财政支出为主体。如今，国家在海绵城市建设领域投入大量资金，但是城市自身建设的资金也非常巨大，包括税收等各方面。所以，未来海绵城市建设的资金来源之一，就是城市本身的税收。城市本身的经济发展状况是海绵城市建设工作的一个着力点。

2. 挖掘社会资本投入

为加大海绵城市的建设力度，改善城市水环境，应探索海绵城市产业投资基金，研究探索设立海绵城市规划、施工投资基金，以财政性资金为引导，吸引社会法人投入，建立稳定的规划、施工、管理发展的资金渠道。同时，鼓励民间资本发起设立用于施工、管理基础设施建设的产业投资基金，研究探索运用财政性资金通过认购基金份额等方式支持产业基金发展。

PPP 模式下的运营就是在挖掘社会资本的投入，海绵城市建设需要私人组织参与部分或全部投资，并通过一定的合作机制与政府部门分担风险、共享收益。根据海绵城市建设的情况，政府部门可向特许经营公司收取一定的特许经营费或给予一定的补偿，这需要政府部门协调好私人组织的利润和海绵城市建设的公益性两者之间的平衡关系。通过建立有效的监管机制，海绵城市建设能充分发挥双方各自的优势，节约整个建设过程的成本，同时还能提高公共服务的质量。这是海绵城市建设中挖掘社会资本不可或缺的途径。

（二）人才保障

1. 加大人才培养力度

海绵城市的建设需要大量行业人才，急需国家和社会加大人才培养力度，提供高素质领军人才。要为人才脱颖而出提供有利条件，主要包括科研经费、科研设备、课题项目申请、办公环境、教学环境等科研条件，在借鉴国外先进行业知识的同时，引进相关的行业人才。目前，伴随着海绵城市建设规模的迅速扩大，各地相关技术力量薄弱问题开始显现。相对传统规划、设计等领域，海绵城市建设更需要创新，为保证后续管理维护工作的效果，需要加大对创新性人才的培养力度。

2.提高人才综合素质

海绵城市的建设与发展需要提高人才的综合素质，即协调科学教育与人文教育、专业知识的传授与能力素质的培养之间的关系，培养具有过硬的科学文化本领的创新性人才。

3.突出领军人才作用

行业领军人才具备较高科研造诣和威望，具有一定的组织协调能力、良好的团队意识，具备坚韧不拔的进取精神、严谨的科学道德和良好的科学心态。领军人才是海绵城市建设的领头力量，也是海绵城市各项标准、规范制定的决策力量，因此，海绵城市建设要突出领军人才的作用。

(三) 科技保障

1.加大相关科技项目支持力度

为实现海绵城市的建设目标，政府部门需要加大相关科技项目的支持力度。一方面，可通过科研课题探索各类低影响开发措施在我国的适用性及其实施效果。另一方面，通过科研项目的开展，培养各类低影响开发措施建设的技术人才，为相关标准和规范的形成提供技术支撑。

2.切实整合各类创新要素

海绵城市的建设是在吸收国外先进技术的基础上开展起来的，应该根据我国的国情以及城市建设的基础条件，发展并创新适宜我国的海绵城市要素：①吸收我国在人文和社会科学领域的研究成果，丰富和深化政策科学的思想理论基础；②加强政策前期研究，重大政策决策要经过咨询研究部门的论证；③建立审议会制度；④在政府部门设立有真才实学和审议实权的顾问委员会；⑤完善公开听证制度；⑥发挥大众传媒的作用，反映群众意愿，执行社会监督的重要功能。

3.社会参与

社会公众的参与对海绵城市的建设和维护起着至关重要的作用。可以说，社会公众既是海绵城市建设的受益者，又是海绵城市管理与维护的参与者。加强海绵城市建设相关的宣传力度是提高社会公众参与的主要途径。

政府部门掌握着大量的公共资源，作为海绵城市建设资源管理的代理人，通过让公众表达对海绵城市建设的评价，政府及其部门有条件有义务为公众参与提供各种途径参与海绵城市建设。建立健全公众的表达机制，有利于公众更广泛地参与海绵城市建设、监督政府行为、提出合理化建议，推动海绵城市建设工作的全面开展。

综合采取各种形式宣传海绵城市建设给社会公众带来的切身利益，提高社会公众对海绵城市的认识与了解，做到海绵城市的优质建设、有效管理与充分维护。

4.建立海绵城市建设信息定期发布制度

对公众定期发布海绵城市建设信息。目前，公众对海绵城市建设相关知识以及城市排水的认识相对欠缺。关于如何选择海绵城市建设模式，需要政府部门通过定期发布信息来提高公众对海绵城市相关技术的了解。

5.建立综合性海绵城市建设决策咨询制度

海绵城市的建设需要广泛听取行业内的专家学者意见并使之制度化，这对提高海绵城市效用的发挥、改善城市水环境具有重要意义。需要技术人员以及专家学者深入实际了解海绵城市建设项目，掌握城市基础建设进展，了解海绵城市项目效果，广泛调研，潜心研究，不断拿出具有实际意义的成果，推进海绵城市建设。

第十节　近期海绵城市建设行动计划

乐陵市海绵城市建设工程体系包含的项目主要有雨污分流工程、清淤清障工程、易涝点改造工程、低影响开发设施建设工程四类，总投资约 27628.6 万元，各组成部分的建设任务如下。

一、雨污分流工程

由于乐陵中心城区现状污水管网较多，且管径较大，为了避免二次投资，保留现有大部分污水管道，未来的工作是分期疏导城区中心各个地块的污水和将雨水分流进入市政管网，提高污水处理率和再生回用率。兴隆南大街（振兴东路-阜盛西路）段建议废除 $2^{\#}$ 污水现状泵站前的污水管涵（目的是雨污分流），污水进入规划新建的沿路 $d800 \sim d1200$ 的污水管道，之后排入现状 $d1500$ 的污水主干管中进入污水泵站。由于缺少现状管道管底埋深的资料，新建管道的埋深需要满足的条件为能够排入现状管道。

二、清淤清障工程

河道淤积将严重影响防洪排涝、景观娱乐等各项功能的正常发挥，为恢复河道正常功能，促进经济社会的快速持续发展，进行河道清淤疏浚工程。清淤疏浚工程主要利用机械设备，将沉积河底的淤泥吹搅成浑浊的水状，使淤泥随河水流走或外运处置，从而达到疏通的目的，通过治理使河道变深、变宽，河水变清。

近期实施的河道清淤工程如表 2-42 所示。

表 2-42　近期实施河道清淤工程一览表

实施清淤工程的河道名称	清淤的长度/km
规划秋蓬河下游河道	2.4
跃马河乐陵城区上游河道	1.8
朱集沟	3.2
合计	7.4

三、易涝点改造工程

针对文昌东路（渤海北大街—府西路）断头管道，将断头管道进行清淤疏通，并将断头管道衔接到下游管道上，为断头管道找到排出口，以解决因断头管道造成的内涝问题。共需修建连通管道 620m，管径为 $d800$。

针对振兴东路（兴隆南大街—云红南大街）等九条路的雨水管道管径偏小的情况，因为涝点所在路段尚未建设污水管道，而这些道路上的雨水管道管径太小或未建，无法保证路段上的雨水排放，共需新建雨水管道 11km，管径范围为 $d600 \sim d2000$。

四、低影响开发设施建设工程

为保障近期城市建成区 20% 以上的面积达到径流控制率 70% 的要求，需新建雨水花园 18hm^2、下沉式绿地 118hm^2、湿塘 2hm^2、渗透路面 5hm^2、调蓄设施 6500m^3。

第十一节　乐陵市海绵城市专项规划分析

从《乐陵市海绵城市规划》文本中可以看出，该规划按照 2016 年发布的《海绵城市专项规划编制暂行规定》的要求，在框架设计上套用了《海绵城市建设绩效评价与考核办法（试行）》中水生态、水环境、水安全、水资源的思路。从规划的底层构建上充分满足了当前海绵城市建设的预期目标，在底层框架的基础上延展出管控分区。同时，根据地方特点，对与海绵城市专项规划密切相关的生态规划、水系统规划、防洪规划、绿地系统规划等提出了调整建议。可以说，该规划如同一幅画卷，将海绵城市的愿景徐徐铺展，大框架浓墨重彩，细枝末节之处亦不乏笔墨。乐陵市海绵城市专项规划充分体现了以海绵城市建设为契机，带动区域复合生态系统整体发展的科学思路，在当前海绵城市规划中水平颇高。该规划也获得了 2017 年度天津市优秀工程咨询成果二等奖。可见，当前我国海绵城市建设的规划技术环节已经形成了较为全面的体系。随着第一批、第二批海绵城市建设相继完成，如何从多个维度定量评价海绵城市建设对区域复合生态系统的改善作用，是当下理论研究的重要目标。

第三章 海绵城市建设效果评价的理论依托

第一节 生态系统健康评价理论

一、生态系统健康评价的理论基础

在城市化的进程中，城区的快速扩张发展可能会引发城市生态问题。面对这些生态问题，人们开展了一系列的城市建设活动，希望通过科学的理念与生态技术手段阻止城市生态环境的恶化，并进一步使城市环境更加宜居宜人。在一系列的城市建设中，海绵城市理念下的新城开发成为专家学者研究的热点，其建设效果也备受人们关注。城市生态系统健康评价是城市生态建设效果的重要评价方式，海绵城市建设的城市生态系统健康评价结果也将成为其未来建设的重要指标依据。然而在目前的研究中，对城市生态系统健康的定义及评价方式并没有较深入的研究。在城市生态系统健康评价的规范和标准方面，业界内无统一的认定，而将城市生态系统健康评价结果与海绵城市开发建设相结合也没有明确的研究资料，但一些研究已经采取了比较科学的研究方法，并得出评价结果。

现有的各类文献中，不同学者从多种视角对生态系统健康做了相关研究。在国外的研究中，D. J. Rapport 等将生态系统健康理解为生态系统在一定条件下较为稳定，并且在未来的发展具有一定的可持续性。D. J. Schaeffer 等为了评定生态系统是否健康，给生态系统功能设定一个阈值，当一个区域的生态系统功能没有超过这个阈值，则认为这个生态系统具有健康的生态系统功能。J. R. Karr 等在探究生态系统健康时，强调生态系统的自我恢复能力，若其受到外界压迫时能够进行较好的自行修复，则这个生态系统的健康度就较好。R. Costanza 等将一个环境稳定、可恢复能力强、生物种类多样的生态系统认定为健康的生态系统，其未来发展具有较高的活力指数。在国内的研究中，杨志峰等更注重生态系统内物质能量的循环流动是否健康发展，生态系统功能是否表现出完备性等。

因此，生态系统健康问题是集合了多种学科的系统性研究，其评价指标体系受到来自自然、社会和经济等各方面的影响。目前，城市生态系统健康没有较为统一的概念。但在人类社会的强烈干扰下，城市生态系统与自然生态系统相比，有较大的差别，城市生态系统成为一个在自然、经济和社会共同作用下的复合生态系统。有学者提出分析这种复杂的系统时，采用生态学的理论方法较为合适，而城市生态系统的好坏，则可以用"健康"一词加以表征。秦趣等综合了各学者的研究，将城市生态系统定义为受到自然、经济和社会等各方面相互作用而形成的有机整体，当这个有机整体应对各类干扰时，能够有较强的自我恢复能力。物质和能量有机协调，整体发展良好，是城市生态系统健康所追求的目标。

因城市生态系统健康评价的复杂性和研究视角的不同，在对其进行评价时，城市生态系统健康的评价指标体系构建显得更为多样。有的根据城市生态系统的活力、恢复能力、服务功能、居民的健康状况构建城市生态系统健康评价模型的指标体系；有的通过应用压力、状态和响应这三个指标构建评价模型；也有的依据自然、经济和社会三个子系统建立相应的指标体系。海绵城市建设下的城市生态系统健康评价所需要的具体指标与之前的生态系统健康评价既有区别又有联系。在赵帅、李鹏飞等的研究中，选取整个天津市区作为研究对象，将城市活力、社会组织结构、城市恢复能力以及城市生态系统功能的维持和居民的健康状况等多个城市生活要素作为评价天津市城市生态系统健康的主要依据。这种评价模式更适合于对传统意义上的城区进行生态系统健康评价，而评价基于生态理念建设的新城区时，应更多考虑自然方面的指标要素。

在目前的指标体系选取中，因为生物群落和种群等自然要素在城市生态系统中体现较少，所以研究者选取的自然要素指标只有生物多样性指数等少数指标。在城市较为特殊的生态环境下，大多城市生态系统健康评价都将城市生产生活等方面的因素作为主要的探究对象，在城市健康和城市经济方面，则选取如人口增长率、人体健康水平、收入指数等指标作为研究对象。而海绵城市建设下的新城区，其建设前后的景观变化程度相比在原址进行海绵城市建设的城区，则有着较为明显的变化。因此，基于遥感影像的景观变化分析，可以作为基于生态理念建设的新城区城市生态系统健康评价指标，同时也能较好地体现自然生态方面的因素。

二、生态系统健康评价的一般方法

近年来，数学模型越来越深入地应用在各类研究中，众多研究者也将数学模型应用到城市生态系统健康评价领域，并对其进行定量评价。在已有的研究中，有的学者应用了模糊数学评价法、灰色系统理论模型评价法以及能值分析评价法等。

孟伟庆、李洪远采用模糊综合评价模型对天津市滨海新区进行城市生态系统健康评价，得出天津市滨海新区 2004—2009 年总体健康状况处于亚健康水平的结论，从而分析导致该结论的原因并提出优化建议；李恒、黄民生等在能值分析的基础上，对合肥市的城市生态系统健康状况进行了动态评价，其研究表明，2004—2008年合肥市的城市可持续发展指标和城市的生态健康程度呈现逐渐下降的趋势；在王钉、王典雪等的研究中，通过构建灰色关联分析模型对安顺市的城市生态系统健康进行相关评价，其评价结果表明在 2011—2016 年，安顺市的城市生态系统健康状态呈现上升趋势。与此同时，李卫海、李阳兵等从景观尺度入手，以贵阳市为研究对象，对贵阳市的城市生态健康进行时空变化分析，其研究结果显示，从 1991—2006 年，贵阳市有 17.91％的区域景观生态健康状况趋于良好，有 67.72％的区域景观生态健康状况变化较小，而有 14.37％的区域景观生态健康状况变差。

城市生态系统健康评价在目前没有规定成文的方法，不同的研究区位，在各位研究者的研究下构建出了不同的评价体系。因此，在应用已有的各类评价方法时，会因研究区位和研究角度的不同而呈现出不同的研究结果，甚至出现一定程度的不完备性或不合理性。探究海绵城市建设效果影响因素，在选取研究方法时，也应注意研究的目的和研究视角，结合实际情况和地区已有研究来进行。

第二节　生态效率理论

1990 年，Schaltegger 和 Sturn 两位学者首次在学术界提出生态效率概念，他们从定量的角度分析可持续发展的水平。通过世界可持续发展工商理事会（WBCSD）的推广，生态效率在可持续发展研究中备受关注。国内外相关领域学者都对生态效率展开了广泛的研究，至今，已经具有较为成熟完善的生态效率研究体系。随着可持续发展理念的影响，如何更好地提高资源利用率和生态环境利用率成为要解决的难题，而发展至今的生态效率概念体系为解决这一难题提供了理论依据。

一、国际生态效率研究进展

国外对区域层面生态效率的研究较少，大多集中于企业及其产品、行业等方面。Huppes 和 English 针对企业产品进行研究，对具有不同生命周期的产品进行生态效率评价；Net Regs 对影响企业生态效率的内外因素进行评价分析，发现产品、创新能力、成本等内因及政策法规、外部市场、气候影响等外因都会对企业的生态效率产生影响。在企业生态效率评价模型方面，有学者专门针对中小型企业设计了特定的生态效率评价模型，但由于中小企业受到资金、研发能力和企业规模等限制，此生态效率评价模型适用性不强，应用率较低，甚至很难符合企业自身特征及发展需求。

2000 年以后，各国学者逐步将研究视角放大，从企业角度扩展至整个行业角度。行业生态效率研究不仅对行业整体发展、企业技艺改进和宏观调控等起到促进作用，还降低了不同行业对环境生态的影响程度，促进不同行业持续健康发展。根据不同行业的特点，一般选取不同的指标进行研究。加拿大在对食品和饮料行业的生态效率进行评价时加入了固体有机废物和包装废物两个环境指标。K. Charmondusit 和 K. Keartpakpraek 对泰国玛塔普工业区的石化集团进行生态效率评价时，运用了水量消耗、物料使用和有害物排放三个指标。

现阶段，广大学者的关注重点已经慢慢转到了区域层面，但对区域层面的研究仍然处于探索阶段。学者 Kyounghoon Cha 提出了提高区域经济效率和环境效率的指标体系，其中包括产品经济产出、清洁生产和全球变暖的生态效率；有学者在对芬兰某区域进行的生态效率研究中发现，加入社会发展指标可以对各项指标进行更准确的定量及定性分析；J. Grant 运用生态系统原理研究生态效率对工业园区景观设计的影响，提出了能够节约工业园资源以及提高其生产效率的措施。

二、国内生态效率研究现状

国内在生态效率方面的研究与国外相比起步较晚，李丽平在 2000 年首次提出了生态效率的概念，并且吸收国外环境管理的经验，强调生态效率的最终目的是实现更高的社会价值而非消耗更多资源和制造更多废弃物。

2002 年，廖红等提出在企业、公司等范围运用生态效率的必要性和重要性，具体描述了测算生态效率的重要过程。2005 年，戴铁军、陆钟武选用资源、环境效率和能源三个指标对某钢铁企业的生态效率进行了研究分析，发现不同企业之间相互利用废弃资源，可以有效提高资源利用率、缓解生态环境问题。2007 年，廖文杰等将生态效率研究从企业层面细化到产品层面，对某企业钛白粉生产的生态效率状况进行了研究。2010 年，姚凤阁等利用三阶段 DEA（数据包络分析法）模型对我国上市公司中的石油加工企业生态效率进行评价，分析该行业污染物排放对生态环境造成的影响。王妍等在对芬兰 Kymenlaakso 地区生态效率评价方法、指标体系等研究的深入剖析基础上，对我国生态效率研究的发展提出启示和参考。孔海宁运用 DEA 模型和 Malmquist 指数模型对我国 40 家有影响力的钢铁企业 5 年间的生态效率进行综合衡量与评价，发现钢铁企业的生态效率总体不断提升，但企业要实现可持续发展必须改变能源结构和污染排放模式。

结合国内外研究可以发现，国内外对生态效率的研究大多聚焦于企业、产品、行业等层面，后来才慢慢转向区域研究，根据研究对象和目标的不同选用适当的方法进行评价。随着方法体系的日益成熟和完善，有越来越多的学者对生态效率进行研究。但目前几乎没有针对海绵设施的生态效率进行的研究，本书针对城市中心区海绵设施进行生态效率分析，为以后的研究提供参考。

第三节　生态系统服务功能及能值理论

一、国内外生态系统服务功能研究进展

(一) 生态系统服务功能研究的起源与发展

1864 年，美国学者 George Marsh 在其著作 *Man and Nature* 一书中第一次表述了生态系统的服务功能，指出自然环境与人类行为之间存在相互依存、相互影响的作用，强调人类错误的行为会对自然环境造成破坏。20 世纪 40 年代有国外学者提出了湿地生态系统的概念，并在国内外引发了学者对湿地生态系统研究的热潮。1997 年，Costanza 等在全球范围内对主要类型生态系统的服务功能进行了价值评估，这是生态系统服务功能研究领域的里程碑式成果。近些年来，国内生态环境变化日益受到重视，学者们对生态系统服务功能的研究也越来越多。李金昌从生态学、经济学角度出发对生态系统评价进行了深入研究，欧阳志云等分别从不同学科角度对湿地生态系统的价值进行了评估。

(二) 生态系统服务功能的分类

对于生态系统服务功能的分类，Daily 等把生态系统服务功能划分为生态系统产品和生命支持功能两大类，含 10 个亚类。我国相关研究起步较晚，欧阳志云等把生态系统服务功能划分为直接使用价值、间接使用价值、存在价值和选择价值 4 大类；董全和孙刚等分别提出了 11 类和 9 类的分法。

根据联合国 2005 年发布的《千年生态系统评估综合报告》，生态系统服务功能有以下几种类型：①提供产品功能。各类生态系统为人类提供的产品包括食物、纤维、燃料、淡水、生化物质、基因资源、装饰和美化环境的产品等。提供产品功能是湿地生态系统的直接利用价值。②调节服务功能。生态系统的调节服务功能包括保持大气质量、调节气候和水文状况、控制水土流失、水体净化和污染物降解、人类疾病控制、植物授粉和灾害防治等。在稳定水文状况方面，湿地生态系统中的植被具有调节径流的作用。③文化服务功能。湿地生态系统的文化服务功能是指湿地公园的休闲和旅游功能。④支持服务功能。支持服务功能指对所有其他生态系统服务的影响，包括土壤的形成、初级生产力和养分循环等方面。

生态系统的服务功能是随着生态经济学等相关学科的发展而提出的，以便于人们从经济学角度，对生态系统服务价值进行量化评价。生态系统服务功能一旦受到破坏，其恢复或补偿需要花费一定的代价。

谢高地等认为，生态系统服务功能分为 3 类：一是生态系统通过初级生产与次级生产为人类提供的直接商品或将来有可能形成商品的功能；二是易被人们忽视的支撑与维持人类生存环境和生命支持系统的功能；三是生态系统为人类提供的娱乐休闲与美学享受的功能。

（三）生态系统服务功能价值评估方法

综合近年来国内外有关文献和案例分析，生态系统服务功能价值评估的常见方法有影子工程法、支付意愿法和能值分析法。

1. 影子工程法

当湿地生态系统遭到破坏时，人们无法立即准确评估湿地生态系统环境损失的价值。湿地生态环境的价值很难用金钱去衡量，因此自然灾害或人为活动破坏生态环境所造成的损失无法估计。而影子工程法正好解决了生态环境价值难以用金钱衡量的难题，它是指人工建造一个与原生态系统具有相似生态系统服务功能的替代工程，并以替代工程的建造成本作为原生态环境的损失。但是影子工程法也存在一些问题：一是人工替代的工程不是唯一的，生态系统服务功能相似的替代工程有很多种，它们的估价也是不同的；二是生态环境系统存在许多潜在价值，这是人工替代工程无法估算的，使得影子工程法对生态环境价值的评估存在偏差。

2. 支付意愿法

支付意愿法指人们愿意为公共的环境产品支付的价格。它是消费者对某一环境产品的个人估值，具有比较强的主观性，因此支付意愿被广泛应用于环境质量公共产品需求分析和环境经济影响评价分析。

3. 能值分析法

能值分析理论通过将生态经济系统流动或存储的不同的能量和物质转换成同一种能值——太阳能，解决了不同类型能量之间无法进行核算的问题，同时也解决了能量流、物质流、价值流三者的综合与核算的难题，为生态经济系统的定量研究开拓了一条新途径。

二、能值理论研究进展

（一）能值理论起源与发展

国外能值分析方法的研究已经遍布自然、社会和人文范畴，并已应用于自然系统的能值分析、社会经济潜在发展分析和生态足迹分析。H. T. Odum 发展了一套国家能值分析方法，并用能值分析方法先后测算和比较了多个国家的资源环境、经济发展状况，同时对得克萨斯州和佛罗里达州进行了详细的能值分析，发表了示范性研究著作。张晟途、钦佩等应用能值分析法对江苏省射阳河口的湿地治理方法进行能值计算和评价，比较人工耐盐植被系统在能值产出数值上的变化，以研究互花米草的耐盐性。

（二）能值分析方法与指标的发展

湿地生态系统的能值分析是基于统一的太阳能能值，用于测量和分析不同类型的能量，并评估系统内的各种能量流和物质流。能值分析可以测量系统中各种能量的作用和状态，并获得一系列反映系统的功能、结构和效率的信息。能值理论的基本指标有能值密度、能值/货币比率和能值自给率等。能值密度用于评价能值集约度和强度，它能反映一个地区的太阳能能值强度和生态系统的复杂性。能值/货币比率是单位货币的能值当量，由此能够以能值来衡量财富价值。能值自给率是指一个生态系统消耗的自然能值占整个系统总能值的比例，它反映的是生态系统的自我调节能力。能值自给率越大，生态系统的自我调节能力越强。

能值分析不仅在理论上继续发展，而且研究领域也不断扩大，研究方法不断改进。如 Bakshi 认为能值分析方法与生命周期评估法（LCA）相结合可以克服 LCA 的缺点，具有很大的可行性。R. M. Pulselli 将能值理论与空间分析结合，对意大利卡利亚里进行了范例研究。中国的研究者在研究方法上吸取外国的研究成果，即将能值与生命周期、生态足迹相结合进行研究，也有学者引入了生命力指数、聚类分析法、三元相图法等进行分析。蓝盛芳、钦佩等依据可持续发展要达到生态环境和社会经济相协调发展的主旨，对能值分析理论中现行的可持续发展性能指标进行了修正，提出了评价系统可持续发展能力的新的能值指标，即系统能值产出率，其值越高，意味着单位环境压力下的社会经济效益越高，系统的可持续发展性能越好。

第四节　海绵城市建设效果评价涉及的其他方法

一、海绵城市建设效果与生态健康理念

海绵城市是指城市像海绵一样具有良好的"弹性"，能够对城市水系统起到良好的调节作用。实现城市生态环境的良好发展，是海绵城市的建设目标之一。海绵城市理念是为了使城市在现代化的快速发展的同时也能够保持其良好的自然属性，真正实现人与自然在现代城市中交融共生、和谐发展。

海绵城市的建设效果是指海绵城市建设目标的实现程度如何，各类生态环境指标是否达到一定的标准，海绵城市所带来的生态效果是否得到良好的体现。海绵城市建设效果与城市生态系统健康密不可分。通过对海绵城市建设区的城市生态系统健康进行评价，得出的评价结果可以反映海绵城市建设效果，从而探究其建设效果的影响因素。

二、海绵城市建设效果的评价尺度

任何自然或人为因素对海绵城市建设效果的影响都在一定的时空尺度下进行，选择合适的评价尺度是探究海绵城市建设效果影响因素的关键。明确海绵城市建设区城市生态系统健康评价的时空尺度，是对其进行有效的城市生态系统健康评价研究的基础，在此基础上才能进行下一步的研究，从而得出海绵城市建设效果综合评价结果。

（1）海绵城市建设的时间尺度

海绵城市建设区的生态系统结构和功能，在其开发建设前后并不相同，不同成分之间物质和能量的循环流动在不同时期保持着相对稳定的状态，并随着环境的变化而有所改变。在时间尺度上，由于海绵城市的建设人工干预程度极大，人为的干涉使海绵城市建设区的地表景观在短时间内发生较大的变化，对海绵城市建设效果进行评价时需要充分考虑人工干扰的影响。

（2）海绵城市建设的空间尺度

随着空间的变化，海绵城市建设区的景观类型、结构和功能也会发生相应的变化。同时，在强烈的人工干预下，从不同空间尺度观察海绵城市建设区也会有不同的表现。对于从总体上把握海绵城市建设效果影响的态势，选用较大尺度研究比较有利；而想要深入细致地探讨影响机理和具体表现，则选用小尺度研究更有帮助。

三、海绵城市建设效果的评价单元

根据研究区的范围，可以利用 ArcGIS 的插件做成矩形网格的矢量网格，并以此作为模型的数值计算基础，对研究区所有土地按照矩形网格进行划分，并以此作为评价单元。

第四章　天津中新生态城海绵
城市建设效果评价

第一节　评价指标体系建设

海绵城市的建设效果体现出较强的人工干预性，其建设效果在生态景观方面有较为明显的体现，考虑到生态宜居是海绵城市理念所追求的城市建设效果，可以采用在生态环境评价中应用较为广泛的 PSR（压力-状态-响应）模型对海绵城市建设效果进行综合的评价分析，并结合海绵城市建设的实际情况，建立基于 PSR 模型的海绵城市建设效果评价指标体系。PSR 模型应用的广泛性、对细节的针对性以及应用的灵活性和可操作性，使其构建的指标体系能更好地应用于海绵城市建设效果评价。

在 PSR 模型框架下，压力（P）是指将外界条件直接施加于海绵城市建设区的城市生态系统，使其健康状态发生变化。状态（S）指在海绵城市的建设下，城市生态系统健康所发生变化的表征，描述了在特定区域和时间内的景观生态现状是各种生态因素相互作用的结果。响应（R）指海绵城市建设区的城市生态系统受压力胁迫后的状态表征及人类的反应机制。压力、状态与响应之间既互相联系又互相区别。

一、指标体系内涵

PSR 模型能够反映人类活动施加的压力、生态系统的状态以及人类对此作出的响应。工业污染、城市建设中的过度开发都是人类对生态系统所施加的压力，施加压力后生态系统中资源、环境等的状态会发生一定程度上的改变，而人类根据生态系统所发生的性质或自然资源数量的改变通过环境、经济、法律政策做出的一系列反应都称为响应。

在"压力"层面，主要从社会和经济两个方面形成对环境施加影响的人类活动，代表着在某个时间段内区域环境的开发利用程度以及发展趋势。在"状态"层面，通常以地表景观状态和自然资源表示区域生态环境的状态，是对人类活动所产生影响的反馈，并为下一步政策和制度的制定提供依据。由此，在"响应"层面则是通过人类行为来应对社会和经济方面的压力，是人们为了协调生态环境所受到的压力而采取的努力。

在应用 PSR 模型探究海绵城市建设效果时，PSR 模型指标的选取也应该具有针对性。海绵城市的建设效果主要体现在景观生态方面，因此本章通过对海绵城市建设区的城市生态系统健康安全的评价探究海绵城市建设效果的影响因素。在海绵城市建设背景下，本章 PSR 模型中的压力指标主要来源于人口和城市的开发建设，状态指标为在压力指标影响下的城市景观生态的现状，响应指标则选取海绵城市建设背景下的环境效果。这三者之间相互联系、紧密相扣，同时较好地贴合了海绵城市的建设背景，使 PSR 模型在探究海绵城市建设效果方面更具有针对性。

二、具体指标内容

在方法可操作、满足区域特征、具有动态反应和内容科学系统的原则下，基于 PSR 模型框架，采用熵值法构建海绵城市建设效果评价模型的指标体系。根据海绵城市建设下的研究区域的城市生态系统特征，紧紧围绕城市生态景观功能和景观建设效果进行考虑，从海绵城市建设区的压力、状态和响应三个层次着手，共选取 10 个具体指标（表 4-1）。

表 4-1 指标体系

目标层	准则层	健康相关性	指标层
综合评价	压力（P）	−	人为压力指数
		−	路网密度
		−	土地利用强度
	状态（S）	−	景观多样性指数
		+	河网密度
		+	景观蔓延度
		+	最大斑块所占面积
		+	生态系统服务功能价值
	响应（R）	−	景观破碎度
		+	降雨量

（一）压力（P）指标

人为压力指数：是指在人类活动的干扰下，地表景观原始组分的自然属性逐渐降低，不同类型和不同强度的人类干扰，所造就的景观组分类型也不尽相同。因此，不同的地表景观面积组合比例可以反映出区域内的人类活动特征或者对土地的开发利用强度。

路网密度：道路是城市重要的基础设施，对社会经济发展和城市居民生活都有重要作用，经常用路网密度表征城市化的发展速度与地区的发达程度。路网密度数值越大，对城市生态系统健康的压力也越大。

土地利用强度：用来表征人类对土地不同程度的开发利用而对城市生态系统造成不同的潜在外压力。土地利用强度越大，对城市生态系统健康的压力也越大。

（二）状态（S）指标

景观多样性指数：景观多样性是指在一定区域内不同的景观类型和景物品类的数量，景观多样性指数通常用来表示区域内的景观类型和景物品类的丰富程度。

河网密度：河流对区域的水生态系统调节具有强大的作用。在一定范围内，区域内河网密度越高，城市生态系统健康状态越好。

景观蔓延度：表征景观中不同斑块类型分布的非随机性或聚集程度。斑块类型在区域景观中的连续性与景观蔓延度的数值成正比。

最大斑块所占面积：有助于确定景观的模地或优势类型等。最大斑块所占面积的大小决定着区域景观中的优势物种，并且对内部物种丰富度也有重要作用；其值的变化可以反映人类活动的趋势以及被环境干扰的程度。

生态系统服务功能价值：是指人类直接或间接从生态系统中得到的利益，这里直接体现的是海绵城市建设给人类带来的良好的生态环境，以及间接向区域整体提供的服务。

（三）响应（R）指标

景观破碎度：景观破碎度在区域景观异质性中具有重要的作用，是指区域景观被割裂的程度。这里则反映了海绵城市建设前后景观斑块的分离程度。

降雨量：作为表征气候状况的响应指标。区域生态系统健康程度会对区域整体气候产生影响，当区域生态系统健康状况处于健康水平时，区域气候趋于稳定，各项气候指标正常，降雨量为重要的气候指标之一。

三、综合评价模型

（一）熵值法

熵值法是一种在环境评价中常见的数学方法，在构建好的指标体系中，可以应用熵值法得出某指标的离散程度。指标的离散程度与其在整个评价体系中的影响成正比。在本章中，通过熵值法对各指标的影响度进行计算，进而得出各项指标在本评价体系中的权重。在用熵指法计算权重时，应该先对数据进行标准化处理。

由于每个指标所用的量纲和单位不同，在综合计算时无法直接比较、计算，因此在计算各指标权重之前，需要对其进行标准化处理。

当指标对于评价内容为正向指标时，其标准化公式为：

$$x'_{ij} = \frac{x_{ij} - x_{j, \min}}{x_{j, \max} - x_{j, \min}} \tag{4-1}$$

当指标对于评价内容为负向指标时，其标准化公式为：

$$x'_{ij} = \frac{x_{j, \max} - x_{ij}}{x_{j, \max} - x_{j, \min}} \tag{4-2}$$

将数据标准化之后，再计算各个指标的权重，其计算公式为：

$$w_j = \frac{g_j}{\sum_{j=1}^{p} g_j} \tag{4-3}$$

式中，w_j 为第 j 个指标所占的权重；g_j 为差异系数（由相关运算得出）。

（二）综合指数法

从国内外研究现状可知，近些年越来越多的学者利用综合指数模型研究生态环境问题。综合指数的计算公式为：

$$X = \sum_{i=1}^{n} W_i X_i \tag{4-4}$$

式中，X 为评价对象最后的综合评价值；W_i 为第 i 项评价指标所得出的指标权重；X_i 为标准化处理后的数值；n 为评价指标的数量。

四、健康等级划分标准

在参考和借鉴国内外的城市生态系统健康评价标准之后，按照城市生态系统健康综合评价得分的高低，由低到高排序反映城市生态系统健康状况从劣到优的等级变化，最终在评价天津中新生态城城市生态系统健康时分为病态、不健康、亚健康、健康、很健康 5 个健康等级。具体划分标准见表 4-2。

表 4-2　城市生态系统健康评价等级

健康等级	病态	不健康	亚健康	健康	很健康
综合评价得分范围	$0 < X \leqslant 0.20$	$0.20 < X \leqslant 0.40$	$0.40 < X \leqslant 0.60$	$0.60 < X \leqslant 0.80$	$0.80 < X \leqslant 1$
系统特征	城市生态系统组织结构极不合理,功能极不完善,活力较低,外界压力极大,处于严重恶化状态	城市生态系统组织结构存在缺陷,功能不完善,活力较弱,外界压力很大,系统开始出现退化现象	城市生态系统组织结构比较合理,功能完整性、活力性一般,外界压力较大,稳定性尚可,处于可维持状态	城市生态系统组织结构比较合理,功能比较完善,活力较强,外界压力较小,稳定性较高,处于可持续状态	城市生态系统组织结构十分合理,功能极其完善,活力极强,外界压力极小,稳定性极高,处于可持续状态

第二节　天津中新生态城环境背景研究

一、概况

（一）中新生态城的地理位置

天津中新生态城是由中国和新加坡两国政府共同建设的战略性合作项目。中新生态城的建设显示出了中新两国政府应对全球气候变化、加强环境保护、节约资源和能源的决心，为资源节约型、环境友好型社会的建设提供积极的探讨和典型示范。占地超过 $30km^2$ 的中新生态城未来将被建设成人与自然和谐发展的生态社区。

天津中新生态城处于天津滨海新区经济圈核心位置，紧靠天津港，与天津和唐山的距离接近，与北京遥相呼应，具有良好的经济区位条件。但该地区自然区位条件较差，土地、植被、环境和水生态方面都存在较大问题。在经过一段时间的新型城镇模式建设后，天津中新生态城于 2013 年开始进行海绵城市建设。在海绵城市建设理念的指导下，经过近几年的投资开发，天津中新生态城在绿色、宜居等方面均取得了较好的建设效果。在第一轮海绵城市建设周期完成之际，对中新生态城的海绵城市建设效果进行综合评价，将对海绵城市的下一步规划建设提供重要的参考价值，为探寻新型城市发展提供发展方向。

（二）中新生态城海绵城市建设效果评价的社会需求

在海绵城市建设不断深入发展的背景下，中新生态城的海绵城市建设成果成为众多专家学者关注的重点。经过多年的建设发展，中新生态城已经具备较为完整的城市功能，海绵城市理念在中新生态城得到了广泛的应用，但中新生态城的海绵城市建设结果还未得到全方位的评价。对海绵城市建设下的中新生态城城市生态系统健康做出的定量分析与评价的结果，是中新生态城进行下一步海绵城市建设的重要参考依据。在国外，城市生态系统健康已经有了一定程度的发展，受到各个国家政府和相关部门的高度重视。在中国，随着城市建设模式的不断优化发展，相继提出了不同的城市环境建设目标。这些不同的城市建设目标，其实质追求都是城市生态系统的健康发展。生态系统健康评价可以对未来中新生态城海绵城市建设规划和发展发挥重要的指导作用，其相关研究将不断得到重视。

（三）中新生态城海绵城市建设效果评价的技术需求

对天津市中新生态城海绵城市建设进行调查研究，根据天津市中新生态城的城市生态环境现状，选取适合区域实情的海绵城市建设效果评价模型、方法，对影响海绵城市建设效果的因素进行探究。从而在今后的规划建设中，对中新生态城进行更加科学的开发建设，并为探究海绵城市建设下的城市发展提供参考性建设案例，使未来天津市海绵城市的建设在满足居民对美好居住环境日益增长的需求的同时，也使城市生态文明得到长足发展。

二、基础信息提取

（一）研究区地表景观分类

在充分分析土地利用现状的基础上，借鉴城市用地常用分类，参照已有的土地利用类型分类方法，结合天津中新生态城的地区建设的实际情况，并且对遥感影像可分辨的最小图斑面积以及人工判读的可能性等方面的问题进行了综合考虑，将生态城内的土地利用类型分为 5 种，分别为：建设用地、植被（包括林地、草地）、耕地、水体和未利用地。

（二）数据来源

1.遥感数据源

选取了 Landsat 卫星所拍摄的天津滨海地区 2013 年和 2018 年这两年的 ETM（增强型专题制图仪）影像数据，各景观影像的分辨率均符合研究需求，云层的覆盖率均小于 5%。

2.非遥感数据源

为了辅助研究区的遥感影像分类，收集了 2013 年和 2018 年的天津中新生态城土地利用现状矢量数据、天津中新生态城地形图、天津中新生态城行政区划图、天津中新生态城土地利用规划数据及野外调查数据等。

（三）监督分类

1.遥感影像预处理

首先将天津中新生态城的地形图进行扫描，并应用 ArcGIS 软件进行相关的处理，从而建立起统一的投影坐标系。

2.最佳波段组合分析

遥感影像最佳波段组合的定量选择方法是按照信息量最大或者类间可分性最大的原则选择最佳的波段组合，合成信息量丰富的彩色图像，以利于目视解译，主要方法有：最佳指数因子法、熵值法、光谱距离法等。其中最佳指数因子法（OIF）同时考虑了波段的信息量以及相关性这两个波段组合重要特征，使研究者理解更为直观，其计算方法对于研究者也相对简单，因此常用于波段组合选择中，本章对研究区的 ETM 影像最佳波段组合将采用最佳指数因子法。

在参考已有的研究后发现，研究滨海地区生态系统健康的问题时，采用 B3、B4、B5 波段组合而合成的遥感假彩图其 OIF 值为最佳，因此本章也将借鉴其最佳波段组合，采用 B3、B4、B5 作为天津中新生态城的土地利用分类基本信息源，利用软件合成假彩图后进行监督分类。

3.监督分类

首先对合成后的 ETM 影像进行非监督分类，创建分类模板，参考天津滨海新区土地利用类型分类系统的解译标志，从而以更贴合研究区实际的方式选择训练样本并对模板进行修改，然后用修改后的模板进行监督分类，结合前期收集的土地利用现状数据、生态城地形图数据和野外调查数据等非遥感影像资料对监督分类的结果进行人工目视解译，经过处理后最终得到两个时相的分类结果。天津中新生态城 2013 年、2018 年土地利用类型分布分别如图 4-1、图 4-2 所示。

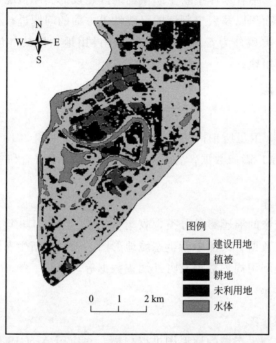

图 4-1　天津中新生态城 2013 年土地利用类型分布图

三、指标参数提取

（一）压力指数

1.土地利用强度

$$\text{LUI} = \sum_{i=1}^{n} (A_i C_i)/A \tag{4-5}$$

式中，LUI 为土地利用强度；A_i 为研究区范围内的第 i 种土地利用类型面积；A 为研究区范围的面积；C_i 为第 i 种土地利用类型所占的指标权重。土地利用强度方面，本章根据生态城的建设现状，选择建设用地和耕地作为土地利用强度压力指数的提取对象，其指标权重分别为 1.0 和 0.5。土地利用强度压力指数计算结果见表 4-3。

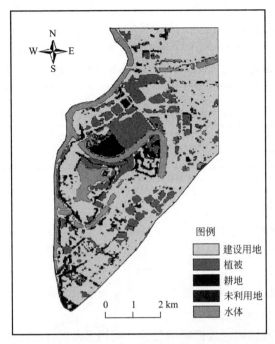

图 4-2 天津中新生态城 2018 年土地利用类型分布图

表 4-3 压力指数提取结果

年份	压力指数提取结果		
	土地利用强度	路网密度/km⁻¹	人为压力指数
2013 年	0.687286	0.279691	0.696274
2018 年	0.661031	0.310492	0.685450

2.路网密度

$$\rho_{\text{road}} = \sum_{i=1}^{n} l_i / S \tag{4-6}$$

式中，ρ_{road} 为路网密度；l_i 为生态城内第 i 条道路的长度；S 为整个生态城的面积。其中道路数据由生态城路网矢量数据结合遥感解译数据叠加统计而得。路网密度压力指数计算结果见表 4-3。

3.人为压力指数

人为压力是指在人类活动的干扰下，地表景观原始组分的自然性逐渐降低。不同类型和不同强度的人类干扰，所造就的景观组分类型也不尽相同，因此，生态城内各景观类型面积比例的组合可以反映出人类活动对地表景观的影响程度，具体可用人为压力指数（HAI）进行表征，计算公式为：

$$\text{HAI} = \sum_{i=1}^{n} A_i P_i / \text{T}_A \tag{4-7}$$

式中，HAI 为生态城的人为压力指数；n 为景观组分类型数量；A_i 为生态城内第 i 类景观的总面积；P_i 为第 i 类景观的人为影响强度参数，不同景观组分类型人为影响强度参数见表 4-4；T_A 为生态城地表景观的总面积。在此利用陈浮和李杨帆等的 Leopold 矩阵法和 Delphi 打分法计算各种土地利用/覆被类型的人为影响强度参数，本书取其平均值（表 4-4）。人为压力指数计算结果见表 4-3。

表 4-4　不同景观组分类型人为影响强度参数

景观组分类型	耕地	林地	草地	城镇建设用地	水体	未利用地
人为影响强度参数	0.55	0.10	0.23	0.95	0.115	0.075

注：表中的耕地包括水田和旱地，交通用地属于城镇建设用地。

（二）状态指数

1. 景观多样性指数

$$SHDI = -\sum_{i=1}^{m}[p_i \ln(p_i)] \tag{4-8}$$

式中，SHDI 为景观多样性指数；p_i 为包含第 i 种类型斑块的景观所占比例；m 为研究区景观斑块类型的总数。

将研究区内的遥感解译数据栅格化后，利用 FRAGSTATS 景观格局计算软件对生态城的景观多样性指数进行计算，下述景观蔓延度指数和最大斑块所占面积指数的计算方法同理。景观多样性指数计算结果见表 4-5。

表 4-5　状态指数提取结果

年份	状态指数提取结果				
	景观多样性指数	河网密度/km⁻¹	景观蔓延度	最大斑块所占面积	生态系统服务功能价值/10⁴ 元
2013 年	1.1915	0.017848	49.2527	54.3657	114.3129
2018 年	1.1648	0.023334	48.3787	56.7547	157.5909

2. 河网密度

$$\rho_{river} = \sum_{i=1}^{n} l_i / S \tag{4-9}$$

式中，ρ_{river} 为河网密度；l_i 为生态城内第 i 条河流的长度；S 为整个生态城的区域面积。其中河流数据由天津中新生态城河网矢量数据结合遥感解译数据叠加统计所得。河网密度指数计算结果见表 4-5。

3. 景观蔓延度

$$CONTAG = 1 + \frac{\sum_{i=1}^{m}\sum_{k=1}^{m}\left[(p_i)\left(\dfrac{g_{ik}}{\sum_{k=1}^{m}g_{ik}}\right)\right]\left[\ln(p_i)\left(\dfrac{g_{ik}}{\sum_{k=1}^{m}g_{ik}}\right)\right]}{2\ln m} \tag{4-10}$$

式中，CONTAG 为景观蔓延度；p_i 为第 i 类型景观斑块面积百分比；m 为研究区景观斑块类型的总数目；g_{ik} 为第 i 类型景观斑块和第 k 类型景观斑块毗邻的数目。景观蔓延度指数的计算结果见表 4-5。

4. 最大斑块所占面积

$$LPI = \frac{\max(a_1, \cdots, a_n)}{A} \times 100 \tag{4-11}$$

式中，LPI 为最大斑块所占面积；a 为研究区内的景观类型最大斑块面积；A 为生态城总面积。最大斑块所占面积计算结果见表 4-5。

5. 生态系统服务功能价值

$$V = \sum_{i=1}^{n} (v_i A_i) \tag{4-12}$$

式中，V 为生态城城市生态系统服务功能总价值，元；v_i 为第 i 类景观单位面积的生态系统服务功能价值，元/($km^2 \cdot a$)，见表 4-6；A_i 为第 i 类景观的面积，km^2。

欧阳志云等在综合生态系统各类服务功能的基础上，对中国各类型生态系统的总服务功能价值进行了估算，并列出了平均值、低值和高值 3 个等级的服务功能价值。考虑到天津中新生态城的地理区位，这里选取其研究结果的平均值，估算生态系统服务功能价值，计算结果见表 4-5。

表 4-6　不同景观类型单位面积的生态系统服务功能价值

单位：10^4 元/($km^2 \cdot a$)

景观类型	林地	草地	耕地	水体	城镇建设用地	未利用地
单位面积生态系统服务功能价值	24.424	16.614	6.532	0.947	0	0

（三）响应指数

1. 景观破碎度

景观破碎度（PD）：又被称为景观斑块密度，用来表示单位面积上的斑块数量，景观破碎度指数可以用来反映景观状态，此处直接由 ArcGIS 提取。结果见表 4-7。

2. 降雨量

降雨量：天津中新生态城降雨量的指标数值主要参考滨海新区降雨量，数据来源于统计年鉴和其他统计资料。计算结果见表 4-7。

表 4-7　响应指数提取结果

年份	响应指数提取结果	
	景观破碎度/km^{-2}	降雨量/mm
2013 年	11.0083	525.3
2018 年	15.0381	602.9

第三节　数据处理与分析

一、数据标准化

采用极差标准化方法，对天津中新生态城 2013 年和 2018 年城市生态系统健康评价的各项指标数据进行标准化，使各项指标数据的值都在 0～1 范围内。得到的标准化处理后的数据见表 4-8。

表 4-8　标准化指标值

年份	土地利用强度	路网密度	人为压力指数	景观多样性指数	河网密度	景观蔓延度	最大斑块所占面积	生态系统服务功能价值	景观破碎度	降雨量
2013 年	1	0.90	1	1	0.76	1	0.96	0.73	0.51	0.86
2018 年	0.96	1	0.98	0.96	1	0.98	1	1	0.68	1

二、计算权重

利用熵值法求得天津中新生态城城市生态系统健康评价各指标的权重，各项指标的权重见表 4-9。

表 4-9　指标权重确定结果

评价准则	权重	评价指标	权重
压力(P)	0.19	土地利用强度	0.32
		路网密度	0.47
		人为压力指数	0.21
状态(S)	0.65	景观多样性指数	0.21
		河网密度	0.23
		景观蔓延度	0.15
		最大斑块所占面积	0.16
		生态系统服务功能价值	0.25
响应(R)	0.16	景观破碎度	0.39
		降雨量	0.61

三、综合评价

（一）综合指数计算

本章基于 PSR 模型构建指标体系，运用熵值法确定权重，利用综合指数模型对生态城的城市生态系统健康的各分项指标和综合指标进行计算，得到各自的综合评价指数，结果见表 4-10。

表 4-10　天津中新生态城城市生态系统健康指数

年份	综合得分	分项指标得分		
		压力	状态	响应
2013 年	0.59	0.56	0.23	0.38
2018 年	0.78	0.67	0.32	0.42

（二）评价结果

以本章健康等级的划分标准为依据，根据综合指数计算结果，得到 2013 年和 2018 年天津中新生态城城市生态系统的健康等级状况，见表 4-11。

表 4-11　天津中新生态城城市生态系统健康等级

年份	健康等级
2013 年	亚健康
2018 年	健康

四、生态城海绵城市建设效果影响因素分析

（一）分项指标分析

1. 压力分析

基于 PSR 模型中对"压力"的解释，在城市生态系统健康评价中"压力"主要是指直接施加于自然生态系统使其健康状态发生变化的原因，以此反映城市生态系统承载的压力的大小或人类向其索取的程度。主要受土地利用强度、城市发展状况以及基础设施建设情况影响。在评价指标体系中压力是负指标，因此压力指标值越小，城市生态系统所承载的压力越大，对城市生态系统健康的贡献率越低。

对比海绵城市建设开始年份（2013 年）和海绵城市第一个建设周期即将结束年份（2018 年）评价结果可知，在这期间天津中新生态城城市生态系统健康面临的人为压力和土地利用压力逐渐增大。一方面，城市发展建设对城市自然生态系统造成破坏和干扰，另一方面，也是更主要的是土地利用强度对其健康的影响。土地利用强度反映研究区的开发与利用情况，是影响城市生态系统健康的重要因素。在海绵城市的建设背景下，天津中新生态城的开发主要包括城市居住区建设、城市基础设施建设、商业开发和农田建设等。

2. 状态分析

基于 PSR 模型中对"状态"的解释，在城市生态系统健康评价中"状态"是指系统在各种压力下的现实表现，反映生态系统所处的健康状况及发展趋势，主要是各项压力指标作用的结果，也是海绵城市建设者作出响应措施的参考依据。因此，状态指标在城市生态系统健康评价中占有重要位置。从天津中新生态城的地域特点出发，其城市生态系统健康的状态主要受其生态环境状况和城市景观的稳定程

度两方面因素影响。

对比 2013 年和 2018 年的评价结果可以看出，在这期间天津中新生态城的城市生态系统所处的健康状况整体上有所转好。从生态环境角度分析，河网密度对城市生态系统的健康为正向指标，其数值变大表明生态环境质量有所改善，海绵城市的生态建设有了一定的效果。从景观格局角度出发，整个景观的多样性指数为负向指标，其数值减小表明城市景观格局状态有所改善，海绵城市的景观规划建设有了提升改变；同时最大斑块所占面积和生态系统服务功能价值这两个正向指标有较为明显的上升，表明在海绵城市建设下的城市生态系统显示出了更大的生态价值，海绵城市所提倡的生态宜居的建设愿景在这里得到了体现；但景观格局状态中的景观蔓延度指数有所下降，这表明景观的连续性有所减小，天津中新生态城在这期间进行了大量的开发建设，其景观蔓延度不可避免会受到影响，但景观蔓延度指数在状态指标中的权重为最低，其数值的下降对整个状态指标的得分影响不大。

3.响应分析

基于 PSR 模型中对"响应"的解释，在城市生态系统健康评价中"响应"是指研究区海绵城市的开发建设者根据城市生态系统状态的情况而作出的响应措施，用来描述在其生态健康发生变化时的人为反应措施的效果，同时也反映城市生态系统的生产能力和恢复力等。本章选取景观破碎度和降雨量为状态指标，用以表征天津中新生态城城市生态系统在响应措施的实施下，城市自然景观的保持恢复力和气候的调节反馈。

对比 2013 年和 2018 年评价结果可知，在这期间研究区的城市生态系统响应指标整体有所上升。降雨量指标为正向指标，其权重较大且有明显的上升，影响了整个响应指标的定量计算结果；景观破碎度指标为负向指标，其数值的上升表明海绵城市建设的响应措施在部分方面还有所不足，但其指标权重较小，没有改变响应指标整体上升的趋势。从城市自然景观状况分析，在海绵城市建设下，城市自然景观在发生着深刻的变化，海绵城市建设者在绿色生态的建设原则下进行城市的开发建设，在景观破碎化方面的响应措施虽然有所不足，但整体响应指标的上升表明景观破碎度是在较为合理的范围内增加。与此同时，海绵城市建设者通过改善地区小气候等其他的响应措施调控了不足的部分。

（二）地表景观变化分析

在对 2013 年和 2018 年的遥感影像进行处理之后，通过对比，可以发现天津中新生态城的地表景观在这期间发生了较大的变化。从 2013 年到 2018 年，天津中新生态城的耕地减少，建设用地增加，同时植被（包括林地和草地）和水体所占面积也有较为明显的增加。从生态学的角度对天津中新生态城的地表景观变化情况进行分析，在耕地减少、建设用地增加的情况下，区域生态质量应呈现下降的趋势。但中新生态城这期间的城市建设，是在新型城镇发展模式下加入海绵城市的建设理念进行了一系列的建设发展，在减少了生态价值较好的耕地面积的情况下，增加了生态价值更高的植被用地与水体，地表景观这期间的总体变化在生态方面的表现协调综合，整体上趋于良好。与此同时，在快速增加的建设用地里，其建设手法也与传统城市建设有所不同，中新生态城的建设始终将生态理念贯穿其中，使得其建设用地不仅仅是传统意义上生态价值较低的地表景观类型，对于区域整体城市生态状况影响较小。因此，地表景观的变化与最终的城市生态系统健康状况评价结果，也恰恰表明了天津中新生态城的海绵城市建设取得了较好的效果。

（三）总体分析

研究结果表明天津中新生态城的城市生态系统健康现状已经达到较为良好的状态。从 2013 年到 2018 年，天津中新生态城的城市生态系统健康状况已经由亚健康的状态提升到健康的水平，城市生态系统健康建设取得了一定的成果。其间健康指数共上升了 18%，表明海绵城市建设效果在定量分析结果上是良好的，海绵城市建设提升了天津中新生态城的城市生态系统健康水平。

从评价指标体系来看，压力、状态、响应的目标权重分别为 0.19、0.65 和 0.16。即状态指标对天津中新生态城的城市生态系统健康的影响最大，压力指标和响应指标对其的影响则稍小。作为海绵城市建设的试点区，天津中新生态城一直在生态宜居理念下进行开发建设，生态建设在可视范围内取得了较好的效果，因此状态指标也成为分析城市生态系统健康状况的重点指标，其变化结果对城市生态系统健康状况有着较大的影响。

从指标计算的结果来看，到 2018 年，状态指标变化幅度较大，是天津中新生态城的城市生态系统健康水平上升的主要影响因素。这主要是由于天津中新生态城作为天津市海绵城市建设的试点区域，在经历了近一轮的海绵城市建设后，天津中新生态城的地表景观发生了较大的变化，在建设效果明显的人工生态干预下，状态指标的定量计算结果也呈现出良好的变化趋势。压力指标的上升没有影响最终城市生态系统健康状况有所上升的结果，这表明了天津中新生态城的开发建设得到了较为科学的上层规划调控，同时在海绵城市的建设理念下，天津中新生态的城市生态系统健康压力状况较为可控，海绵城市的建设效果也可从中得出侧面的反映。同时，响应指标的上升表明，在天津中新生态城的建设中，建设者通过运用海绵城市的建设措施，使得区域整体的响应机制发挥了较好的作用，反映出研究区海绵城市的建设效果较好。

在进行新的城市开发建设时，城市生态系统健康状况会受到更多因素的共同影响。天津中新生态城的城市生态系统健康的评价是一个复杂的结果，在其快速建设的阶段，状态指标因素成为影响海绵城市建设效果的主要因素。

在本章中，天津中新生态城海绵城市建设效果由其城市生态系统健康评价结果反映，在对其指标进行总体分析时，海绵城市的建设理念始终贯穿其中。天津中新生态城作为天津市海绵城市的试点区域，其开发建设多采用生态的手法，与传统的城市建设相比，其建设方法对自然生态系统影响较小且对生态系统具有一定的修复作用，状态指标较高的权重和指标数据的明显提升，使其成为影响海绵城市建设效果的主要因素，并与压力指标、响应指标相互联系，进行内外的有机协调，共同影响海绵城市的建设效果。

第四节　评价方法的适宜性分析

一、评价方法总结

基于"压力-状态-响应"框架，建立海绵城市建设效果影响因素评价体系的方法，依托年鉴数据及遥感影像，运用熵值法/综合指数法构建评价模型，对研究区城市生态系统进行健康评价，从而探究海绵城市建设效果影响因素，并对其进行分析。该方法具有以下特征。

（1）扩展了城市生态系统健康评价的领域

海绵城市的建设效果在生态方面的体现较为明显，在探究其建设效果时选取了较多的景观生态指标，并利用与城市生态紧密相关的城市生态系统健康评价构建出海绵城市建设效果影响因素研究体系，研究体系中的指标选取也更多地考虑海绵城市建设的特点。PSR框架在研究体系中的应用，使得海绵城市建设效果影响因素的研究更为系统科学。在方法可操作、满足区域特征、具有动态反应和内容科学系统的原则下，基于PSR框架选取了10个评价指标，构建天津中新生态城海绵城市建设效果评价模型指标体系。这一研究思路充分利用了城市生态系统健康评价的优势。

（2）采用3S技术和相关软件实现了对海绵城市建设前后景观指标的提取

海绵城市建设前后的景观指标从已有研究和相关资料中较难获取，运用3S技术能够对各类研究区进行指标提取，对难以获取的景观指标数据，能够较好地做到灵活提取，这对于研究海绵城市建设的相关课题，具有较好的参考价值。

（3）采用熵值法/综合指数法实现城市生态系统健康评价模型的构建

采用熵值法建立了指标权重框架，计算出各项指标的权重，利用综合指数法构建模型，对研究区的城市生态系统进行健康评价。在参考了国内外城市生态系统健康的评价标准后，按照健康综合评价的结果值由高到低进行排序，把城市生态系统健康水平分为很健康、健康、亚健康、不健康、病态5个等级。

评价结果表明：天津中新生态城城市生态系统现阶段为健康水平，海绵城市建设取得了较好的效果，状态指标成为影响海绵城市建设效果的主要因素。

二、评价方法的不足之处

在PSR框架下，基于ArcGIS对天津中新生态城海绵城市建设效果进行了评价，以此探究影响其建设效果的因素及原因。该方法虽然有较为明显的优点，但同时也存在部分问题，有待下一步探讨和研究。

（1）指标选取方面，由于研究区域建成时间较短，许多数据难以获取或缺乏科学性，导致建立的评价指标体系在一定程度上并不完善。例如物种多样性及 LID 设施效率方面等指标没有收集到相关数据，所以并未对其进行选取。理论上应该将更多相关的代表性指标纳入指标体系。这一点是海绵城市客观建设现状的限制，但现阶段确实影响到了此方法的研究效果。

（2）在数据提取上，由于能够获得的遥感影像质量和分辨率精度有限，加之海绵设施与区块的面积较小，目视解译必然存在一定程度的主观判断，在解译过程中会存在一定程度上的解译误差。这一点是利用遥感影像提取参数的显著缺陷，但目前有相关研究采用无人机获取精度在 3m 左右的影像，或许指明了这一方法的改进方向。

第五章　天津解放南路海绵
试点区建设效果评价

第一节　评价采用的主要方法

一、数据包络分析法

1978 年，运筹学家和经济学家 Chame 与 Cooper 等提出了相对效率概念，这一概念引出了一种新的效率评价方法——DEA（数据包络分析法）。该方法实质是运用规划模型比较决策单元（DMU）之间的相对效率，每个决策单元均是相对独立的，它们有相同的性质特征，地位平等。但该方法有时会出现多个决策单元同时处于生产前沿面的情况，无法进一步评价和比较。为了弥补传统 DEA 的这一缺陷，Andersen 和 Peterson（1993）基于投入导向提出了"超效率"模型，将有效的 DMU 的生产前沿面后移，对于无效的 DMU，其效率值不变，从而对有效的 DMU 进行完全排序。

由此建立以下模型：

$$s.t. \begin{cases} \min\theta \\ \sum_{i=1,i\neq j}^{n} x_i\lambda_i + S^- = \theta x_j \\ \sum_{i=1,i\neq j}^{n} y_i\lambda_i - S^+ = y_i \\ S^- \geqslant 0, S^+ \geqslant 0 \\ \lambda_i \geqslant 0, i=1,2,\cdots,n \end{cases} \tag{5-1}$$

式中　x——投入变量；

　　　y——产出变量；

　　　θ——超效率值，当超效率值 $\theta > 1$ 表明该 DMU 极有效或无可行解，当 $\theta < 1$ 表明该 DMU 未达到有效；

S^-——投入松弛变量；

S^+——产出松弛变量；

λ——有效 DMU 中的组合比例，用来判别决策单元规模收益的情况：$\Sigma\lambda<1$、$\Sigma\lambda=1$、$\Sigma\lambda>1$ 分别表示规模效益递增、规模效益不变和规模效益递减。

目前 DEA 方法已延伸出众多扩展模型，包括 CCR、BCC、ST、FG 等经典模型，本章采用带有非阿基米德无穷小量的 BCC 模型。

二、Malmquist 指数法

Malmquist 指数法是一种计算全要素生产率的非参数方法，1982 年 Caves 等将其应用到生产理论当中，称其为 Malmquist 生产率指数。该指数不需要价格资料，可测度基于时间序列的面板数据，并且可以把引起全要素生产率变化的原因分为技术进步变化与技术效率变化两个层面。Malmquist 指数模型如公式（5-2）所示：

$$\text{TFP} = M^{t,t+1} = (M^t \times M^{t+1})^{1/2} = \left[\frac{D^t(x^{t+1}, y^{t+1})}{D^t(x^t, y^t)} \times \frac{D^{t+1}(x^{t+1}, y^{t+1})}{D^{t+1}(x^t, y^t)} \right]^{1/2}$$

（5-2）

式中，TFP 为全要素生产率；M 为 Malmquist 指数；(x^t, y^t) 和 (x^{t+1}, y^{t+1}) 分别为 t 期和 $t+1$ 期的投入产出关系，投入产出关系从 (x^t, y^t) 向 (x^{t+1}, y^{t+1}) 的变化就是生产率的变化；D^t 和 D^{t+1} 分别为 t 期和 $t+1$ 期的产出距离函数。若 TFP>1，表示生产率呈上升趋势；若 TFP<1，表示生产率呈下降趋势。在固定规模报酬（CRS）假定下可将 Malmquist 指数分解为技术效率变化（EC）与技术进步变化（TC）。EC 度量产出是否向最优生产边界靠近，若 EC>1，表示 t 至 $t+1$ 期间 DMU 效率提高，反之则降低；TC 度量技术水平提高与否，即生产前沿面是否移动，若 TC>1，表示 DMU 技术进步，反之则表示技术后退。

$$M_c^{t,t+1} = \frac{D_c^{t+1}(x^{t+1}, y^{t+1})}{D_c^t(x^t, y^t)} \times \left[\frac{D_c^t(x^t, y^t)}{D_c^{t+1}(x^t, y^t)} \times \frac{D_c^t(x^{t+1}, y^{t+1})}{D_c^{t+1}(x^{t+1}, y^{t+1})} \right]^{1/2} = (\text{EC} \times \text{TC})^{1/2}$$

（5-3）

由于公式（5-3）是在 CRS 条件下分解得到的，无法判断规模经济对生产率的贡献程度，而在可变规模报酬（VRS）条件下，可将技术效率变化指数（EC）进一步分解为纯技术效率指数（pech）和规模效率指数（sech），如公式（5-4）所示。若 pech>1，表示纯技术效率上升，反之则表示下降；若 sech>1，表示规模效率上升，反之则表示下降。

$$M_{v,c}^{t,t+1} = \frac{D_v^{t+1}(x^{t+1}, y^{t+1})}{D_v^t(x^t, y^t)} \times \left[\frac{\dfrac{D_v^t(x^t, y^t)}{D_c^t(x^t, y^t)}}{\dfrac{D_v^{t+1}(x^{t+1}, y^{t+1})}{D_c^{t+1}(x^{t+1}, y^{t+1})}} \right] \times$$

$$\left[\frac{D_c^t(x^t,y^t)}{D_c^{t+1}(x^t,y^t)} \times \frac{D_c^t(x^{t+1},y^{t+1})}{D_c^{t+1}(x^{t+1},y^{t+1})} \right]^{1/2} = (\text{pech} \times \text{sech} \times \text{TC})^{1/2} \quad (5\text{-}4)$$

第二节 评价指标体系的构建思路

一、研究区域的分区思路

为了能够客观、全面地反映天津解放南路试点区海绵设施生态效率的情况，同时考虑到研究区域的大小以及实际建设情况，最终确定将解放南路试点区域的排水分区作为 DEA 模型的 DMU。解放南路试点区内按照排水系统可分为 7 个雨水排水分区，分别是浯水道排水分区、洞庭路排水分区、解放南路排水分区、郁江道排水分区、复兴门排水分区（陈塘分区）、太湖路排水分区、大沽南路排水分区。本章选取排水分区为解放南路试点区域生态效率测算的决策单元，分别测算各个决策单元的生态效率。

二、评价指标体系的构建思路

根据 DEA 模型对指标选取的要求，结合试点区海绵城市建设要求以及生态效率特性，本章选取了 2 个投入指标和 1 个产出指标，构建了解放南路试点区域的指标体系，如表 5-1 所示。

表 5-1 指标体系

变量指标	生产函数投入变量	变量描述
投入指标	建设投入	建筑与小区项目投入
		道路与广场项目投入
		公园与绿地项目投入
		水系整治与生态修复项目投入
		雨水管网建设项目投入
		排水防洪项目投入
		监测与管控能力建设项目投入
	运行维护投入	绿地、透水设施等运行维护资本投入
产出指标	生态效率	地表水水质
		温度

选取的指标体系主要包括两个方面，一是投入指标，二是产出指标。投入指标主要为建设投入指标，分别是建筑与小区项目投入、道路与广场项目投入、公园与绿地项目投入、水系整治与生态修复项目投入、雨水管网建设项目投入、排水防洪

项目投入、监测与管控能力建设项目投入等；产出指标主要包括海绵设施建设后带来的生态效率指标，主要为地表水水质。

由于海绵城市建设的投入不仅仅是初期的建设投入，还包括后期的运行维护投入，为研究后期的运行维护成本是否对该研究试点区有较大影响，本章在投入指标里加入运行维护成本，对该研究试点区进行相对生态效率的测算，与未加入运行维护成本的相对生态效率进行对比分析，探究运行维护成本对研究试点区相对生态效率的影响。

第三节　评价采用的数据处理方式

本章将运用 DEAP2.1 软件对数据进行处理分析，根据 DEA-BCC 模型对时间序列数据进行静态分析，分析结果包含决策单元的技术效率（综合效率 crste）、纯技术效率（vrste）、规模效率（scale）、规模报酬情况等，再根据 Malmquist 指数模型对面板数据进行动态分析，分析结果包含技术效率变化指数（effch）、技术进步指数（techch）、纯技术效率变化指数（pech）、规模效率变化指数（sech）、全要素生产率指数（tfpch）。

（1）生态效率静态结果分析说明

① 技术效率（综合效率）是 DMU 在一定条件下（最优规模时）投入要素的生产效率。综合技术效率＝纯技术效率×规模效率。如果处于生产前沿的条件下，即是技术有效的（综合技术效率＝1）。在本章中技术效率（综合效率）水平为试点区区域的生态效率水平，生态效率水平受其区域纯技术效率和规模效率两方面因素影响。

② 纯技术效率是指在既定的投入下实现了产出的最大化，或者在既定的产出下实现了投入最小化。纯技术效率受制度与管理水平的影响。若纯技术效率＝1，表示在目前技术水平条件下，其投入资源的利用是有效率的。基于本章对海绵城市设施建设的生态效率研究，纯技术效率主要受海绵城市建设实施的管理政策以及技术水平的影响。

③ 规模效率是指在制度和管理水平一定的前提下，现有规模与最优规模之间的差异。规模效率是受规模因素影响的生产效率，反映实际规模与最优生产规模的差距。本章规模效率水平主要受试点区各分区海绵设施建设规模情况的影响。

④ 规模报酬情况是指当所有投入成本都按同样的比例增加时，这种增加会对总产出量产生影响。规模报酬递增是指当所有生产要素投入同比例增加时，产出量的增加比例大于生产要素投入增加的比例；若其产出量按同比例增加，则为规模报酬不变；若其产出量的增加比例小于生产要素投入增加的比例，则为规模报酬递减。

（2）生态效率动态结果分析说明

① 全要素生产率是指生产单位作为系统中的各个要素的综合生产率，区别于要素生产率（如技术生产率），是一个系统的总产出量与全部生产要素真实投入量之比。全要素生产率的增长率仅能用来衡量所有纯技术进步的生产率的增长（有型生产要素除外）。本章中全要素生产率区别于技术效率（综合效率），指区域中动态生态效率的变化水平，主要受区域技术进步及规模效率的变化影响。

② 技术进步率是指全要素生产率的增长。所谓纯技术进步包括规模经济、组织管理等方面的改善，所以又称为非具体化的技术进步。

第四节　研究区域概况

一、研究区位置

解放南路试点区规划范围为东至微山路、南至外环线、西至解放南路、北至海河，规划总用地面积为 $16.7km^2$。周边有文化中心、梅江会展中心、梅江居住区、天钢柳林城市副中心等重要地区。

二、研究区用地现状

解放南路地区位于天津市南部，主要集中于解放南路以东、海河以南地区，兴建于 20 世纪 50 年代，曾是天津市著名工业区，聚集了轧一钢铁、电机总厂、市工具厂、市化工机械厂、陈塘庄热电厂等著名工业企业，为当时天津市经济发展做出过巨大贡献。随着时间的推移，城市建设、经济社会发展不断加快，特别是天津市工业东移战略的实施，位于解放南路老工业区的一些企业陆续迁出或停产，使该工业区逐步走向没落。

解放南路海绵城市建设试点区整体为老城区改造区，区内已建区约 $13km^2$。其中南部起步区及复兴河片区已基本完成更新或已出让，共约 $7.04km^2$，其余待改造老城区、老工业区约 $6km^2$。

解放南路试点区土地利用情况如图 5-1 所示。

三、研究区汇水分区

解放南路试点区共涉及三条河道，分别为海河、复兴河和长泰河，属于海河干流水系。

解放南路试点区内共分为 7 个雨水排水分区，分别是浯水道排水分区、洞庭路排水分区、解放南路排水分区、郁江道排水分区、复兴门排水分区（陈塘分区）、太湖路排水分区、大沽南路排水分区（图 5-2）。雨水经提升后分别排入卫津河、海河、复兴河和长泰河。

图 5-1　解放南路试点区土地利用图

图 5-2　解放南路试点区
雨水排水分区图

第五节　研究区域生态效率评价

一、生态效率静态分析

（一）原始数据分析

　　本节选取解放南路试点区 2016—2018 年数据对试点研究区进行测算，根据建立的指标体系，收集数据。

　　根据指标体系，本节总结了解放南路试点区域 2016—2018 年各个项目的资本投入，2016—2018 年的地表水质以及气温变化数据。为了了解海绵城市建设对城市热岛效应的影响，本节选取了 2016—2018 年三年六月份最高气温的平均值。天津解放南路研究试点区域海绵城市建设关键控制指标包括年 SS 总量的去除率，故本节选取了研究试点区域 2016—2018 年地表水中 SS 含量数据为研究数据。根据模型所需对数据进行整理分析，最后所得数据如表 5-2 及图 5-3、图 5-4 所示。

表 5-2　2016—2018 年六月份平均气温

年份	六月份平均气温/℃
2016 年	31.50
2017 年	30.97
2018 年	31.50

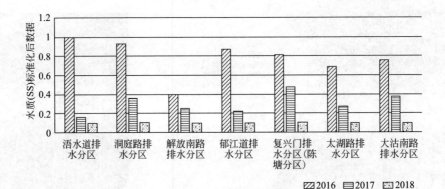

图 5-3　2016—2018 年水质数据对比图

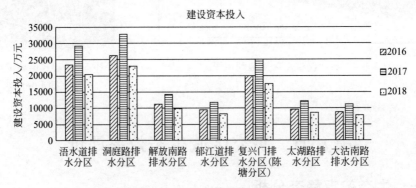

图 5-4　2016—2018 年建设资本投入对比图

根据原始数据对比可以看出，研究试点区域三年内气温变化不明显，但是可以看出水中 SS 含量有明显变化，从 2016 年到 2018 年明显减少，实现了年 SS 总量去除率达到 65% 以上的规划目标。由此可见，海绵城市建设对地表水水质有明显的改善作用。研究试点区建设从 2016 年到 2018 年，估算投资 342700 万元，其中2016 年建设资本投入约为 106700 万元，约占总投资的 31%；2017 年建设资本投入约为 138900 万元，约占总投资的 41%；2018 年建设资本投入约为 97100 万元，约占总投资的 28%。

（二）生态效率静态分析

通过 DEAP 2.1 软件将上述投入产出指标数据代入 DEA-BCC 模型对数据进行

分析测算，测得解放南路试点区 2016—2018 年各年间的技术效率（综合效率 crste）、纯技术效率（vrste）、规模效率（scale）、规模报酬情况等数据如表 5-3～表 5-5 所示。

表 5-3 2016 年各分区生态效率

决策单元	技术效率（综合效率）	纯技术效率	规模效率	规模报酬情况
浯水道排水分区	0.468	1.000	0.468	drs
洞庭路排水分区	0.382	0.586	0.652	drs
解放南路排水分区	0.785	0.785	1.000	—
郁江道排水分区	1.000	1.000	1.000	—
复兴门排水分区（陈塘分区）	0.457	0.457	1.000	—
太湖路排水分区	0.911	0.911	1.000	—
大沽南路排水分区	1.000	1.000	1.000	—

注：drs 为 DMU 处于规模报酬递减阶段；—为 DMU 处于规模报酬不变阶段。

表 5-4 2017 年各分区生态效率

决策单元	技术效率（综合效率）	纯技术效率	规模效率	规模报酬情况
浯水道排水分区	0.380	0.380	1.000	—
洞庭路排水分区	0.338	0.338	1.000	—
解放南路排水分区	0.785	0.785	1.000	—
郁江道排水分区	0.950	0.950	1.000	—
复兴门排水分区（陈塘分区）	0.609	1.000	0.609	drs
太湖路排水分区	0.911	0.911	1.000	—
大沽南路排水分区	1.000	1.000	1.000	—

注：drs 为 DMU 处于规模报酬递减阶段；—为 DMU 处于规模报酬不变阶段。

表 5-5 2018 年各分区生态效率

决策单元	技术效率（综合效率）	纯技术效率	规模效率	规模报酬情况
浯水道排水分区	0.431	0.480	0.898	drs
洞庭路排水分区	0.419	0.594	0.705	drs
解放南路排水分区	0.785	0.785	1.000	—
郁江道排水分区	0.983	0.983	1.000	—
复兴门排水分区（陈塘分区）	0.597	1.000	0.597	drs
太湖路排水分区	1.000	1.000	1.000	—
大沽南路排水分区	1.000	1.000	1.000	—

注：drs 为 DMU 处于规模报酬递减阶段；—为 DMU 处于规模报酬不变阶段。

　　如表 5-3 所示，2016 年研究试点区的生态效率总体水平较低，且从各个分区情况来看，各分区的综合效率差异较大，其中只有郁江道排水分区和大沽南路排水分区的综合效率达到 1，生态效率实现 DEA 有效，说明这两个分区的投入产出达到相对最优。其他分区的综合效率均小于 1，从这些分区的纯技术效率和规模效率来看，其中浯水道排水分区是由于规模效率无效导致 DEA 无效，说明该分区的生产规模和投入产出结构不相符，应合理调整其投入产出规模以实现 DEA 有效；而剩下的分区中，除了洞庭路排水分区是在规模效率和纯技术效率的双重抑制下导致 DEA 无效，不仅需要调整规模效率还需要进一步改进其要素配置才可能实现 DEA 有效外，其他分区均是由于其纯技术效率问题造成的 DEA 无效，需要改进其海绵设施要素配置以实现其区域 DEA 有效。另外，由于浯水道排水分区、洞庭路排水分区的规模效率无效导致这两个 DMU 的规模效率处于递减阶段。从规模报酬情况来看，大部分分区处于规模报酬不变阶段，仅有两个分区处于规模报酬递减阶段，由此可见，浯水道排水分区和洞庭路排水分区的投入产出规模存在很大问题。

　　如表 5-4 所示，2017 年研究试点区的生态效率总体水平依旧较低，且从各个分区情况来看，各分区的综合效率差异仍然较大。随着建设资本投入的增加，2017 年只有大沽南路排水分区的综合效率达到 1，生态效率实现 DEA 有效。其他分区的综合效率均小于 1，从这些分区的纯技术效率和规模效率来看，其中复兴门排水分区（陈塘分区）是由于规模效率无效导致 DEA 无效，导致该 DMU 的规模报酬处于递减阶段，说明该分区的生产规模和投入产出结构不相符，应调整其投入产出规模以实现其 DEA 有效；而剩下的分区中均是由于其纯技术效率问题造成的 DEA 无效，需要进一步改进其海绵设施要素配置以实现其区域 DEA 有效。从规模报酬情况来看，大部分分区依旧处于规模报酬不变阶段，仅复兴门排水分区（陈塘分区）处于规模报酬递减阶段，进一步说明其分区投入产出规模存在很大问题。

　　如表 5-5 所示，2018 年研究试点区的生态效率总体水平依旧较低，且从各个分区情况来看，各分区的综合效率差异仍然较大。2018 年的总体情况和 2016 年较为相似，只有大沽南路排水分区和太湖路排水分区的综合效率达到 1，生态效率实现 DEA 有效。其他分区的综合效率均小于 1，从这些分区的纯技术效率和规模效率来看，其中复兴门排水分区（陈塘分区）是由于规模效率无效导致 DEA 无效，说明该分区的生产规模和投入产出结构不相符，应调整其规模结构以实现其 DEA 有效；浯水道排水分区和洞庭路排水分区是在规模效率和纯技术效率的双重抑制下导致 DEA 无效，不仅需要调整规模效率还需要进一步改进其要素配置才可能实现 DEA 有效；剩下的分区均是由于其纯技术效率问题造成的 DEA 无效，需要改进其海绵设施要素配置以实现其区域 DEA 有效。另外，浯水道排水分区、洞庭路排水分区和复兴门排水分区（陈塘分区）的规模效率无效导致这两个 DMU 的规模效率处于递减阶段。从规模报酬情况来看，部分分区处于规模报酬不变阶段，部分分区处于规模报酬递减阶段，和 2016 年、2017 年一样，依旧没有规模报酬递增的分区。由此可见，该试点区投入产出规模存在很大问题，投入冗余，产出不足。

根据表 5-3～表 5-5 可以看出，大沽南路排水分区从 2016—2018 年每一年的 DEA 均达到有效值，说明该分区的投入产出达到相对最优，该分区海绵设施建设的资源配置较为合理；而浯水道排水分区和洞庭路排水分区的综合效率较低且远低于平均水平，说明这两个分区的投入产出结构非常不平衡，资源配置非常不合理，投入产出规模不合理。

根据表 5-6，解放南路研究试点区海绵城市建设的三年间，其总体生态效率较低，仅为 0.723，且没有一年达到 DEA 有效。从分解情况来看，解放南路试点区域的纯技术效率和规模效率均未达到有效值，说明在这期间该区域的生产规模和投入产出不相符。结合试点区建设现状，推测该试点区生态效率水平较低的原因可能是建设资本一次性投入较多，但实际建设情况和预期不符，造成生态收益未达到预期水平；且大部分生态收益的实现较为缓慢（如热岛效应的减缓），需要经过长时间的净化、改善过程等。

表 5-6　2016—2018 年研究区生态效率

年份	技术效率(综合效率)	纯技术效率	规模效率
2016 年	0.715	0.820	0.874
2017 年	0.710	0.766	0.944
2018 年	0.745	0.835	0.886
平均值	0.723	0.807	0.901

二、生态效率动态分析

利用 DEAP 2.1 软件测算解放南路试点区于 2016—2018 年各 DMU 生态效率的全要素生产率，分析得到研究试点区分年份和各 DMU 的全要素生产率及构成情况，如表 5-7～表 5-9 所示。

表 5-7　2016—2017 年各分区生态效率

决策单元	effch	techch	pech	sech	tfpch
浯水道排水分区	0.812	0.490	0.380	2.135	0.398
洞庭路排水分区	0.885	0.490	0.577	1.534	0.433
解放南路排水分区	1.000	0.762	1.000	1.000	0.762
郁江道排水分区	0.950	0.490	0.950	1.000	0.465
复兴门排水分区（陈塘分区）	1.332	0.429	2.188	0.609	0.572
太湖路排水分区	1.000	0.543	1.000	1.000	0.543
大沽南路排水分区	1.000	0.517	1.000	1.000	0.517

注：effch 为技术效率变化指数；techch 为技术进步指数；pech 为纯技术效率变化指数；sech 为规模效率变化指数；tfpch 为全要素生产率指数。

表 5-8 2017—2018 年各分区生态效率

决策单元	effch	techch	pech	sech	tfpch
浯水道排水分区	1.133	0.433	1.262	0.898	0.491
洞庭路排水分区	1.238	0.213	1.755	0.705	0.264
解放南路排水分区	1.000	0.310	1.000	1.000	0.310
郁江道排水分区	1.036	0.330	1.036	1.000	0.342
复兴门排水分区（陈塘分区）	0.981	0.198	1.000	0.981	0.194
太湖路排水分区	1.098	0.276	1.098	1.000	0.303
大沽南路排水分区	1.000	0.230	1.000	1.000	0.230

注：effch 为技术效率变化指数；techch 为技术进步指数；pech 为纯技术效率变化指数；sech 为规模效率变化指数；tfpch 为全要素生产率指数。

表 5-9 研究区相对生态效率

年份	effch	techch	pech	sech	tfpch
2016—2017 年	0.987	0.524	0.894	1.104	0.517
2017—2018 年	1.066	0.275	1.141	0.934	0.293
平均值	1.026	0.379	1.010	1.015	0.389

注：effch 为技术效率变化指数；techch 为技术进步指数；pech 为纯技术效率变化指数；sech 为规模效率变化指数；tfpch 为全要素生产率指数。

　　如表 5-7 所示，2016—2017 年各 DMU 全要素生产率（tfpch）均小于 1，由此可见各分区生态经济效率的全要素生产率降低。全要素生产率指数由技术效率变化指数及技术进步指数共同作用形成。从技术效率变化和技术进步角度分析，各 DMU 的技术效率变化指数大多处于不变阶段，从数值上来看，各 DMU 全要素生产率（tfpch）差异较大的原因是各 DMU 的技术进步水平不同，且由于技术进步水平较低，导致各 DMU 全要素生产率（tfpch）水平较低。

　　如表 5-8 所示，2017—2018 年的全要素生产率（tfpch）降低，与 2016—2017 年情况较为相似，由此可以看出在海绵城市建设期间，研究区技术进步水平依旧较低，技术进步没有得到足够的重视。

　　根据表 5-9，2016—2018 年解放南路试点区生态经济效率的全要素生产率（tfpch）平均值仅为 0.389，平均每年降低 61.1%，且随着海绵城市设施建设资本的投入，全要素生产率（tfpch）下降明显。根据技术效率变化指数和技术进步指数情况，各 DMU 的技术效率变化指数平均每年上升 2.6%，虽然上升不明显，但可以看出其区域技术转化效率水平较为稳定，满足区域需求；而各 DMU 的技术进步指数每年下降 62.1%，由此可见，各 DMU 全要素生产率（tfpch）较低的主要原因是各 DMU 技术进步水平较低，随着成本投入，却没有得到应有的收益。结合试点区建设情况，推测可能是因为在 2017—2018 年新建区域建设的 LID 设施整体技术含量偏低，还有部分区域未达到建设标准。

三、加入运维成本后的再评价

（一）运维成本获取方法

解放南路试点区建成以后，海绵城市一次性的建设成本投入趋近于零，而运维成本开始逐渐增加，成本的结构发生了很大变化，纳入运维成本分析更加精确；随着海绵城市建成投入运行的年份增加，理论上运维成本的数值会越来越大，和建成初期的生态效率做比较，可以看出运维成本对整体生态效率的影响。对纳入运维成本前后的区域生态效率进行分析，可以为区域海绵城市后期管理策略的完善提供更多数据支持。

本书收集的运行维护成本投入主要是绿地和透水铺装的运行维护投入。为获取成本数据，本节以天津市解放南路试点区所在区域遥感影像作为数据源，利用遥感技术提取绿地覆盖面积及透水铺装建设面积。结合解放南路试点区域的实际情况，数据获取来源以研究区的遥感影像为底图，根据影像上地物截取几何形状、黑白阴影对比、色差对比度、纹理深浅对比、位置前后差距等特征，利用 ArcGIS 软件提取研究区绿地覆盖面积以及透水铺装建设面积。

（二）运维成本分析

解放南路海绵城市试点区域的建设成本除了建设资本投入，还有一部分投入是主要用于海绵设施如绿地、透水铺装的运行维护成本投入。以解放南路试点区海绵城市建设项目建设进度以及海绵设施运行维护规范为依据，本节根据上述方法提取的绿地面积以及透水铺装面积，计算得到 2016—2018 年试点区各 DMU 运行维护成本。

如图 5-5 所示，解放南路海绵城市试点区 2016—2018 年的运维成本投入整体呈现上升趋势，尤其 2018 年洞庭路排水分区的运维成本投入较之前有明显增加。根据解放南路试点区海绵城市建设项目建设进度表可以发现，其分区运维成本投入较其他分区明显增多的原因是该分区有较多海绵设施建设完成。

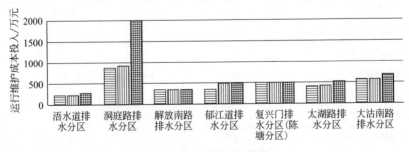

图 5-5　2016—2018 年运行维护成本投入对比图

如图 5-6 所示，解放南路试点区域各分区的运行维护成本远小于其建设资本投入。

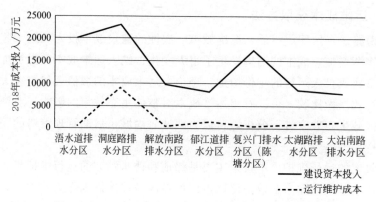

图 5-6　2018 年运行维护成本与建设资本投入对比图

（三）生态效率静态分析

通过 DEAP 2.1 软件，将纳入运行维护成本投入后的投入产出指标数据代入 DEA-BCC 模型对数据进行分析测算，测得解放南路试点区 2016—2018 年各年间的技术效率（综合效率 crste）、纯技术效率（vrste）、规模效率（scale）、规模报酬情况等数据如表 5-10～表 5-12 所示。

如表 5-10 所示，加入运维成本投入后，2016 年研究试点区的生态效率总体水平依旧较低，且从各个分区情况来看，各分区的综合效率差异较大，其中只有郁江道排水分区和浯水道排水分区的综合效率达到 1，生态效率实现 DEA 有效，说明这两个分区的投入产出达到相对最优。而其他分区的综合效率均小于 1，从这些分区的纯技术效率和规模效率来看，各分区的纯技术效率均达到 1，而规模效率无效则是影响各分区综合效率的主要因素，说明这些分区的生产规模和投入产出结构不相符，应调整其规模结构以实现其 DEA 有效。

表 5-10　加入运维成本投入后 2016 年各分区生态效率

决策单元	技术效率(综合效率)	纯技术效率	规模效率	规模报酬情况
浯水道排水分区	1.000	1.000	1.000	—
洞庭路排水分区	0.918	1.000	0.918	irs
解放南路排水分区	0.382	1.000	0.382	irs
郁江道排水分区	1.000	1.000	1.000	—
复兴门排水分区(陈塘分区)	0.820	1.000	0.820	irs
太湖路排水分区	0.769	1.000	0.769	irs
大沽南路排水分区	0.871	1.000	0.871	irs

注：irs 为 DMU 处于规模报酬递增阶段；—为 DMU 处于规模报酬不变阶段。

如表 5-11 所示，加入运维成本投入后，2017 年研究试点区的生态效率总体水平依旧较低。从各个分区情况来看，各分区的综合效率差异较大，最低的仅有0.181，只有复兴门排水分区（陈塘分区）和大沽南路排水分区的综合效率达到1，生态效率实现 DEA 有效，说明这两个分区的投入产出达到相对最优。而其他分区的综合效率均小于 1，从这些分区的纯技术效率和规模效率数值来看，各分区的纯技术效率均达到 1，由此可见规模效率无效则是影响各分区综合效率的主要因素，说明这些分区的生产规模和投入产出结构不相符，应调整其规模结构以实现其DEA 有效。

表 5-11　加入运维成本投入后 2017 年各分区生态效率

决策单元	技术效率(综合效率)	纯技术效率	规模效率	规模报酬情况
浯水道排水分区	0.181	1.000	0.181	irs
洞庭路排水分区	0.685	1.000	0.685	irs
解放南路排水分区	0.511	1.000	0.511	irs
郁江道排水分区	0.462	1.000	0.462	irs
复兴门排水分区（陈塘分区）	1.000	1.000	1.000	—
太湖路排水分区	0.616	1.000	0.616	irs
大沽南路排水分区	1.000	1.000	1.000	—

注：irs 为 DMU 处于规模报酬递增阶段；—为 DMU 处于规模报酬不变阶段。

如表 5-12 所示，加入运维成本投入后，2018 年研究试点区的生态效率总体水平依旧不高，从各个分区情况来看，各分区的综合效率差异没有之前明显。依旧只有两个分区实现 DEA 有效，说明这两个分区的投入产出达到相对最优。而其他分区的综合效率均小于 1，从这些分区的纯技术效率和规模效率来看，各分区的纯技术效率均达到 1，而规模效率无效则是影响各分区综合效率的主要因素，说明这些分区的生产规模和投入产出结构不相符，应调整其规模结构以实现其 DEA 有效。

表 5-12　加入运维成本投入后 2018 年各分区生态效率

决策单元	技术效率(综合效率)	纯技术效率	规模效率	规模报酬情况
浯水道排水分区	0.844	1.000	0.844	irs
洞庭路排水分区	0.922	1.000	0.922	irs
解放南路排水分区	0.835	1.000	0.835	irs
郁江道排水分区	0.950	1.000	0.950	irs
复兴门排水分区（陈塘分区）	1.000	1.000	1.000	—
太湖路排水分区	1.000	1.000	1.000	—
大沽南路排水分区	0.919	1.000	0.919	irs

注：irs 为 DMU 处于规模报酬递增阶段；—为 DMU 处于规模报酬不变阶段。

如表 5-13 所示，解放南路研究试点区海绵城市建设的这三年间，总体生态效率较低，平均值仅为 0.795，且没有一年达到 DEA 有效。从分解情况来看，解放南路试点区域规模效率未达到有效值，说明在这三年里该区域的生产规模和投入产出结构不相符。

表 5-13　加入运维成本投入后 2016—2018 年研究区生态效率

年份	技术效率（综合效率）	纯技术效率	规模效率
2016 年	0.823	1.000	0.823
2017 年	0.637	1.000	0.637
2018 年	0.924	1.000	0.924
平均值	0.795	1.000	0.795

结合试点区实际建设情况以及试点区建设方案，推测出现该情况的原因与上文类似，即建设资本一次性投入较多，但实际建设情况和预期不符，造成生态收益未达到预期水平；且大部分生态收益见效较为缓慢（如热岛效应的减缓），需要经过长时间净化、改善等。

（四）生态效率动态分析

利用 DEAP 2.1 软件测算解放南路试点区加入运维成本投入后 2016—2018 年各 DMU 生态效率的全要素生产率，分析得到研究试点区分年份和各 DMU 的全要素生产率及构成情况，如表 5-14～表 5-16 所示。

如表 5-14 所示，加入运维成本投入后的 2016—2017 年试点区生态效率的全要素生产率（tfpch）仍然小于 1，最低的仅有 0.152。全要素生产率由技术效率及技术进步共同作用形成。从技术效率和技术进步角度分析，各 DMU 的技术效率变化指数差异较大，技术进步水平整体较低，造成各 DMU 全要素生产率（tfpch）差异较大且各 DMU 整体全要素生产率（tfpch）降低。

表 5-14　加入运维成本投入后 2016—2017 年各分区生态效率

决策单元	effch	techch	pech	sech	tfpch
浯水道排水分区	0.181	0.421	1.000	0.181	0.076
洞庭路排水分区	0.747	0.431	1.000	0.747	0.322
解放南路排水分区	1.337	0.363	1.000	1.337	0.485
郁江道排水分区	0.462	0.329	1.000	0.462	0.152
复兴门排水分区（陈塘分区）	1.220	0.414	1.000	1.220	0.506
太湖路排水分区	0.802	0.337	1.000	0.802	0.270
大沽南路排水分区	1.148	0.328	1.000	1.148	0.377

注：effch 为技术效率变化指数；techch 为技术进步指数；pech 为纯技术效率变化指数；sech 为规模效率变化指数；tfpch 为全要素生产率指数。

如表 5-15 所示，加入运维成本投入后的 2017—2018 年试点区生态效率的全要素生产率（tfpch）降低，且较 2016—2017 年降低更为明显。从技术效率和技术进步角度分析，各 DMU 的技术效率变化指数差异依旧较大，较 2016—2017 年相比有所提升；各 DMU 的技术进步水平整体依旧较低，且与之前相比下降幅度很大。根据前文对运行维护成本投入的分析可以得知，2018 年较前两年投入明显增加，但是技术水平的提高不明显，这也是各 DMU 的技术进步水平骤降的原因。

表 5-15　加入运维成本投入后 2017—2018 年各分区生态效率

决策单元	effch	techch	pech	sech	tfpch
浯水道排水分区	4.658	0.026	1.000	4.658	0.120
洞庭路排水分区	1.345	0.025	1.000	1.345	0.033
解放南路排水分区	1.633	0.031	1.000	1.633	0.050
郁江道排水分区	2.058	0.032	1.000	2.058	0.067
复兴门排水分区（陈塘分区）	1.000	0.027	1.000	1.000	0.027
太湖路排水分区	1.623	0.032	1.000	1.623	0.053
大沽南路排水分区	0.919	0.033	1.000	0.919	0.030

注：effch 为技术效率变化指数；techch 为技术进步指数；pech 为纯技术效率变化指数；sech 为规模效率变化指数；tfpch 为全要素生产率指数。

如表 5-16 所示，2016—2018 年解放南路试点区生态效率的全要素生产率（tfpch）平均值仅为 0.113，平均每年降低 88.7%，且随着海绵城市设施建设资本的投入，全要素生产率（tfpch）下降明显。从技术效率变化指数和技术进步指数情况来看，各 DMU 的技术效率变化指数平均每年上升 0.8%，虽然上升不明显，但可以看出区域技术转化效率水平较为稳定，满足区域需求；而各 DMU 的技术进步指数每年下降 89.4%，由此可见，造成各 DMU 全要素生产率（tfpch）较低的主要原因是各 DMU 技术进步水平较低，随着成本投入，却没有得到应有的收益。结合试点区建设情况，推测可能是因为在 2017—2018 年新建区域建设的 LID 设施整体技术含量偏低，还有部分区域未按照预期达到建设标准。

表 5-16　加入运维成本投入后研究区相对生态效率

年份	effch	techch	pech	sech	tfpch
2016—2017 年	0.713	0.372	1.000	0.713	0.266
2017—2018 年	1.636	0.029	1.000	1.636	0.048
平均值	1.080	0.104	1.000	1.080	0.113

注：effch 为技术效率变化指数；techch 为技术进步指数；pech 为纯技术效率变化指数；sech 为规模效率变化指数；tfpch 为全要素生产率指数。

四、评价结果比较研究

对天津解放南路海绵城市试点区加入运维成本前后的生态效率数据进行对比分析，如表 5-17 所示。

表 5-17 加入运维成本投入前后的全要素生产率对比

全要素生产率(tfpch)	2016—2017 年	2017—2018 年	平均值
仅建设资本投入	0.517	0.293	0.389
建设资本投入＋运维成本投入	0.266	0.048	0.113

根据表 5-17，加入运维成本后的全要素生产率（生态效率）较之前降低很多，且随着运维成本投入的逐年增加，全要素生产率（生态效率）水平显著下降。由此可以看出，运行维护成本投入对试点区海绵城市生态效率有较大影响，且随着运行维护成本投入的逐年增加，对其区域海绵城市生态效率的影响越来越大。

五、结论

通过 DEA-Malmquist 指数法，对天津解放南路海绵城市试点区 2016—2018 年建设期间的生态效率进行静态和动态评价，并对加入海绵城市建设运行维护成本后的生态效率进行对比分析，结果如下：

① 从静态评价来看，天津解放南路海绵城市试点区在 2016—2018 年建设期间的总体生态效率水平较低，平均值仅为 0.723，总体呈现 DEA 无效状态，纯技术效率和规模效率对其抑制作用大致相当。各分区的综合效率虽然有所差异，但大多数都表现为 DEA 无效。2016—2018 年水质有明显的提升，根据数据分析结果可以看出，海绵城市建设所带来的生态效益远小于建设资本投入，由此可见，天津解放南路试点区总体生态效率水平较低的原因可能为试点区管理模式、技术水平以及规模经济水平等因素。

② 从动态评价来看，天津解放南路海绵城市试点区在 2016—2018 年建设期间全要素生产率总体水平较低且呈现下降趋势，经过对数据处理结果的分析，发现技术进步水平较低是造成该地区全要素生产率较低的主要原因，因而试点区全要素生产率降低可以认为是技术进步率降低。所谓纯技术进步包括规模经济、组织管理等方面的改善。由此可见，天津解放南路海绵城市建设试点区的资源利用效率较低，资源配置不合理。提高试点区的资源利用效率，也就是提高其技术进步率，应从规模经济、组织管理等方面的改善着手。

③ 通过对纳入海绵城市建设运维成本投入前后的生态效率的对比分析，可以看出，虽然海绵城市建设前期的运行维护成本投入远小于其建设资本投入，但运行维护成本投入对试点区域海绵城市生态效率水平仍然有较大影响，且随着海绵设施不断完成建设和投入运行，运行维护成本投入将会逐年增加，对其生态效率水平的影响将越来越大。随着后期一过性建设资本投入完全停止，运维成本随着设施更新而逐年上升，但由于建设资本投入远大于运维成本投入，试点区生态效率的变化可能呈现与建设期的三年完全不同的特征。

第六章 天津桥园湿地公园
建设效果评价

第一节 评价采用的主要方法

本章拟运用能值分析方法对天津桥园湿地公园的生态系统服务功能价值和输入能值进行估算，然后对估算的结果进行投入产出分析。根据 Odum 的能值理论，能值分析遵循实地调研、能量系统图的绘制、能值分析表的编制、能值综合指标体系的构建和计算与评估等几个步骤。因此，本章把桥园湿地生态系统服务功能能值分析过程分为以下几个步骤。

（1）资料收集

通过实地调研，收集桥园的自然环境和社会经济等各种相关资料，并从中提取有效资料。

（2）能量系统图的绘制

能量系统图绘制必须表明湿地生态系统的基本构成、分清湿地生态系统与外界系统的边界以及阐明湿地生态系统能量流动的主要方向，并且在确定湿地生态系统与外界系统的边界时，应把湿地生态系统内的生态过程相关组分及其具体过程与外界系统的有关辅助成分用方框为边界隔开。

（3）能值分析表的编制

能值分析表将生态系统的各项服务功能转化成太阳能值或货币，其中包括各项生态系统服务功能的名称，各服务功能的能值转换率、能值/货币比率和货币价值。

（4）能值综合指标体系构建

通过对湿地生态系统的能值分析，能够推导出反映湿地生态系统各项能值特征的指标，从而构建能值综合指标体系。

（5）计算与评估

基于能值综合指标体系，收集相应投入与产出数据，经过计算转换为能值，从而对评价对象进行综合评估。

第二节　研究区域概况

一、自然条件概况

桥园位于东经 117°北纬 39°，属暖温带半湿润大陆性季风气候，季风显著，四季分明。年平均气温 11℃以上，地下水位很高，水系发达，土壤为盐碱地，有鱼塘若干。在盐碱地土壤上种植植物很困难，但桥园地面植物和湿地植物丰富，可以适应地下水位和 pH 值的变化。公园始建于 2006 年，达到城市园林一级绿化标准，属于国家 AAA 级景区，是天津市区最大的人造城市湿地公园。因位于河东区城市景观之门户卫国道立交桥边，故名"桥园"。公园占地面积 400 多亩，西北方向呈扇形展开，有一条河流和 23 个池塘，生态水域面积近 200 亩，绿化面积 205 亩，各类植物 130 余种，大部分物种适应天津的气候。桥园在"城市-自然"的设计理念指导下，旨在打造一个"生态时尚，亲近自然"的创意型市内郊野公园（如图 6-1）。

图 6-1　桥园内景

园内共有 16 座各式各样的桥，并在园内河流中心建有桥文化博物馆（如图 6-2），用来向游客展示桥梁历史文化和桥园生态景观设计理念。园内景观主要以"城市林带、湿地湖泊、疏林草地、沉床园带"等为主要构架，附以色彩斑斓、品种多样、错落有致的天津特色本地种，在城市中心形成独具特色的"郊野湿地"，亲近自然，野趣横生。园区内乔灌相拥、四季景美、河水蜿蜒、廊桥交错、林荫斑驳、草木繁盛，是繁华中的一片宁静，是休闲、度假的怡人佳境。

二、景观生态系统概况

桥园湿地生态系统的景观生态系统主要由城市林带、沉床园带、湿地湖泊和疏

前　　言

Android 作为一种开源的基于 Linux 的移动设备操作系统，主要应用于移动设备，如智能手机和平板电脑。Android 开发是指在 Android 平台上的应用开发，主要体现为移动应用 APP 的开发。在国内智能手机市场当中，Android 操作系统始终占据了王者位置。随着移动应用 APP 渗入到我们生活的每一个细节，信息化时代的发展给我们的生活和工作带来了无限的便利。

伴随移动互联网的发展和国家"互联网+"战略的提出，共享经济改变了传统产业格局，提升了闲置资源配置和使用效率，开创了许多以互联网经济为基础的新业态。现代物流业也正处于由传统方式向共享物流转型升级的过渡期。在此背景下，本书以货运宝 APP 为例，以 Android APP 项目开发的整个流程为主线，从需求分析到原型设计，从功能模块的实现到性能测试，详细介绍了货运宝 APP 开发的全过程。

本书面向具有一定 Java 编程基础的读者，运用当下最流行的 Android Studio 开发环境，以共享货运 APP 的开发过程为指引，进行 Android 项目开发。首先，开发者应了解项目背景知识，并针对用户需求开展需求分析，以传统货运公司的货运需求与货车司机信息对接问题为切入点，设计系统功能与流程，将系统分为 APP 端和后台两部分。根据系统功能，APP 端又包括司机端和外勤端。同时，针对系统所涉及的数据进行必要的数据库设计。其次，开发者应根据系统的功能模块进行 UI 界面设计，包括欢迎界面、全局导航、交互设计等内容。工欲善其事，必先利其器，为了更好地完成 APP 开发，开发者应部署好 Android 开发环境，进行安装和环境配置等。再次，针对各个模块的设计与实现，开发者可以通过本书了解到 Android 项目的整体框架、注册登录、导航栏制作、页面切换、拍照上传、订单列表等功能的实现，以及微信支付、生成二维码、消息推送、百度地图等第三方 SDK 集成方法。最后，对 APP 的性能进行测试，至此完成 Android APP 项目开发的一整套流程。

本书联合专业公司专家及相关领域博士，融合了各自在"互联网+"及其相关领域的技术研究和实践经验，以共享货运为主线，针对 Android 基础、系统设计、UI 设计、系统实现等开发全过程，详细阐述了 Android APP 项目开发的各个实战环节，具体内容安排如下：

第 1 章介绍货运宝 APP 项目背景，包括共享经济、现代物流、共享货运等相关背景知识；

第 2 章介绍需求分析及系统设计，主要包括需求分析、系统功能与流程设计等软件开发前期工作；

第 3 章介绍系统 UI 的总体设计，包括欢迎界面、全局导航、交互设计、界面设计等关键技术；

第 4 章介绍 Android 开发环境的部署，包括 JDK 的安装及环境配置、Android Studio 的下载与安装等；

第 5 章介绍 Android 项目框架的搭建；

第 6 章介绍账户模块的设计与实现；

第 7 章介绍司机端 APP 的设计与实现；

第 8 章介绍外勤端 APP 的设计与实现；

第 9 章介绍相关第三方 SDK 集成，如二维码生成、微信支付 SDK、极光消息推送 SDK 等；第 10 章介绍 APP 功能与性能测试的几个阶段。

本书由梁琨、朱冰鸿任主编，郑灵芝、张翼英任副主编。梁琨、郑灵芝负责全书统筹工作并参与全部章节的编写工作，朱冰鸿、张翼英、尤平午对全书进行了审校。参与编写的人员还有吴超、张志远、闫子晴、刘飞、庞浩渊、何业慎、尚静、阮元龙等，在此一并表示感谢。

同时，感谢天津开发区沃思电子商务有限公司的大力合作，感谢中国水利水电出版社在本书出版过程中给予的大力支持，感谢石永峰编辑的指导与帮助。

希望本书能够对高等院校计算机专业及相关专业学生、软件开发相关人员、企事业单位相关人员等读者有所裨益。由于笔者水平及时间所限、各位编者编写风格各异，书中难免有不足之处，恳请广大专家和读者批评指正。

编　者

2018 年 9 月

目　　录

第 1 章　货运宝 APP 项目背景

共享货运物流系统借助移动终端简化了货运代理公司作的业流程，降低了发运成本，提升了物流运输的资源配置效率。开发人员了解共享经济的特点、现代货运代理的运营模式等背景知识对 Android 应用开发十分必要。本章主要介绍共享经济的基本概念、现代物流的运营模式与特征、共享货运物流系统背景等内容。

- 共享经济与现代物流
- 共享货运物流系统

1.1　共享经济与物流

物流是指为了满足客户的需求，以最低的成本，通过运输、保管、配送等方式，实现原材料、半成品、成品或相关信息由商品的产地到商品的消费地的计划、实施和管理的全过程。物流是一个控制原材料、半成品、成品和相关信息的系统，通过从供应开始经各种中间环节的转让及拥有而到达最终消费者手中的实物运动来实现组织的明确目标。互联网+共享经济为我国物流业的模式创新与降低成本的实现提供了良好的机会与平台。特别是移动智能终端（如智能手机）技术不断发展，让共享经济普及成为可能，如美国的共享出行 Uber、共享民宿 Airbnb，日本的共享停车场 Akippa，以及国内的滴滴出行和共享单车（mobike、ofo）等。共享经济以信息共享为平台基础，以多渠道通信为通道，以资源互补为目的，变得更加具有吸引力。现代物流以交通为渠道，以货品运输为目的，可以充分利用共享经济概念，开展和促进共享物流新模式。

1.1.1　共享经济

共享经济（Sharing Economy）一词最早由美国学者在 1978 年提出。共享经济主要倡导合作消费的模式，通过第三方平台进行信息物理共享，通过分享自身资源为其他个体和群体提供价值。根据 MBA 智库百科的定义，共享经济是指拥有闲置资源的机构或个人有偿让渡资源使用权给他人，让渡者获取回报，分享者利用分享自己的闲置资源创造价值。共享经济的本质是整合线下的闲散物品、劳动力以及各类资源。这种共享更多的是以互联网为媒介，使得人们公平享有社会资源，各自以不同的方式付出和受益，共同获得经济红利。它降低了原始投资成本，带动了万众创新的积极性，现在更可以借助智能手机等移动终端更迅速便捷地分享资产、资源、时间及技能等，为需求者提供及时的服务。从"占有"变为"共享"，这不仅使原有的生产消费模式发生改变，形成新的供需产业链，而且对整个社会的生产形态都深有影响。随着人们环保意识的增强，共享经济的巨大价值会深入到社会生活生产的方方面面，其核心是提高商品和服务的效用价值。

如今，共享经济正迅速成为社会服务行业内最重要的一股力量。在住宿、交通、教育服务、生活服务及旅游领域，优秀的共享经济公司不断涌现。从宠物寄养共享、车位共享到专家共享、社区服务共享及导游共享，甚至 WiFi 共享，共享经济的新模式层出不穷，在供给端整合线下资源，在需求端不断为用户提供更优质的体验。共享经济的普及与发展给人们的生活带来了极大的便利。共享经济（图 1-1）涵盖了软硬件共享、知识共享、物资共享以及交易共享等诸多方面，同时衍生出涉及出行、住宿、餐饮、教育、购物、金融等的各类在线应用平台，如滴滴出行、摩拜单车、美团、知乎等。

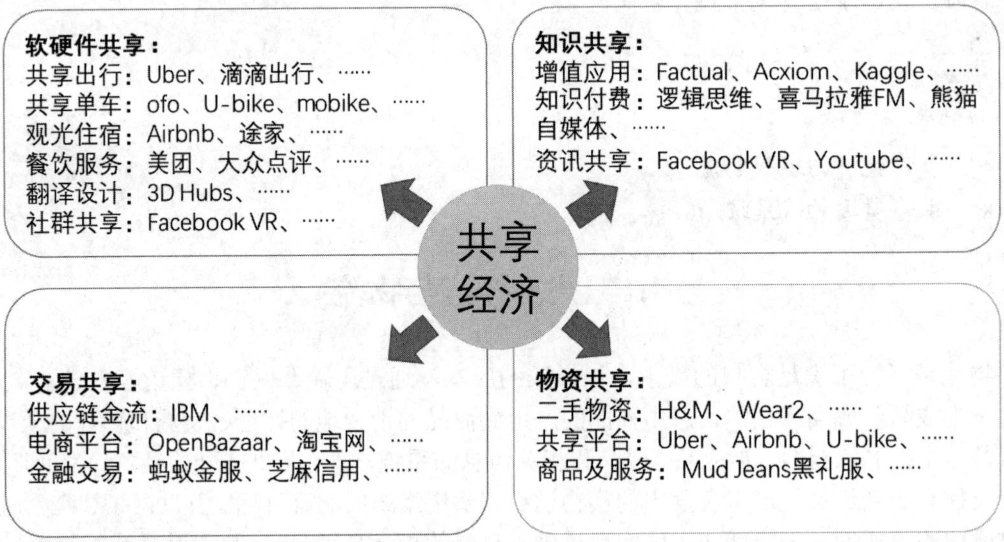

软硬件共享：
共享出行：Uber、滴滴出行、……
共享单车：ofo、U-bike、mobike、……
观光住宿：Airbnb、途家、……
餐饮服务：美团、大众点评、……
翻译设计：3D Hubs、……
社群共享：Facebook VR、……

知识共享：
增值应用：Factual、Acxiom、Kaggle、……
知识付费：逻辑思维、喜马拉雅FM、熊猫自媒体、……
资讯共享：Facebook VR、Youtube、……

共享
经济

交易共享：
供应链金流：IBM、……
电商平台：OpenBazaar、淘宝网、……
金融交易：蚂蚁金服、芝麻信用、……

物资共享：
二手物资：H&M、Wear2、……
共享平台：Uber、Airbnb、U-bike、……
商品及服务：Mud Jeans黑礼服、……

图 1-1　共享经济的新业态

1. 共享经济的组成

一是共享平台。共享平台是共享经济的核心问题，平台化的目标就是把资源聚集在平台上，利用资源集约的效应，把一群人聚在一起，同时提供需求供给匹配的服务。一边是海量闲置或盈余的资源，另一边是海量需要使用这些资源的人们，供和需在平台上无限循环，释放出惊人的能量。信息技术平台是共享经济的媒介。利用大数据、云计算等互联网技术能使交易双方的信息共享，降低交易成本。

二是闲置资源。共享经济使用的是闲置或盈余的资源，这也意味着共享经济成本比较低。例如，将空闲的房间在 Airbnb 平台上登记注册，将有机会租赁给来自世界各地的旅客。过去闲置的资源得到重复使用，并且可以带来经济效益。要挖掘怎样的资源可以被利用，闲置资源应具备充裕性、稀缺性、标准化三个特征。首先，闲置资源具有充裕性。只有总体充裕的资源，其被闲置或能盈余的概率才会高，才能够进行分享。其次，闲置资源具有稀缺性。该资源绝对充裕，但相对稀缺，即存在流动性稀缺与信息不对称稀缺的情况。再次，闲置资源应标准化。对资源还有一个要求，那就是标准化程度足够高，或者能将标准化程度做高。这是因为能快速扩张的一个前提是在不考虑进入新的市场的前提下，流程可以标准化，这样才能迅速复制业务模式，进行快速扩张。

　　三是用户规模。当平台建立之后，便需要持续地吸引用户，促进用户规模的增长。只有当用户达到一定的规模的时候，才能达到引爆点。这时候，大大降低了平台自身发展的不确定性，用户从其他地方转移过来的成本也大大降低。

　　共享经济的特质主要体现在成本低、建立连接和可持续性三个方面，它是信息革命发展到一定阶段后出现的新型经济形态，是适应信息社会发展的新理念。共享经济的特质如图 1-2 所示。

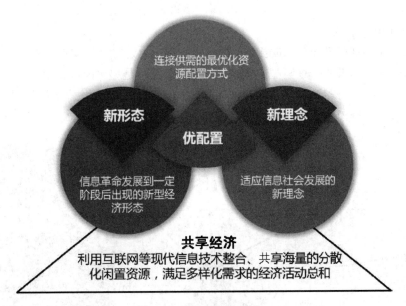

图 1-2　共享经济的特质

2. 共享经济的优势

　　共享经济的好处主要体现在资源的合理配置跟流通，减少一些不必要的浪费，让共享经济的双方都能从中获利。其优势具体有以下三个方面：

　　一是共享经济充分利用闲置资源。共享经济通过整合线下的闲散物品以及服务者，让他们以较低的价格提供产品或服务。除此之外，共享经济运用"闲置资源、闲置时间"模式降低其生产要素机会成本。对于供给方来说，他们暂时不用或者不想用的资源便属于闲置资源。共享经济致力于将这些闲置资源的信息汇总到信息平台，其他需要使用这些闲置资源的消费方通过平台了解资源的情况以选择可使用的资源，从而使得闲置资源得到有效配置。

　　二是共享经济可降低交易成本。共享经济通过变革产权，将商品的使用权与所有权分离，只需支付少量"使用权"的费用就可以达到本身的目的，从而产生"消费者剩余"。同时共享经济正在对以买为主的传统商业模式造成颠覆性影响，促使消费者不必再为了满足"使用"的需求而去购买商品，只需支付少量租赁成本即可。

　　三是共享经济可树立个人品牌。共享经济平台所提供的机制凸显了个人的品牌、信誉。供给方不再使用商业组织的头衔而直接面向顾客提供劳动或服务。他们在庞大的商业组织中，被忽视的能力和才华，可以通过共享经济平台得到进一步的发掘。而他们通过提供的优质、个性化的服务，获得了比在商业组织内更大的成就感、知名度。

总之，共享经济不仅实现了资源的充分利用，提高了同一件商品的价值，更为人类开创了一种全新的经济模式，全新的资源管理理念。共享经济是信息时代发展的产物，因为共享经济的关键组成部分——共享经济平台就是以互联网作为媒介来实现的。共享经济的出现代表着互联网的发展到达了一个新的高度，到达了一个新的层次。互联网已经由虚拟的网络世界开始走进人们的日常生活，开始与现实的物理世界互动，这也是人类在"互联网+"时代取得的新的突破。

1.1.2 现代物流

1. 现代物流的概念

现代物流（Modern Times Logistics）指的是将信息、运输、仓储、库存、装卸搬运以及包装等物流活动综合起来的一种新型的集成式管理，其任务是尽可能降低物流的总成本，为顾客提供最好的服务，如图 1-3 所示。我国许多专家学者则认为："现代"物流是根据客户的需求，以最经济的费用，将物质资料从供给地向需求地转移的过程。

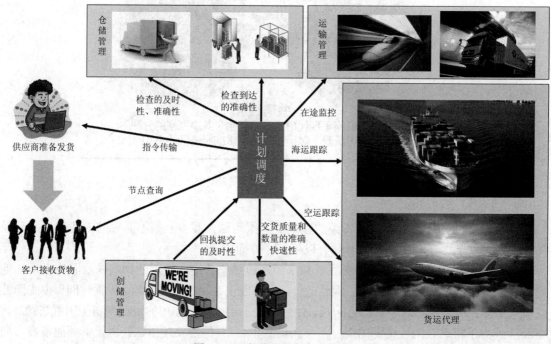

图 1-3　现代物流的任务及流程

2. 物流业存在的问题

（1）运输产能过剩。物流业的核心价值在于整合，企业通过组织整合、信息整合、平台整合、资源整合，充分利用资源，提高物流运输的质量和效益。但目前我国的物流企业小而散，排名前四位的第三方物流公司仅占中国物流市场份额的 2%，而美国物流公司前五强所占市场份额超过 60%。2016 年年末全国公路总里程为 469.63 万千米，高速公路里程为 13.10 万千米，全国物流运输中 77%是公路运输，但公路运输的空载率高达 40%，待配送时间高达 72 小时。可见我国物流运输整合资源的能力弱，存在严重的产能过剩问题。

（2）信息不对称。我国有 752 万户公路货运经营户，超过 90%为个体运输户，97.8%的经营户拥有货运车不足 5 辆。物流行业没有建立物流行业信息网络，货运信息和车辆信息不能共享，用户与公司的信息不对称，导致物流运输效率低。我国货运卡车平均每天驾驶 300 千米，是欧美国家驾驶里程的 1/3，平均下来每辆卡车每天运送有效时间为 3 小时。在我国，跨省快递一般 3 到 4 天送达，在美国快递大都是次日送达。供需双方的不能有效沟通阻碍了物流配送的高效进行。

（3）成本高。物流运输配送过程中有仓储、运输环节，每个环节都有物资占用和能源消耗。土地资源紧缺，一线城市地价普遍超过 80 万元/亩，物流用地、建设困难。汽油价格连年上涨，2017 年 9 月 15 日，第十八个成品油调价窗口开启，汽油、柴油价格每吨上涨 95 元。自 2010 年以来，劳动力成本每年增长 20%左右。近几年，国家大力整治环境问题，治理各种污染排放源头，产品生产成本增加，运输成本也水涨船高。物流配送各个环节的成本都在逐年提升，仅依靠资源投入不能有效提高运输效率。

3.　物流信息管理系统

物流信息管理系统是企业的物流管理包括第三方物流的信息管理系统，系统涉及仓储作业管理、运输及配载管理、财务管理、人力资源管理等内容。通过使用计算机技术、通信技术、网络技术等手段，建立物流信息化管理系统，以提高物流信息的处理和传递速度，使物流活动的效率和快速反应能力得到提高，提供更人性化的服务，并完善实时物流跟踪机制与减少物流成本。物流信息管理系统组成如图 1-4 所示。

图 1-4　物流信息管理系统组成

1.1.3　互联网+物流

“互联网+”作为新一代信息技术发展的综合体现，包含着较为广泛的技术体系。从物流业发展的需求来看，“互联网+”主要包含云计算、物联网、移动互联网、大数据、智能化以及区块链等。物流业作为国民经济的重要产业，对加快与“互联网+”融合发展有着多方面的内在需求。

作为经济快速增长的发展中国家，我国已名副其实地成为了全球物流大国。据国家发改委发布的《2015 年全国物流运行情况通报》的数据显示，2015 年全国社会物流总额达 219.2 万亿元，与 2010 年相比增长近 70%，物流业总收入达 7.6 万亿元，呈现出蓬勃发展的势头。据《中国居家大件物流行业大数据报告》的数据显示：2015 年我国物流行业中货车司机达 3000 万人，在用车辆 1450 万辆，从事物流活动的企业法人单位超 30 万家，物流从业人数逼近 9000 万，是增长最快的实体行业之一。对一个规模如此巨大、影响如此广泛的支柱行业，加快"互联网+"与其融合发展，推动由物流大国向物流强国迈进，已势在必行。

伴随着"互联网+"的快速兴起，物流业面临着新的市场变化，单纯的物流运输、仓储或配送已经很难适应社会对物流业快速发展的需要。围绕核心业务进行关联产业链的布局是不少物流企业在"互联网+"时代所必须作出的选择。关联产业链模式旨在通过大数据、云计算、移动互联网等新一代信息技术的综合应用，形成"以核心业务为根基、关联业务为支撑、融合业务促发展"的新的发展模式。

1.1.4　共享物流

共享物流就是指通过共享物流资源实现物流资源优化配置，从而提高物流系统效率，降低物流成本，推动物流系统变革的物流模式。共享物流的本质是共享社会物流资源。社会物流资源既包括个人物流资源，也包括企业物流资源和社会公共物流资源。随着信息技术的发展，推进共享物流可以带来很多颠覆性创新，大幅度降低物流成本。

中国物流货运领域属于典型的小、散、乱、差行业，个体司机占据市场主体，货运领域共享模式的关键因素之一就是按货源匹配和共享车辆资源。在共享经济时代，闲置私家车辆可以在滴滴出行登记，成为流动的出租车。同理，通过整合与共享卡车资源，实现卡车与货运需求共享匹配，提高卡车运输的装载率，降低空返率，实现集约化经营，也迅速成为共享物流模式的热点。

目前物流业的模式大部分是由物流公司雇佣全职货车司机进行商品配送。物流业是个重资产的模式，它最大的资源需求就是人力，人力一旦紧缺就会导致快递的延误，影响企业生产。物流业需要整合资源，将闲散资源充分利用，用过剩产能为社会创造价值。共享经济模式下的物流业相对于传统物流业来讲必然是轻资产模式，一个商家在平台发出送货需求，附近的有车人员接到需求后到商家所在处取货，然后送至目的地。对于同城物流来说，这是一种比传统物流更快捷也更节省时间的方式，对于异地物流来说，递送可以分段进行。

杰里米·里夫金曾在《零边际成本社会》中以物流为例论证了这种方式：就物流互联网而言，传统的点对点和中心辐射型运输应该让步于分布式的联合运输。一个司机负责从生产中心到卸货地点的全部卸货，然后接一批在返回路上的交付货物。共享经济的模式是这样的：第一个司机在比较近的中心交付货物，然后拉起另一拖车的货物返回，第二个司机会装运货物送到线路上的下一个中心，可以是港口、铁路货场、飞机场，直到整车货物抵达目的地。这种共享物流模式不仅可以充分利用全社会拥有空闲时间的人员。基于地理位置寻找最近人员的方式除了使快递的时间得到了节约外，还能充分利用货车资源，让每一段车程都有货可运，实现全程无"空车位移"的目标。互联网平台物流公司"天地汇"实行共享模式后局部干线车辆的使用率从 40% 增加到 80%，月行驶里程提高了 269%，推动运输成本下降 20% 以上。

　　中国基于车货匹配的共享货物运输模式的公司至少有 500 家，其中有 100 多家已经获得了资本市场的关注，得到了各类风险投资、投资基金和大型物流企业的投资。互联网巨头 BAT 也开始向共享货运领域延伸，投资相关物流企业。目前，基于车货匹配的共享物流公司比较著名的有：罗计物流、运满满、云鸟配送、oTMS、物流小秘、神盾快运、货车帮、G7（汇通天下）、车旺、易配货、路歌管车宝、GoGoVan、快狗速运、发哪儿、一号货的等。

　　车货匹配共享模式最大的问题集中在标准化和信息化两个方面。以前主要矛盾集中在信息的共享与互联互通方面，随着互联网的发展，目前出现的问题是信息的爆炸和多元选择问题，面对大量的货运信息和车源信息，如何选择和匹配信息，如何甄别虚假信息，如何合理利用信息成为关注热点。货运服务标准化和规范化是另一个重要问题，被动的车找货或者货找车的匹配，会带来配货等待时间的延长，满足不了服务需求；如果想及时发货又往往不能有效利用运输资源。

　　共享物流是现代物流发展的重要理念，随着互联网、移动互联网、云计算和大数据等信息技术的应用，共享物流必将向智慧共享、全面创新、提升效率、创造价值等方向全面发展，并涌现出无数颠覆式创新，推动现代物流的变革。

1.2　共享货运物流系统背景

　　经济全球化是当今经济发展的大趋势，港口作为我国物流中的重要交通枢纽，对我国的经济发展和社会建设具有重大的推动作用，也是我国进行国际战略布局的重要环节。当前，五大港口群和 20 个主枢纽港在我国相继建成，天津港与广西北部湾港口均为我国重要的沿海港口。

　　天津港（图 1-5）位于海河的入海口，处于京津冀城市群和渤海经济圈的交汇点，是京津冀现代化综合交通网络的主要口岸，是华北、西北地区能源物资和原材料运输的主要中转港。根据市场的需求，天津港形成了以集装箱、原油及制品、矿石、煤炭为主要支柱的货源结构，是我国最大的焦炭出口港、第二大铁矿石进口港。因此，贯穿于不同货源、不同货运阶段的各类服务企业林林总总，不胜枚举。例如，货运代理公司能提供港口代理服务、仓储服务、多式联运服务等。

图 1-5　天津港码头

国际货物运输代理（International Freight Forwarder）简称货代，是从国际运输和国际贸易这两个关系密切的行业里分离出来的一个独立的行业。其业务模式为货代接受具备国际货运进出口资质的企业的货物所有人或其代理人的委托，并为委托人办理国际货物运输及相关货运业务，包括海运（空运）订舱、仓储、转站、集装箱进口拆箱出口装箱、运输、海关报关、报检（商检、木检、动植物检）、运杂费结算、业务咨询等服务，同时收取代理费或其他费用。在国际贸易和国际多式联运业务的飞速发展下，国际货运代理业务已经渗透到国际进出口贸易的每一个领域，成为全球进出口贸易不可以缺失的占据重要位置的组成部分。其业务服务范围已经从出口订舱、海关报关的基本业务扩展到为整个货物运输和货物分拨过程提供综合性服务，使国际货物运输代理成为物流运输和国际贸易的基本连接机构。

货运代理公司主要负责货物运输的业务，简称货代公司。在传统货运代理公司中，现有作业模式主要靠人工来完成。货物到达港口放入仓库后，由货运代理公司的内勤调度人员根据货物的基本信息和运输线路打电话通知空闲货车司机，司机根据自己的实际情况判断能否接单运货，司机确定接单后要到仓库去等待装货，装货后在现场调度人员的安排下过磅称重，确认发货，货物运送到达目的地，接货方联系安排到达称重，确认到货数据，司机将到货数据传递给货运代理公司，货运代理公司根据到货数据进行计算，给司机结账，完成整个货运流程，如图 1-6 所示。

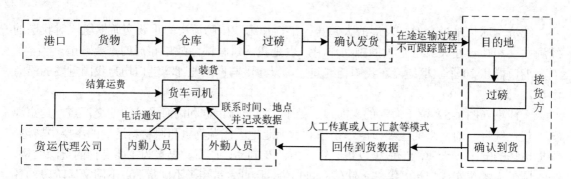

图 1-6 传统货运代理公司的作业流程图

这种传统货运代理公司的作业模式的流程较为复杂，前后衔接非常重要，一旦处于流程前端的环节出现问题，就会导致后续工作出现严重错误，甚至无法进行。一方面货运代理公司需要消耗大量的人力资源，例如内勤调度需要给每个司机打电话，外勤人员可能要单独跟司机联系装货时间和地点，装货数据仍为人工手动记录。另一方面根据发货数据和到货数据，以及货值单价等各个数据计算结账金额以及货运代理公司财务数据，公式繁杂，用现有软件系统进行计算、导出、保存以及对接其他软件等操作十分不便。

随着信息技术的高速发展，以互联网为桥梁，以移动应用为手段，一套完整的发运管理系统应运而生。特别是基于智能移动终端的共享货运物流系统，采用 APP 应用的形式，搭建货车和货源之间信息沟通的桥梁，可极大地简化货运代理公司的作业流程，减少各个环节工作人员的工作量，降低发运成本，提升物流运输的资源配置效率。

将传统作业流程转移到线上，结合互联网信息共享、快捷便利的优势，内勤通过后台系统发布的订单，立即推送到符合条件的全部货车司机，司机通过 APP 查看订单并接单，外勤人员在现场管理接单司机进度，完成发运信息录入，与接单司机进行一对一联系，全面掌握订单情况，司机将货物送达目的地后，回传到货数据，后台根据到货数据进行计算，直接输出付给司机的相应账款，并将表格导出以对接其他系统或者内部留存，如图 1-7 所示。

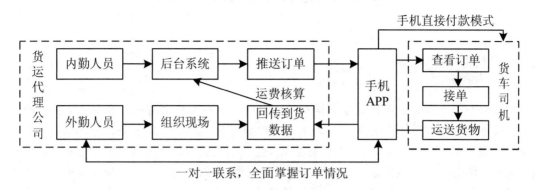

图 1-7　共享货运物流系统的作业流程图

本书将在后续章节介绍一种共享货运物流系统"货运宝 APP"完整的开发流程和方法，货运宝 APP 主要包括 Android APP 和 Java 后台两部分内容。后台主要功能有货运订单发布、已发布订单管理、注册司机信息审核、司机信息管理、订单押金记录、系统推送管理、历史消息查看、订单常用字典库管理以及系统用户权限维护等几大模块。后台主要由 Java 实现，使用了 Spring MVC 和 struts2 框架。由于本书重点在于 Android 移动应用开发，后台开发部分不作过多介绍，APP 端涉及后台的功能，会结合具体情况另行分析。

由于在项目开发初期，用户需求并不能被完全掌握和理解，而且在开发过程中，用户可以不同程度地参与进来，因此项目的开发采用混合开发模型。混合开发模型结合了快速原型模型和迭代模型两种模型的优势，在初步了解用户需求后，快速建造一个粗略原型，实现用户与系统的交互，使用户对原型进行评价，然后进一步细化待开发软件的需求。整个开发工作被组织为一系列短小、时间长度基本固定的模块，进行一系列的迭代，每一次迭代都包括了需求分析、设计、实现与测试。采用这种方法，开发工作可以在需求被完整地确定之前启动，并在一次迭代中完成系统的一部分功能或业务逻辑的开发工作。再通过用户反馈来细化需求，并开始新一轮的迭代，以此逐步调整原型以使其满足用户的要求，开发实用性较强的软件产品。

1.3　本 章 小 结

共享经济的普及与发展给人们的生活带来了极大的便利。共享经济是指拥有闲置资源的机构或个人有偿让渡资源使用权给他人，让渡者获取回报，分享者利用分享自己的闲置资源创造价值。在传统货运代理公司中，现有作业模式主要靠人工来完成。这种传统货运代理公司的作业模式的流程较为复杂，前后衔接非常重要，一旦处于流程前端的环节出现问题，就会导致后续工作出现严重错误，甚至无法进行。随着信息技术的高速发展，以互联网为桥梁，以移动应用为手段，一套完整的发运管理系统应运而生。特别是基于智能移动终端的共享货运物流系统，采用 APP 的形式，搭建货车和货源之间信息沟通的桥梁，可极大地简化货运代理公司的作业流程，减少各个环节工作人员的工作量，降低发运成本，提升物流运输的资源配置效率。

第 2 章 需求分析及系统设计

本章导读

　　需求分析是软件计划阶段的重要活动，也是软件生存周期中的一个重要环节。该阶段是分析系统在功能上需要"实现什么"，而不是考虑如何去"实现"。需求分析的目标是把用户对开发软件提出的"要求"或"需要"进行分析与整理，确认后形成描述完整、清晰与规范的文档，确定软件需要实现哪些功能、完成哪些工作。此外，软件的一些非功能性需求（如软件性能、可靠性、响应时间、可扩展性等）、软件设计的约束条件、运行时与其他软件的关系等也是软件需求分析的目标。系统设计是 Android 开发的前期工作，为了进行系统的功能设计，需要了解用户需求。货运宝 APP 包括后台端与移动端，后台是为整个系统的管理中枢，移动端分为司机端和外勤端。本章主要介绍后台端、司机端、外勤端的功能设计等内容。

本章要点

●　系统需求分析
●　系统功能与流程设计

　　系统设计是指在充分了解项目背景和用户需求的情况下，将用户需求转化为系统功能，并将各个功能需求进行模块划分和逻辑模型的设计。在清楚了用户的关键需求后，需要先对整个系统进行架构设计，并将架构设计中划分的业务模块按照开发模式进行各模块的迭代细化，拆分成不同的功能模块。合理的高层逻辑模型是系统设计的前提。

2.1 需 求 分 析

2.1.1 需求分析过程

　　一般情况下，用户并不熟悉计算机的相关知识，而软件开发人员对相关的业务领域也不甚了解，用户与开发人员之间对同一问题理解的差异和习惯用语的不同往往会给需求分析带来很大的困难。所以，开发人员和用户之间充分和有效的沟通在需求分析的过程中至关重要。需求分析的好坏直接影响后续软件开发的质量和进度。有效的需求分析通常都具有一定的难度，一方面是因为交流存在障碍，另一方面是因为用户通常对需求的陈述不完备、不准确和不全面，并且还可能不断地变化。在进行需求分析的过程中，首先要明确需求分析应该是一个迭代的过程。由于市场环境的易变性以及用户本身对于需求描述的模糊性，需求分析往往很难做到一步到位。

　　需求分析是软件计划阶段的重要活动，也是软件生存周期中的一个重要环节。该阶段是分析系统在功能上需要"实现什么"，而不是考虑如何去"实现"。需求分析的目标是把用户对开发软件提出的"要求"或"需要"进行分析与整理，确认后形成描述完整、清晰与规范的文档，确定软件需要实现哪些功能、完成哪些工作。此外，软件的一些非功能性需求（如软件性能、可靠性、响应时间、可扩展性等）、软件设计的约束条件、运行时与其他软件的关系等也是软件需求分析的目标。需求分析不仅仅是属于软件开发生命周期早期的一项工作，而且还应该贯穿于整个生命周期中，随着项目的深入而不断地变化。一般而言，需求分析主要分为三个阶段，即需求提出、问题分析和需求评审。

需求提出阶段主要集中于描述系统目的。需求提出主要集中在使用者对系统的观点上。用户和开发人员确定一个问题领域，并定义一个描述该问题的系统。这样的定义称作系统规格说明，并且它在用户和开发人员之间充当合同。通常在软件开发过程中，需求来源分为内部需求和外部需求两大类。内部需求通常由公司领导、市场或者运营部门的员工提出，服务于公司战略，构建完整生态，提升工作效率。外部需求主要由用户反馈、市场调研、竞品分析等得出，或者因为市场环境、政策的变化，使企业产生新的需求。

问题分析阶段分析人员的主要任务是：对用户的需求进行鉴别、综合和建模，清除用户需求的模糊性、歧义性和不一致性，分析系统的数据要求，为原始问题及目标软件建立逻辑模型。在这个阶段，是真正意义上的系统需求生成阶段。通过对原始需求的鉴别和分析，得出系统的主要和关键需求，生成用户需求文档。

在需求评审阶段，分析人员要在用户和软件设计人员的配合下对自己生成的需求规格说明和初步的用户手册进行复核，以确保软件需求的完整、准确、清晰、具体，并使用户和软件设计人员对需求规格说明和初步的用户手册的理解达成一致。一旦发现遗漏或模糊点可以尽快更正再进行检查。

2.1.2　货运宝 APP 需求分析

本项目旨在解决传统货运公司的货物运输需求与货车司机的信息对接问题。货物到港后，货运公司将货物信息和运输信息发布出去，及时准确地传到司机端和外勤端，外勤端通过 APP 进行订单管理，司机端通过 APP 查看订单或者接单等。因此，系统用户主要有三类：后台管理员、货车司机和外勤联系人。

后台管理员主要是货代公司负责发运的内勤人员。货物到港后，由内勤人员通过后台系统编辑订单信息，包括货物信息、路线、价格、接货方信息等，然后发布订单。司机接单后，可以查看不同订单的进度情况，修改订单状态，导出订单数据 Excel 文件并保存到本地。如果司机完成货物运输，可查看磅单数据、编辑请款单、打款等。此外，为了保证司机信息的真实性，司机注册时要提交身份证、驾驶证、行车证的照片，后台再审核司机信息，经审核通过的司机才能接单。后台可以管理司机信息，直接查看空闲或者不活跃司机，回访司机不接单的原因。为了方便发单，后台设置了字典库管理模块，将订单常用的货物信息、路线信息和地点信息进行统一管理，发布订单时，直接选择字典库数据，不用手动编辑。根据实际需要，后台可能会推送消息给特定司机或符合特定路线的司机，所以需要有一个消息推送的模块，支持将文字信息发送到 APP 司机端。最后是后台管理系统需要有不同类型的用户，且用户有不同的权限；需要有角色管理模块，以创建用户、编辑用户权限、修改用户信息等。

货车司机和外勤办公地点主要在户外，因此司机端和外勤端需要通过手机 APP 来实现。司机端要能够注册、登录、查看订单信息和接单，以及进行接单之后的支付押金、装货、送达或者取消订单等操作。另外，司机还需要查看历史订单、押金记录，修改个人信息或者登录密码。由于外勤人员都属于货代公司的内部员工，不需要自己注册，账户由后台创建即可。外勤端功能也相对简单，外勤在现场调度司机接单装货并控制进度，了解司机的实时情况，通过地图查看司机位置，安排各个司机的装货顺序和称重等。

2.1.3 用户群特点分析

如今，智能手机已成为人们生活中不可或缺的一部分，就操作系统而言，市场上大部分手机是 Android 系统，有调查显示，Android 系统占中国智能手机操作系统市场 90%以上的份额，且占全球智能手机操作系统市场 80%以上的份额，成为了全球最受欢迎的智能手机操作系统。现在市面上的安卓手机品牌、功能、价格各异，适用于各个年龄层次的消费人群，因此本项目采用了 Android 系统开发 APP 端。

货运宝 APP 的目标用户为货车司机和货代公司的外勤人员。一般货车司机分专职司机和兼职司机，他们均从事货运行业多年，对货运物流的交易流程比较熟悉。他们虽然年龄分布在 20 岁到 50 岁之间，有着不同的教育背景、不同的工作岗位和不同的生活习惯，但是对手机 APP 的使用都具有一定的基础。考虑到货车司机大多属于低消费人群，且年龄偏大。货运宝 APP 在设计方面需考虑字号略大、界面简单、流程简化等问题。此外，为解决他们打字速度较慢的问题，APP 需支持语音、手写等功能。

2.2 系统功能与流程设计

虽然在实际开发过程中采用了混合模式，但是在进行系统设计的时候，并没有按照实际开发过程去不断细化和迭代用户需求。为了便于分析和讲解，对明确的全部需求进行了整体的模块设计和详细设计。APP 端用户根据其不同的职能和功能分为两类：货车司机以及货代公司的现场调度人员（以下简称"外勤"）。司机端主要功能包括注册用户、设置路线信息、查看可接订单、接单、支付押金、取消订单、确认发货、抵达目的地、查看历史订单、查看押金记录、接收消息推送、修改登录密码和个人信息等。外勤端主要功能包括查看待处理订单、掌握接单司机进度、及时更新司机状态、取消订单、修改登录密码以及评价司机等。

为了方便读者理解系统全貌，保证系统的完整性，本书在 2.2 节将对后台功能进行简要的介绍。

2.2.1 后台端

后台端作为整个系统的管理中枢，功能较为复杂，主要分为订单管理、司机管理、押金管理、消息管理、字典库管理和权限管理六大模块。后台功能结构如图 2-1 所示。

在后台端的订单管理模块中，管理员可以进行订单发布、订单修改、订单查看等操作，还可以对订单数据进行数据统计、为司机结算运费、将数据以 Excel 表格形式导出等。在司机管理模块中，可对注册司机进行审核、查看司机信息、修改司机信息以及删除司机信息等。押金管理模块可以查看押金记录。消息管理模块可以设置消息推送、查看消息历史记录。字典库管理模块主要包含货物信息、路线信息、地点信息等内容。权限管理可用于创建用户并设定用户角色与权限、修改用户信息以及删除用户等。

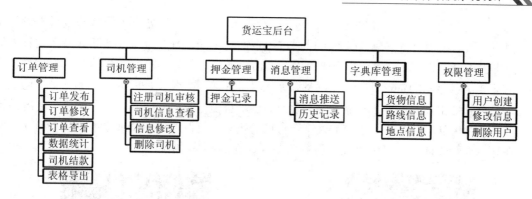

图 2-1 后台功能结构图

2.2.2 司机端

司机端分为五大主要模块：注册登录、订单管理、通知中心、账户管理、历史记录。司机端功能结构如图 2-2 所示。

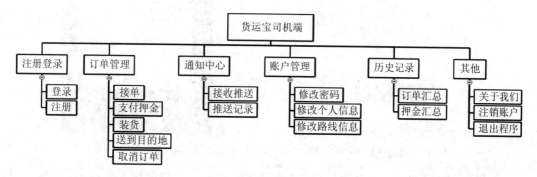

图 2-2 司机端功能结构

司机初次打开应用，需要先进行注册，如图 2-3 所示。首选，输入手机号码，获取验证码；然后，设置登录密码，阅读并同意系统的《货运宝司机责任书》，如图 2-4 所示。由于涉及货物的运输，司机需要进行实名制认证，上传身份证、驾驶证、行驶证，输入结款的个人银行卡号，填写备用联系人姓名和联系方式，通过后台审核后，完成完整的注册流程。在绑定手机号码和设置密码后，亦可直接登录，只是这个时候司机处于资料不全的状态，在补全上述材料并通过审核后才能接单。如果司机提交的资料有误或者图片模糊不能辨认，后台审核会不通过，司机可以重新提交资料。登录密码默认为不可见形式，用户可以选择密码可见。如果忘记密码，输入已经注册的手机号码，获取验证码，此验证码即为新的登录密码，登录成功后，可自行修改密码。

司机注册登录后，首先进入订单中心，可以看到全部进行中的可接订单的概要信息，包括订单号、详细出发地、详细目的地、最晚装货时间、装货费、运费和押金等重要信息。因为产品适用于港口货代公司的发运服务，货源主要集中在港口仓库，每个仓库对发运的支持度不同，有最晚装货时间的限制。通过筛选功能，可以快速找到符合自己需求的订单。如果司机没有设置常用的路线，会有提示框提示司机去选择路线信息。如果司机当前处于空闲状态，即没有进行中订单，在后台发布新的订单时，如果订单路线和自己设置的常用路线一致，会收到推送消息，以语音提醒"您有新的可接订单，请及时查看"。在司机处于忙碌状态或者未设置路线信息时，不会接到语音提醒。但是可以通过该页面的下拉刷新功能，主动获取最新的订单信息。点击进入订单详情，查看订单全部细节，详情页面可以显示一个订单的全部详细资料。除了之前概要信息显示的资料外，还有发货联系人及联系方式、装货联系人及联系方式、已经接单的车辆数和订单需要的全部车辆总数、货物种类、货值单价等。如果司机了解订单情况后比较满意，可以接单，如果觉得订单不太符合自己的需求，可以通过左滑或者右滑切换订单。同样，在订单详情页面，司机也可以下拉刷新获取最新的接单数据。

图 2-3　司机注册页

图 2-4　货运宝司机责任书

　　司机找到满意订单后，点击"接单"按钮来接单。系统会记录接单时间，为了防止司机虚假接单影响货主的正常业务，司机要在接单后 15 分钟内通过微信支付押金或者主动取消订单，否则，系统会自动取消已接订单。支付押金后，司机端会根据订单编号和司机账号生成一个二维码，司机要根据约定的时间到货物所在地装货，如果有意外情况不能继续完成后续操作，可以主动取消订单，但是取消订单后，押金不退。当货物量大，司机需要排队等待装货时，到达装货点可以先联系外勤确认抵达，获得优先装货的权利。货物装车后，司机先确认已装货完毕，然后外勤标记已发货，输入发货毛重、皮重等重量信息，司机端才能进入已发货状态。当货物送到目的地后，司机点击已送达按钮，然后上传磅单照片（拍照或者从相册选择）并确认已上传。这样就完成了一个货运流程。

　　除了之前提到的司机会收到新发布的订单外，如果订单状态发生变化，比如后台出于某些原因或者某些突发事件，暂停或者取消订单，都会推送到 APP 端，让司机尽快知悉情况，减少不必要的流程。管理员也会手动编辑一些信息推送给指定的司机群或者单个司机，就像交通情况提醒、天气情况提醒等。司机可以通过消息记录，查看后台的全部推送。

　　在账户管理模块，司机可以修改密码，修改个人信息、路线信息以及设置是否接收后台推送。修改密码时，为了保证用户真实性，要求先输入旧密码，再输入新密码，而且新旧密码不能相同，才能修改成功，密码修改成功后，系统会提示修改成功。修改个人信息仅包括注册时填写的银行账户名、银行卡号、两个备用司机的姓名和联系方式，提交的身份证、行车证、驾驶证信息通过审核后，不能修改。设置路线信息时，路线信息在后台会提前设置好，APP端直接请求后台的路线数据，司机可以选择一个或者多个符合自己实际情况的路线，为了保证订单信息精准，提交路线信息时，至少要选中一个。针对不同司机的不同偏好，APP 提供了司机选择是否接收推送的功能。

历史记录包括订单汇总和押金汇总两项内容。订单汇总可以直接查看司机最近三个月内参与的订单，包括已完成、已取消、进行中等各种类型，只要司机有接单记录，订单就会显示到当前列表。如果司机要三个月以前的订单，需要下拉请求更多数据。押金汇总也直接显示最近三个月内的押金收支情况，包括已支付、已退回和不能退回三种状态。当司机正常完成订单时，押金状态为已支付；当由于发运方的原因取消订单时，押金状态为已退回；由于司机原因，主动取消订单的，订单状态为不能退回。如果要更多押金数据，司机端需要主动请求更多押金记录。司机端业务流程如图 2-5 所示。

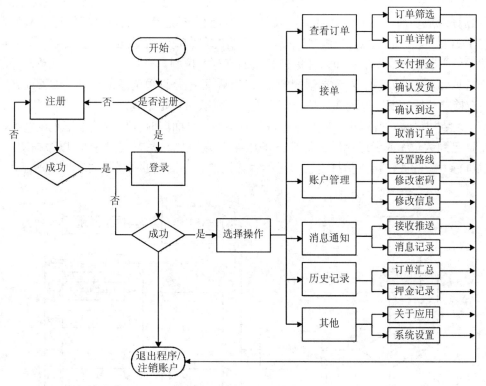

图 2-5 司机端业务流程

2.2.3 外勤端

外勤端包括订单查看、发运管理、账户管理以及其他四个主要模块。外勤端功能结构如图 2-6 所示。

外勤端账号由后台创建、管理和分配，无需注册，登录功能的页面与司机端类似，这里不再重复。其账户管理比较简单，修改密码功能的具体设计也与司机端修改密码类似。修改个人信息功能只能修改姓名和联系方式，修改完毕后提交保存即可。

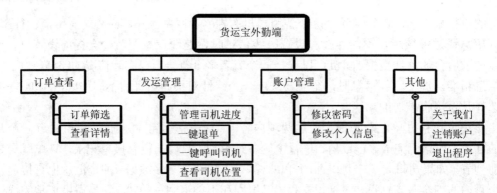

图 2-6 外勤端功能结构

　　订单管理是外勤端的核心功能，其需求非常复杂。在现实工作当中，一个货代公司的每个外勤负责一条或者几条固定的货运路线，所以后台在设置路线的时候，就已经绑定好对应的外勤，每个订单发布出来，直接推给绑定的外勤，外勤端也只能看到符合自己负责的路线的订单。

　　外勤登录成功后，首先进入订单列表页面，看到全部进行中的待处理的订单。列表页面主要包括出发地、目的地、订单编号、接单车辆情况和最晚装货时间五个主要字段。外勤可以通过筛选，快速找到需要的订单。订单列表页面支持下拉刷新操作。点击单个订单，可以进入订单详情页面，这里展示了外勤端须知的必要信息，而不是订单信息的全部。除了列表中的数据，还有接单车辆情况。外勤在订单详情页面，要确认司机是否到达仓库、是否发货，取消司机订单，设置司机装货费减免，以及一键取消订单。该页面同时要展示接单车辆的情况，包括哪些车辆已到达仓库或者已完成送货等、车辆信息绑定司机联系方式，外勤可以根据实际需求，对司机进行一键呼叫，通过拨打电话来进行直接沟通。外勤端业务流程如图 2-7 所示。

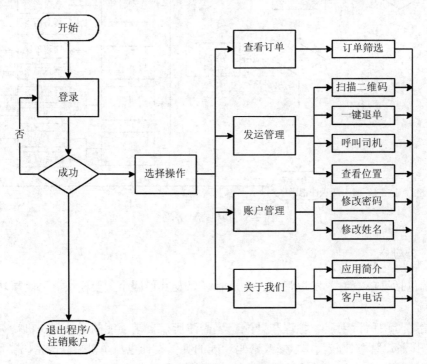

图 2-7 外勤端业务流程图

2.3　数据库设计

数据库设计（Database Design）是指对于一个给定的应用环境，构造最优的数据库模式，建立数据库及其应用系统，使之能够有效地存储数据，满足各种用户的应用需求（信息要求和处理要求）。数据库设计有三个范式，在实际应用中，很难做到遵循第三范式，能满足数据库设计的第二范式就够了，为了数据库运行效率，允许适度的冗余。第二范式除了满足第一范式的要求，还包含两部分内容：一是表必须有一个主键；二是没有包含在主键中的列必须完全依赖于主键，而不能只依赖于主键的一部分。

数据库设计先整理出项目实体，然后根据实际项目需求，赋予实体各个属性，添加不同实体之间的关联关系。货运宝 APP 系统的核心是订单和司机，订单表包含编号、批次号、货物信息、路线信息、最晚装货时间、对接人信息、发布时间等字段，以及其他用于后台统计的诸多数据信息；司机表包含司机账号、密码、当前状态、车牌号、银行卡号、备用联系人等字段，由于一个订单可以有多个司机接单，一个司机可以多次接不同订单，因此订单和司机之间是多对多关系。货运宝 APP 数据库中的实体关系如图 2-8 所示。

本例中新建了一个订单司机表来满足数据库设计第二范式。订单司机表包含编号、订单号、批次号、车牌号、当前进度、发货信息、到货信息、装货时间、打款日期、押金状态等字段。司机每接一次单，就会在订单司机表生成一条记录。通过"当前进度"这个字段来表示司机接单后的不同状态，包括接单、取消、到达仓库、司机已装货、外勤已发货、送到目的地六个进度。如果司机中途取消订单，当前进度则变更为"取消"。这里需要说明的是，车牌号和司机账号是一对一的关系，为了现场作业方便，在订单司机表中存储了司机的车牌号，可以按照车牌号到司机表中做链接查询。另外一个比较复杂的就是用户和权限的关系。由于 APP 端只有外勤和司机，账户关系并不复杂，这里不再展开描述。

现在常用的数据库系统主要有 Oracle、SqlServer、DB2、MySQL 等，其中，SqlServer 属于微软公司，只能在 Windows 平台上运行，没有丝毫的开放性，而且 Windows 平台的可靠性、安全性和伸缩性是非常有限的。Oracle 各方面比较成熟，适用于对数据完整性、安全性要求很高的场合，能在所有主流平台上运行，完全支持所有的工业标准，并采用完全开放策略，但对硬件要求较高，操作和设置比较复杂，因此使用成本较高。相较于前二者，MySQL 则更加适用于本项目。它拥有体积小、速度快、总体拥有成本低、开源四大优势，同时支持多种操作系统，核心程序采用完全的多线程编程，可以灵活地为用户提供服务而不会过多的占用系统资源。MySQL 拥有一个快速且稳定的基于线程的内存分配系统，可以持续使用而不必担心其稳定性。

目前，Microsoft 的 ODBC API 可能是使用最广的、用于访问关系数据库的编程接口。它能在几乎所有平台上链接几乎所有的数据库。但是本项目后台采用了 JDBC API 进行数据库链接。ODBC 不适合直接在 Java 中使用，因为它使用 C 语言接口。从 Java 调用本地 C 代码在安全性、实现、坚固性和程序的自动移植性方面都有许多缺点。从 ODBC API 到 Java API 的字面翻译是不可取的。JDBC API 对于基本的 SQL 抽象和概念是一种自然的 Java 接口。它建立在 ODBC 上而不是从零开始。因此，熟悉 ODBC 的程序员将发现 JDBC 很容易使用。至于具体的 JDBC 使用步骤，属于项目开发中 Server 和后台的常用知识，在这里不做展开。

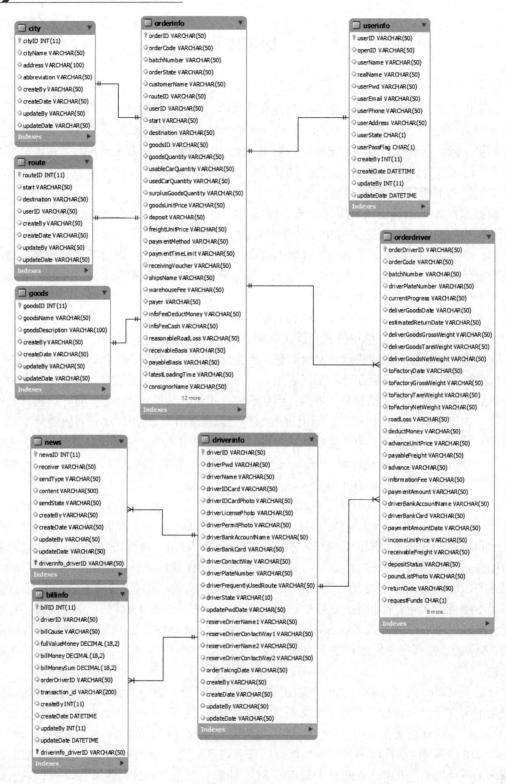

图 2-8　货运宝 APP 数据库 E-R 图

2.4 本 章 小 结

需求分析是软件计划阶段的重要活动，也是软件生存周期中的一个重要环节，把用户对开发软件提出的"要求"或"需要"进行分析与整理，确认后形成描述完整、清晰与规范的文档，确定软件需要实现哪些功能、完成哪些工作。本章针对传统货运公司货物运输需求与货车司机的信息对接问题，分析了货运宝 APP 的用户需求和系统功能；针对用户群特点进行了详细的分析，确定目标用户和基于 Android 系统进行 APP 端开发。在实际开发过程中采用了混合模式，对明确的全部需求进行了整体的模块设计和详细设计。为了方便读者理解系统全貌，保证系统的完整性，本章对后台功能和数据库设计进行了简要的介绍。

第3章　系统 UI 的总体设计

本章导读

良好的 UI 设计可以有效提升用户体验。本章主要介绍货运宝 APP 的欢迎页面设计、全局导航设计、交互设计、界面设计等方面。读者应在理解相关概念的基础上重点掌握 UI 设计方法、设计过程等内容。

本章要点

- 欢迎界面设计
- 全局导航设计
- 交互设计
- 界面设计

UI 是用户界面（User Interface）的简称，手机的 UI 设计是指手机软件的人机交互、操作逻辑、界面美观的整体设计。UI 设计的好坏关系到一款 APP 产品的成败，要成为一款有竞争力的软件，界面设计是排在第一位的影响因素。界面的体验是否良好和界面是否美观是用户对一个软件形成的至关重要的第一印象。精美的界面设计、良好的用户体验不仅使产品焕发了生命力、增强了用户的使用黏度与促进了用户的口碑传播，也大幅提升了产品的下载量、点击率。

随着国内互联网企业的发展和沉淀，互联网产品越来越多，用户体验模块变得异常重要，只有充分考虑用户体验的产品，才能赢得用户，赢得市场。而在传统的软件开发过程中，并没有给予交互设计过多关注。本章主要介绍如何从交互设计方面提升用户体验。

从用户体验角度出发，产品设计可以分为两大类：一类是功能性产品，一类信息性产品。功能性产品通过产品功能，帮助用户解决一些或者一类问题，用户的操作被包括在一个使用过程中，在进行产品设计的时候，要思考用户行为，研究用户该进行的每一步操作，把产品看成可以完成一个或者一组任务的工具。而对于信息性产品，用户关注的核心是信息，产品需要提供哪些信息、信息该以何种方式呈现给用户、这些信息对用户而言有什么意义，这是非常值得深入研究的。

在实际的项目开发过程中，确定好需求后，进入设计阶段。设计的核心就是人机交互过程。人机交互过程是一个输入和输出的过程，人通过人机界面向计算机输入指令，计算机经过处理后把结果呈现给用户。人和计算机之间的输入和输出的形式是多种多样的，因此交互的形式也是多样化的。交互设计的目的是使产品直观、可用、易用。移动设备作为人机交互的新形式，有着自己独特的优势和局限性。现在手机或者平板电脑普遍为触摸屏，不仅要使用触摸屏查看内容，还要与内容进行交互，这就需要考虑如何设计出符合人体工程学的手势和过渡效果，以及专门针对移动端的交互模式。在进行交互设计时，既要考虑设备尺寸，也要思考触摸屏在实际应用情况下的各种问题。用户手持设备和触摸屏幕的方式决定着他们能否轻松够到屏幕的各个部分，点击区域需要有充分的空间以便用户准确操作。因此，必须基于手机的物理特性和软件的应用特性对界面进行合理的设计，所以界面设计师应对手机的系统性能有所了解。

在下面的内容中，根据项目的实际情况，结合几个比较有代表性的模块，帮助读者理解交互设计的核心思维——以用户为中心设计思想。

3.1　欢 迎 界 面

欢迎界面是用户点击应用图标、启动程序时出现的页面，故也常被称作"欢迎页""启动页"。欢迎界面是用户打开一个 APP 时出现的第一个页面，也是 APP 的"脸面"。它充分体现了该应用的功能定位和特点，好的欢迎界面能迅速抓住用户的眼球，让用户很快地了解该 APP 的主打方向。APP 的欢迎界面一般包括两种：单纯的启动页和有介绍功能的引导页。这两种欢迎界面的作用相似，但承载的含义各不相同。

3.1.1　启动页

启动页是每次打开 APP 会首先出现的欢迎界面，接着才会自动跳转到主界面。启动页往往给人以舒适、简单、自由的感觉，可用来缓解网速过慢给用户带来的不良体验，同时，启动页的设计应该有个性，与该应用程序的主体功能息息相关，充分体现出一款 APP 的文化理念和内涵。

单纯的启动页以大众最为熟悉的微信为例进行介绍。启动微信时出现的蓝色地图和一个背影小人就是微信的启动页。微信作为一种人际沟通工具，这一启动页完美地表达出人类内心的孤独，以及地球家园的美好。整个画面有一种孤清中的淡淡暖意，这是微信启动页给人的第一感觉。事实上，微信团队选用了 NASA 在全世界范围公开的第一张完整的地球照片作为微信启动页的图片素材，名为"蓝色弹珠"，这是人类第一次从太空中看到地球的全貌。画面中所显示的是非洲大陆。关于选用这张照片作为素材的原因，微信团队曾透露："非洲大陆是人类文明的起源地，我们将非洲上空的云图作为启动页的背景图，也希望将'起源'之意赋予启动页面。因为人类的出现，才有了沟通的存在和意义。"由此可见，微信启动页的设定颇具深意。在 2017 年最新的版本中，用户在启动微信时，欣赏到的则是由我国新一代静止轨道气象卫星"风云四号"从太空拍摄的最新气象云图，微信的启动页如图 3-1 所示。

启动页并不是所有 APP 的标配。有很多 APP 可以在用户选择记住密码后，下一次再被打开时自动登录，不再显示启动页。此时 APP 需要与服务端连网，同时获取验证账号、密码、身份信息、版本号等数据。如果受网络连接速度等因素限制，不能做到点击图标后就能立即进入应用，这个启动页就起到一个缓冲的作用，在很大程度上减少了用户等待服务器数据加载时产生的心理不适。货运宝 APP 的欢迎界面采用了纯启动页设计，如图 3-2 所示。

货运宝 APP 的启动页以深蓝色为主基调，大方庄重，从色彩上迎合了该产品的使用人群以中年男性用户居多的特点。以重型货车为背景突出了这款 APP 的主要功能为货运管理，配以一些火车、飞机、轮船、货车等小图标进行装饰，使原本略显沉闷低调的界面略显活泼，同时使人感受到每时每刻都有不计其数的货物以各种各样的配送形式行驶在路途中。

图 3-1　微信启动页　　　　　　　　　　　图 3-2　货运宝 APP 启动页

3.1.2　引导页

引导页是 APP 在第一次启动时，引导用户操作，对 APP 功能进行简单介绍的页面。一般只在 APP 第一次启动时才会出现，而后就不再出现。通常在用户首次安装应用，或者 APP 有较大改动升级版本时，会有引导页，主要用于引导用户学习 APP 用法或者了解 APP 作用。引导页面可以设置 3～4 个，不宜太多。APP 首次安装时可以介绍产品或者公司的大概信息、产品的主要使用场景、产品区别与竞品的明显优势、主要功能的使用方法等。APP 版本升级时，由于用户都属于老用户，对产品有所了解，对如何使用有了一定的认识，引导页可以介绍产品新增的功能、重大改动后各个场景的使用方式等。以初次使用抖音 APP 为例，首次打开抖音APP 应用则显示如图 3-3 所示的引导页。

图 3-3　抖音 APP 引导页

也有一些 APP 的引导页具有广告的作用，往往有广告植入，右上角有一个倒计时的秒数或者跳过字样，这也是一种欢迎界面，可以称作广告欢迎页。

3.2　全局导航

全局导航也称为链接列表，是应用的中枢。全局导航通过一系列链接或图标列出应用的主要功能和常用视图，并展示程序的框架。现在移动应用中，导航的设计方式有许多种，常见的有标签式、抽屉式、宫格式等，如图 3-4 所示。

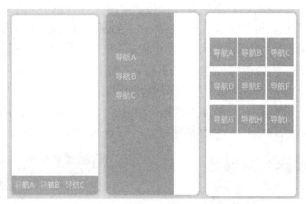

（a）标签式导航　（b）抽屉式导航　　（c）宫格式导航

图 3-4　几种常见导航的设计方式示例

标签式导航分为顶部标签和底部标签，即同级的标签并排放在屏幕的顶部或者屏幕的底部。Android 版微信早期就采用顶部标签，如图 3-5 所示。通过用户实际使用发现，由于人们日常习惯握住机身下半部分，拇指可达的区域主要位于屏幕下方，将标签放在顶部对于微信的几个视图切换并不便利。再以后的版本改为了同 iOS 系统一致的底部标签，如图 3-6 所示。当然，顶部标签并不是毫无优点的。对于新闻、小说等沉浸式体验的应用，最常用的操作是在一个视图当中不断下拉，为了给用户更好的阅读体验，将选项按钮放到顶部就比较便捷和舒适。

图 3-5　微信顶部标签示例

图 3-6　微信底部标签示例

　　底部标签由 iOS 应用率先兴起，现在几乎是各类 APP 的标配，使用户单手就可以点击标签，这样既保证了拇指操作的舒适性，又能避免在将标签放在屏幕上端那种模式下，操作时手指挡住屏幕视线。在有些情况下，简单的底部标签式导航难以满足更多的操作功能，这时就需要一些扩展形式来满足需求。如微博和 QQ 空间、闲鱼都做了这种扩展，用一个加号作为图标，把不太常用的功能折叠起来，在需要的时候打开并调用相关功能。

　　抽屉式导航经常和标签式导航结合使用。抽屉式导航就像抽屉一样，平时关起来，需要拿东西，打开抽屉，用完再关闭抽屉。抽屉式导航将部分信息内容进行了隐藏，突出了应用的核心功能。如人们经常使用的腾讯 QQ 应用就采用了这种抽屉式导航的设计，如图 3-7 所示。通常在页面的导航栏，左侧或者右侧会有一个按钮，用来打开抽屉，在最初的许多应用中，用三条较粗的小横线来表示，可称之为汉堡图标（Hamburger Menu），因为它看起来就像一个汉堡。QQ 音乐 APP 就采用了汉堡图标，如图 3-8 所示。汉堡图标帮用户节省了大量的屏幕空间，同时也带来了一些问题。比如图标一般位于屏幕单手操作的盲区，单手持握时难以点击。或者用户第一眼不能看到有些功能的入口，因而降低了用户的参与度。针对后者，现在大部分应用都改成了用文字来代替汉堡图标，例如"设置""更多""菜单"等，让用户看到文字，立刻就能知道隐藏的大概是什么功能，在需要某些功能时，点击文字按钮到里面寻找功能入口即可。

图 3-7　腾讯 QQ 的抽屉式导航菜单　　　　图 3-8　QQ 音乐中的汉堡图标

　　宫格式导航非常常见，比较典型的是淘宝 APP 的主页面，如图 3-9 所示。无论是 Android 手机还是 iOS 手机，进入手机主界面，就可以看到这种宫格式导航，每个 APP 的图标，都占一个宫格，是一个功能的入口。每个入口往往是比较独立的信息内容，用户进入一个入口后，只处理与此入口相关的内容，如果要跳转至其他入口，必须要先回到入口总界面。这种导航经常用于工具类 APP 中，它的优点是功能拓展性强，可增加多个入口；缺点是单页承载信息能力弱、层级深，不适合频繁切换任务。

　　对于一些功能复杂的应用，一般采取多种导航结合的方式来进行功能分区。首先用标签式导航将功能分为几大类，然后不同子页面中，通过宫格式、列表式等模式设置子导航，再将用户低频操作通过抽屉式导航隐藏起来。这样整个 APP 的信息架构一目了然，功能划分非常清晰明朗，也符合了绝大多数用户的操作习惯。

　　货运宝 APP 的整体架构采取了混合式导航，原型设计如图 3-10 所示。进入程序的主页面后，可看到主要的订单列表和进行中订单两个选项卡，采用抽屉式导航将其他的低频操作折叠起来。同时，将抽屉中的几个功能进行逻辑分组，用比较粗的线条明确区分出来。在订单大厅中，将订单分为可接订单和进行中订单两类，并选取了顶部标签的方式，方便用户不断下滑查看可接订单，或者查看进行中订单的详细情况。整个应用界面主体功能明确，可操作区域一目了然，风格简洁大方。

图 3-9　宫格式导航的淘宝 APP 主页面

图 3-10　货运宝混合式导航菜单

3.3　交　互　设　计

　　在产品设计的过程中还有许多其他方面的细节。从用户体验角度出发还应考虑如何提高 APP 的操作便捷性。

3.3.1　输入框

　　手机端的界面空间可谓寸土寸金，很少有空白的区域。而用户在面对界面中一片空白的区域时往往会产生紧迫感甚至有些不知所措。如果在这片空白区域里增加一些"引导词"（即引导描述型词条），用户就能迅速产生认知活动，对将要输入的内容进行快速反应和判断。在注册登录环节，每一个输入框都添加了引导词，提供给用户即将输入内容的模板，用户无需花费更多的时间思考输入什么和如何输入。除了本项目用到的内容型引导词，还有其他引导词，例如显示需要输入内容的片段、需要输入内容的描述等。

　　APP 初次使用时，司机端需要自己注册，为了系统的安全性，注册时需要输入各类身份信息，包括身份证号码、车牌号等。我国民用机动车车牌号第一位是车牌所属省份的简称，如天津车牌第一位为"津"，河北为"冀"。研究发现，各省份简称的汉字，大部分为不常用的汉字，像江西省简称为"赣"，广东省简称为"粤"。用户注册时，如果使用系统自带键盘，寻找起来将会比较吃力。因此，在进行车牌号输入的设计时，采取了自定义键盘的方式，键盘内容为各省简称的汉字，这样用户在输入时，直接点击汉字即可实现同样的效果，省去了用户拼写和寻找的步骤，大大提高了注册效率。车牌号键盘原型设计如图 3-11 所示。

在必要的时候，先猜测一下用户可能的操作，先做而非先问。货运宝项目在注册环节，默认勾选"我已阅读并同意"，如果用户要使用本系统，必须遵守相关规定，所以用户都要同意。对于这种强制性协议，也很少有人会去仔细研究。注册环节原型设计如图 3-12 所示。

图 3-11　车牌号键盘原型设计　　　　图 3-12　注册环节原型设计

现有手机操作系统中，都会带有点击输入框时自动弹出软键盘的功能。默认软键盘是不会自动收回的，如果用户没有手动收回键盘，就会导致键盘覆盖屏幕的一大部分，使有些操作无法进行。因此，凡是有输入框的页面都设置了点击输入框以外的视图时自动收回键盘的功能。

3.3.2　按钮设计

按钮是由文字或图标组成的。文字及图标必须能让人轻易地和点击后展示的内容联系起来。按钮的设计应当和应用的颜色主题保持一致。安卓系统原生的按钮样式简单，与 APP 的主题风格大相径庭，所以一个可以自定义的好看的按钮不可或缺。重要按钮是指在一个页面中，用户使用频率较高且实现当前页面中最主要功能的按钮。

在 APP 登录页面，重点突出了登录功能，如图 3-13 所示。一般情况下，注册属于一次性行为，一旦完成，以后再次使用的频率很低，而登录功能，在以后的每一次主动登录情况下，都需要点击。在订单详情页面，用户查看订单最主要的功能是接单，所以对"接单"按钮做了突出显示，如图 3-14 所示。此外，由于订单信息量比较大，对于小屏幕手机而言，一屏不能显示全面，所以优先将重要信息放在前面。将"接单"按钮放在订单信息视图之外，当用户即时滚动查看订单信息时，"接单"按钮位置不变，始终会出现在可操作范围内。并且将"接单"按钮放置在屏幕最底部，保证了用户单手操作的快捷性。

图 3-13　货运宝登录原型设计　　　　　　　图 3-14　订单详情原型设计

3.3.3　语音提示

众所周知，大货车司机的工作基本上都是在运输途中，多数时间处于驾驶车辆状态。因此，为了保证订单及时传递给司机，在发布新订单或者订单状态发生变更时，采取了语音提示的方式。这样即使用户没有在看手机，也能通过语音方式接到推送。如果司机不想接单，可以手动设置自己为忙碌状态，这样在行车途中，就不会受到系统推送的干扰，保障行车安全。

3.4　界　面　设　计

3.4.1　界面设计工具

Android APP 界面设计可采用谷歌推出的 Material Design（材料设计语言）。Material Design 是谷歌公司发布 Android 5.0 之后才推出的一个设计规范。其核心思想就是把物理世界的体验带进屏幕。去掉现实中的杂质和随机性，保留其最原始纯净的形态、空间关系、变化与过渡，配合虚拟世界的灵活特性，还原最贴近真实的体验，达到简洁与直观的效果。在 Material Design 中，最重要的信息载体就是魔法纸片。纸片层叠、合并、分离，拥有现实中的厚度、惯性和反馈，同时拥有液体的一些特性，能够自由伸展变形。

Material Design 非常重视动画效果。它反复强调一点：动画不只是装饰，它有含义，能表达元素、界面之间的关系，具备功能上的作用。Material Design 是最重视跨平台体验的一套设计规范。规范的严格细致保证了它在各个平台的使用体验高度一致。不过目前还只有谷歌公司自家的服务这么做，毕竟其他平台有自己的规范与风格。在中国，智能手机厂商大多有自己深度定制的操作系统，导致原生 Android 系统的用户量不足 10%，因此遵循 Material Design 的应用是极少的。"哔哩哔哩"和"网易云音乐"这两款 APP 则是 Material Design 的设计风格的典型应用，如图 3-15、3-16 所示，感兴趣的读者可以自行下载亲自感受一下这种设计风格。

图 3-15 哔哩哔哩界面图

图 3-16 网易云音乐界面图

3.4.2 界面设计思想

国内大多数 APP 为了保证用户在不同操作系统上体验的连贯性，在进行 Android 界面设计的时候，与 iOS 界面有很多相似之处，虽然导致了两个系统从界面上看界限更加模糊，但是确更好地尊重了用户的使用习惯。货运宝在进行界面设计的时候，更多地考虑用户体验而不是做一个 Android 产品的情怀，因此，并没有严格地遵守 Material Design 设计规范。

界面设计是交互设计最表层的东西，直接与用户"面对面"，是用户对产品的第一印象。人们关心一个应用是否提供它承诺的功能，但他们也被应用的外观和行为强烈影响，有时是以潜意识的方式。例如，一个帮助人们执行一个严肃任务的应用，通过采用标准的控制和可预测的行为以及使装饰性的元素不引人注意来使人们聚集于该任务。这样应用的功能和标识就传达了一个清楚的、统一的信息，使人们对它产生信任。如果一个应用以打扰、轻浮、武断的方式来呈现一个任务的 UI，人们可能怀疑该应用的可靠性和是否值得信任。换句话说，对一个鼓励身临其境的任务（例如游戏），人们期待应用令人着迷、具有乐趣和激动人心以及鼓励发现。人们不期待在一个游戏中完成一个严肃性或有生产性的任务，人们期待游戏的表现和行为与它的功能一致。因此，对于不同类型的应用，应该采用不同的设计风格。货运宝属于功能型应用，旨在解决商业上货运领域一个环节的困境，APP 端结合日常户外使用场景，设计风格首先要遵从的就是简洁、简单。

对于简洁的设计可以从很多角度入手。例如，使用简单的词汇构成的短句，尽量减少文字，因为人们更倾向于跳过长句，而且货车司机的文化水平普遍偏低，对文字的接受程度也就不会太高。使用图片来解释观点或者说明功能，往往能捕获人们的注意力，且比文字更有效率，一图胜千言。

扁平化设计是近几年较为流行的 UI 设计风格。它的核心意义是去除冗余、厚重和繁杂的装饰效果，具体表现在去掉了多余的透视、纹理、渐变以及能做出 3D 效果的元素，这样可以让"信息"本身重新作为核心被凸显出来。同时在设计元素上，则强调了抽象、极简和符号化。例如：Windows、Mac OS、iOS、Android 等操作系统的设计已经往"扁平化设计"发展。其设计语言主要有 Material Design、Modern UI 等。扁平化的设计，尤其是在手机的系统中直接体现在：更少的按钮和选项。这样使得 UI 界面变得更加干净整齐，使用起来格外简洁，从而带给用户更加良好的操作体验。因为可以更加简单直接地将信息和事物的工作方式展示出来，所以可以有效减少认知障碍的产生。

货运宝 APP 界面主要采用了扁平化的设计，不仅界面美观、简洁，而且还能达到降低功耗、延长待机时间和提高运算速度的效果。

3.4.3　APP 界面设计特点

1.　屏幕尺寸

屏幕尺寸是指屏幕的对角线的长度，而不是手机的面积，通常单位用英寸表示，1 英寸=2.54 厘米。比较常见的屏幕尺寸有 3.5 英寸、3.7 英寸、4.2 英寸、5.0 英寸、5.5 英寸、6.0 英寸等。

2.　屏幕分辨率

屏幕分辨率是指手机垂直和水平方向上的像素个数，单位尺寸内像素点越多，显示的图像就越清楚。通常单位用 px（pixel，像素）表示，1px=1 个像素点。分辨率 720×1280 表示手机水平方向有 720 个像素点，垂直方向有 1280 个像素点。市场上的主流分辨率有：480×800、720×1280、1080×1920。需要特别注意的是：这里的分辨率和 Photoshop 里面设置的分辨率不是同一个分辨率。一般进行 Android 界面设计的时候，在 Photoshop 中将分辨率设置为 72 像素/英寸即可符合屏幕视觉要求。

3.　屏幕像素密度

屏幕像素密度表示屏幕每英寸有多少个像素，是手机清晰度的重要决定因素。通常单位用 ppi（pixels per inch，每英寸像素数）来表示。屏幕尺寸和屏幕分辨率影响屏幕像素密度，在单一变化条件下，屏幕尺寸越小且分辨率越高，则屏幕密度越大，反之越小。一般来说，当 ppi 低于 240 时，人的视觉可以察觉到明显颗粒感；当 ppi 高于 300 时则无法察觉。当然，屏幕的清晰程度其实是由屏幕分辨率和屏幕大小共同决定的，用 ppi 指数衡量屏幕清晰程度更加准确。分辨率越高代表系统的运行压力就越大，在 UI 设计时还需要根据实际平衡一下。

4.　尺寸适配

在 Android 开发中常常会用到手机屏幕密度和屏幕逻辑尺寸来进行屏幕适配。常见手机的屏幕参数见表 3-1。

表 3-1　常见手机的屏幕参数

像素密度等级	等级像素密度	屏幕像素	屏幕尺寸/英寸	屏幕像素密度	设备型号
ldpi-0.75	120	240×320	2.7	140.55	
mdpi-1	160	320×480	3.2	180.27	
hdpi-1.5	240	480×800	3.4	274.39	
xhdpi-2	320	720×1280	4.65	315.6	
xhdpi-2	320	768×1280	4.65	321	Nexus4

续表

像素密度等级	等级像素密度	屏幕像素	屏幕尺寸/英寸	屏幕像素密度	设备型号
xxhdpi-3	480	1080×1920	4.95	445	Nexus5
xxhdpi-3	480	1080×1920	5.2	423	Nexus5X
xxxdpi-4	640	1440×2560	5.96	493	Nexus6/6P

在表 3.1 中，像素密度等级是厂商设定的值，一般是取实际屏幕密度最接近的屏幕密度等级，但是也可以自主设定。目前 Android SDK 中支持的等级有 ldpi、mdpi、tvdpi、hdpi、xhdpi、xxhdpi、xxxhdpi。它对应的像素密度称为等级像素密度。而屏幕像素密度是利用勾股定理计算对角线上像素数除以对角线尺寸。读者可自行查阅相关资料进行公式计算，这里不再赘述。

5．界面设计组成

Android 的屏幕尺寸众多，建议使用分辨率为 720×1280 的尺寸设计。这个尺寸在 720×1280 屏幕中显示完美，在 1080×1920 屏幕中看起来也比较清晰。切图后的图片文件大小也适中，对内存消耗也不会过高。

Android APP 界面通常由四部分组成：状态栏、导航栏、主菜单和内容区域。一般情况下，状态栏高度为 50px，导航栏高度为 96px，标签栏高度为 96px。以腾讯 QQ 为例，界面组成如图 3-17 所示。状态栏位于屏幕顶部，显示手机操作系统层面的信息，例如电量、时间、信号强度、网络连接方式等；导航栏一般用于显示当前页面的标题、APP 的常用功能等；主菜单显示系统主要的功能模块，置于底部主要是为了便于用户在不同模块间进行切换；内容区域为除去以上三部分之外的所有屏幕剩余部分，用于显示 APP 的正文内容。

图 3-17　腾讯 QQ 界面组成

3.4.4　字体字号设计

选择字体字号大小时应根据 APP 的功能、风格、定位来进行选择，应通过文字大小表现出内容的轻重、层级划分，做到层级关系明显。除了对字体进行字号大小的区别，还可对文字进行样式和颜色的区分。

以豆果美食为例，这是一款界面阅读十分漂亮的 APP。文字阅读给人一种精致舒服的感觉。在字号选择上同阅读类型的新闻 APP 和工具类型的 APP 相比，它的文字选择的要稍小一些。如图 3-18 所示：导航栏的字号为 30px；页面最大字号为 34px（如分类标题），其余文字大小分别是 32px、28px、24px、20px。

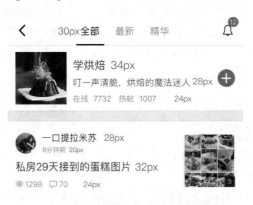

图 3-18　豆果美食 APP 界面字号设计说明

Android 系统对字体的载入有一个优先级顺序，首先是西方字符，然后是一些符号字体（包括 emoji 字体），最后是中日韩字符。Android 系统自带的只有"sans（默认）""serif"和"monospace"三种字体，用户可以根据需要自行添加字体。

货运宝 APP 采用了 Android 系统默认的字体，在字号上根据内容需要各有不同，读者可参照本章中图例自行设计出样式美观的界面，这里不作统一规定。

3.5　本 章 小 结

手机的 UI 设计是指手机软件的人机交互、操作逻辑、界面美观的整体设计。良好的 UI 设计可以有效提升用户体验。本章根据项目的实际情况，结合几个比较有代表性的模块介绍了交互设计的核心思维——以用户为中心的设计思想。欢迎界面是用户打开一个 APP 时出现的第一个页面，一般包括两种：单纯的启动页和有介绍功能的引导页。欢迎界面在很大程度上减少了用户等待服务器数据加载时产生的心理不适。全局导航也称为链接列表，是应用的中枢。在移动应用中，导航的设计方式有许多种，常见的有标签式、抽屉式、宫格式等。本项目整体架构采取了混合式导航。从用户体验角度出发还应考虑如何提高 APP 的操作便捷性。例如，输入框、按钮设计、语音提示等，无处不显示出以用户为中心的设计思想。此外，读者还应了解一些必备的界面设计知识，如界面设计的思想、特点、组成等，这些对手机界面的 UI 设计都起到了事半功倍的作用。

第 4 章　Android 开发环境的部署

 本章导读

Android 是谷歌公司发布的基于 Linux 内核的移动平台。该平台由操作系统、中间件、用户界面和应用软件组成，是一个真正开放的移动开发平台。本章将介绍 Android 系统的应用程序框架以及开发环境的搭建，让读者对 Android 平台有个初步的了解，之后开发第一个 Android 程序 HelloWorld，并通过对该程序的简单分析，带领读者步入 Android 开发的大门。

 本章要点

- Java 环境变量的配置
- Android Studio 的安装与基本设置
- Android 工程目录的介绍
- 了解 Android 工程 Module（模块）中的 Gradle 文件的配置
- 掌握第一个 Android 程序 HelloWorld

4.1　开发环境简介

首先让我们一起来揭开 Android 系统底层运行机制的面纱。Android 系统架构如图 4-1 所示。

图 4-1　Android 系统架构

如图 4-1 所示，Android 系统架构为四层体系，由下向上分别为：Linux 内核层、系统运行库层、应用程序框架层和应用程序层。Linux 内核层为 Android 设备的各种硬件提供了底层的驱动，如显示、音频等的驱动。系统运行库层层通过一些 C/C++库来为 Android 系统提供了主要的特性支持，如 SQLite 库提供了数据库的支持。同时这一层还有 Android 运行时库，提供了一些核心库，允许开发者使用 Java 语言来编写 Android 应用。另外，Android 运行时库中还包含了 Dalvik 虚拟机（5.0 系统之后改为 ART 运行环境），它使得每一个 Android 应用都能运行在独立的进程中，并且拥有一个自己的 Dalvik 虚拟机实例。相比 Java 虚拟机，Dalvik 虚拟机专门对移动设备进行了定制优化。应用程序框架层主要提供了构建应用程序时可能用到的各种 API，开发者可以通过这些 API 来构建自己的应用程序。应用程序层是指安装在手机上的各种应用程序，即安装的各种 APP。

基于 Android 系统架构，安卓 APP 应用程序开发则需要几个必备工具（即开发环境）：首先，需要安装部署 JDK，即 Java 语言软件开发工具包，它包含了 Java 的运行环境、工具集合、基础类库等（推荐使用 JDK8 或以上版本进行开发）；其次，需要安装部署 Android SDK，即谷歌公司提供的 Android 开发工具包，在开发 Android 程序时，需要通过引入该工具包来使用 Android 相关的 API；最后，需要安装部署 Android Studio，即 Android 集成开发环境工具包。Android 项目最初都是用 Eclipse 来开发的，但在 2013 年，谷歌公司推出了一款官方的 IDE 工具 Android Studio，其性能要优于 Eclipse，目前已成为业界主流开发工具。上述软件并不需要单独下载，谷歌公司为简化开发环境的搭建，已将所有工具进行了集成打包，因此可以通过 ClickOnce 一键安装来部署 Android 开发环境。

4.2　JDK 的安装及环境配置

首先，到 Oracle 的官网下载 Java 安装包，Java 安装包下载地址如下：
http://www.oracle.com/technetwork/java/javase/downloads/index.html
在浏览器中输入该网址后，显示如图 4-2 所示的页面，单击黑框中的 JDK DOWNLOAD 按钮进入下载页面，如图 4-3 所示。

图 4-2　JDK 下载页面

图 4-3 不同 JDK 版本选择

首先选择 Accept License Agreement 单选按钮，然后选择合适的版本进行下载，有 Windows、Linux、 macOS 等多种版本可选。下载完 JDK 后，在硬盘里找到它，然后双击"安装"，出现如图 4-4 所示的安装向导。

单击"下一步"按钮，进入定制安装界面，在这里用户可在列表中选择要安装的可选功能，如图 4-5 所示。

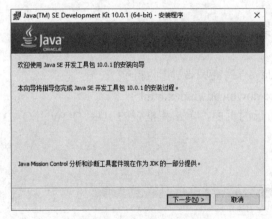

图 4-4 JDK 安装向导

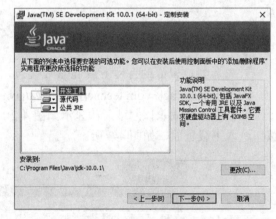

图 4-5 定制安装界面

后面都是一些安装界面，直接单击"下一步"按钮，根据向导完成安装即可。当完成全部安装步骤以后出现如图 4-6 所示的完成界面，然后单击"关闭"按钮完成 JDK 的安装。

系统环境变量用于指定计算机中一些应用或程序的重要文件的路径，可以使计算机快速地启动或运行某些应用或程序。因此，下载安装完 JDK 之后还需要配置环境变量。本章以 Windows10 系统为例来介绍系统环境变量的配置方法。

步骤一：首先将"此电脑"快捷方式添加到桌面上，添加方法是：在桌面空白处右击并选"个性化"，然后在"主题"下找到"桌面图标设置"。如图 4-7 所示，勾选"计算机"复选框，使桌面上出现"此电脑"图标。

图 4-6　安装完成界面　　　　　　　图 4-7　"桌面图标设置"对话框

步骤二：右击"此电脑"图标，在快捷菜单中选择"属性"，如图 4-8 所示。

步骤三：进入"系统"窗口后，单击左侧"高级系统设置"进入"系统属性"对话框，如图 4-9 所示。接着单击"高级"选项卡中的"环境变量"按钮。

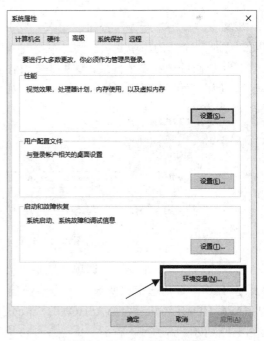

图 4-8　"此电脑"的"属性"选项　　　图 4-9　"系统属性"对话框

步骤四：进入"环境变量"界面后，界面上方显示的是某个用户的环境变量，下方显示的是系统的环境变量，如图 4-10 所示。系统的环境变量对计算机中的所有用户都有效。

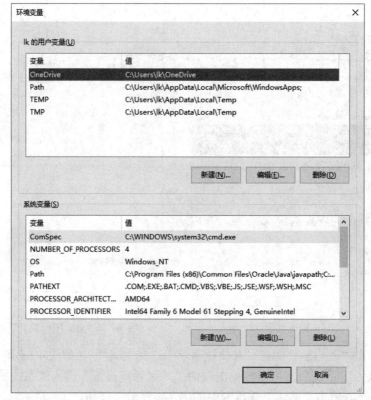

图 4-10 "环境变量"对话框

步骤五：单击"新建"按钮，输入"变量名"和"变量值"（也就是某个或某几个路径），就可以添加一个新的环境变量。为"系统变量"新建一个变量名为 JAVA_HOME 的变量，"变量值"为本地 Java 的安装目录，这里为 D:\Program Files\Java\jdk-10.0.1，设置这个变量的目的是使其作为下面两个环境变量的一个引用，如图 4-11 所示。

图 4-11 设置 JAVA_HOME 变量

步骤六：在"系统变量"选项区域中直接双击 Path，查看 Path 变量。如果不存在，则新建变量 Path，否则选中该变量，单击"新建"按钮，在"变量值"文本框的起始位置添加"%JAVA_HOME%\bin;%JAVA_HOME%\jre\bin;"，并通过"上移"按钮将其移到起始位置，如图 4-12 所示。

步骤七：在"系统变量"选项区域中查看 CLASSPATH 变量，如果不存在，则新建变量 CLASSPATH，否则选中该变量，单击"编辑"按钮，在"变量值"文本框的起始位置添加".;%JAVA_HOME%\lib\dt.jar;%JAVA_HOME%\lib\tools.jar;"，如图 4-13 所示。

图 4-12　设置 Path 变量

图 4-13　设置 CLASSPATH 变量

1. 成功安装判断方法

输入命令"java -version"，能够输出 Java 版本信息，则配置成功，如图 4-14 所示。否则，需要重新配置。

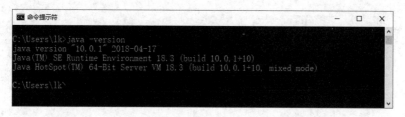

图 4-14　在"命令提示符"窗口中显示 Java 配置验证成功

2. 环境变量说明

JAVA_HOME：该环境变量的值就是 Java 所在的目录，一些 Java 版的软件和一些 Java 的工具需要用到该变量，设置 PATH 变量和 CLASSPATH 变量的时候，也可以使用该变量以方便设置。

PATH：指定一个路径列表，用于搜索可执行文件。执行一个可执行文件时，如果该文件不能在当前路径下找到，则依次寻找 PATH 中的每一个路径，直至找到。或者找完 PATH 中的路径也不能找到，则报错。Java 的编译命令（javac）、执行命令（java）和一些工具命令（javadoc、 jdb 等）都在其安装路径下的 bin 目录中，应该将该路径添加到 PATH 变量中。

　　CLASSPATH：指定一个路径列表，是用于搜索 Java 编译或者运行时需要用到的类。在 CLASSPATH 列表中除了可以包含路径外，还可以包含.jar 文件。Java 查找类时会把这个.jar 文件当作一个目录来进行查找。通常，需要把 JDK 安装路径下的 jre/lib/rt.jar（Linux: jre/lib/rt.jar）包含在 CLASSPATH 中。

　　PATH 和 CLASSPATH 都指定路径列表，列表中的各项（即各个路径）之间使用分隔符分隔。在 Windows 系统下，分隔符是分号（;），而在 Linux 系统下，分隔符是冒号（:）。

　　注意，在 CLASSPATH 中包含了一个"当前目录(.)"。包含了该目录后，就可以到任意目录下去执行需要用到该目录下某个类的 Java 程序，即使该路径并未包含在 CLASSPATH 中也可以。原因很简单：虽然没有明确地把该路径包含在 CLASSPATH 中，但 CLASSPATH 中的"."在此时就代表了该路径。

4.3　Android Studio 安装与基本设置

　　IDE（Integrated Development Environment）是集成开发环境的简称，主要用于提供程序开发环境的应用程序，一般包括代码编辑器、编译器、调试器和图形用户界面工具。它是集成了代码编写功能、分析功能、编译功能、调试功能等一体化的开发软件服务套。Android Studio 是一个由谷歌公司创建的基于 IntelliJ IDEA 开发的 Android IDE，类似于 Eclipse，但在代码自动提示、运行响应速度等方面都比 Eclipse 更好。因此，本书选用 Android Studio 作为 Android 应用开发和调试的工具。

4.3.1　下载与安装

　　完成 JDK 的安装后，接着进行 Android IDE 的安装。Android Studio 的下载地址：www.android-studio.org/。打开该网址，用户根据自己的开发平台选择相应的版本下载，若是 Windows 平台，可以直接单击绿色按钮下载，如图 4-15 所示。下载完成后即可进行安装，安装过程比较简单，和普通应用程序安装过程基本一致。

图 4-15　Android Studio 的下载页面

　　首先出现 Android Studio 安装的欢迎界面，如图 4-16 所示。直接单击"Next"按钮，进入下一步选择组件。如图 4-17 所示，有三个组件可选择，其中 Android Studio 是必选项，Android SDK（软件开发工具包）和 Android Virtual Device（Android 虚拟设备）两个是可选项。如果用户是第一次安装，则保持默认选中状态即可。

图 4-16　Android Studio 安装欢迎界面

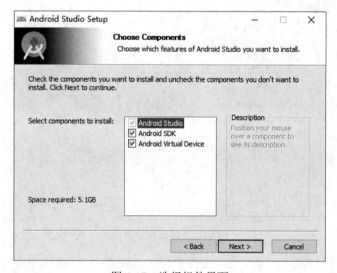

图 4-17　选择组件界面

　　选择好安装组件再进入下一步，用户必须在浏览许可证协议后单击"I Agree"按钮，同意协议条款后方可进行 Android Studio 的安装，如图 4-18 所示。

　　下一步需要用户选择安装路径，要求 Android Studio 的硬盘至少有 500MB 的剩余空间，而安装 Android SDK 的硬盘至少有 3.2GB 的剩余空间，如图 4-19 所示。需要注意的是，Android SDK 会占用相当大的空间，完全下载下来需要 100GB 甚至更多，如果 C 盘空间不是特别大，可将 Android SDK 安装到其他盘下。

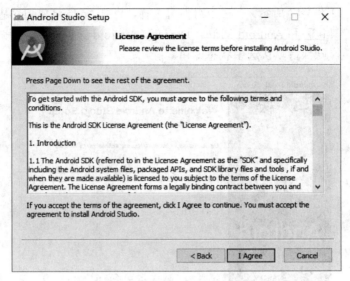

图 4-18　安装许可证协议界面

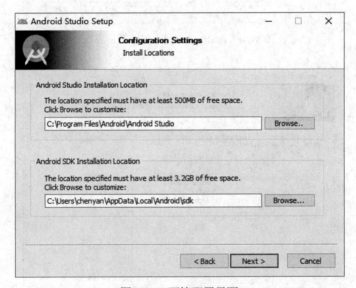

图 4-19　环境配置界面

　　此外，用户可选择在"开始"菜单文件夹中建立快捷方式，以便每次启动 Android Studio 时可在"开始"菜单中快速定位并打开该应用，如图 4-20 所示。至此，已经完成了 Android Studio IDE 环境的全部配置，直接单击"Install"按钮即可自动安装。安装完成后，显示安装完成界面，如图 4-21 所示。

　　默认勾选"Start Android Studio"复选框，单击"Finish"按钮运行并进入到 Android Studio 安装向导界面，如图 4-22 所示。该界面中可看到手机平板、可穿戴设备、电视、车载四个图标，它们形象地展示出了 Android 开发应用的四大主流方向。

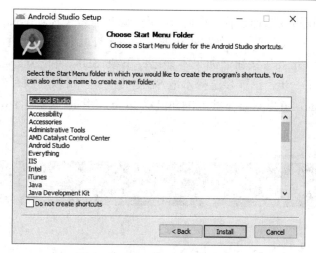

图 4-20　"开始"菜单设置界面

图 4-21　安装完成界面

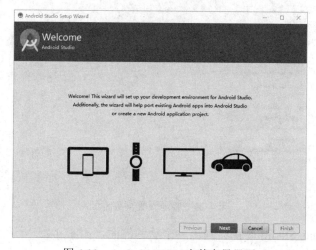

图 4-22　Android Studio 安装向导界面

单击 "Next" 按钮进入选择设置类型向导界面，这里有两个选项 "Standard" 和 "Custom"，即标准和自定义，如图 4-23 所示。如果本机的 Android SDK 没有配置过，那么建议直接选择 "Standard"，单击 "Finish" 按钮。如果本地已经下载 SDK 并配置好了环境变量，可选择 "Custom"，然后到下一步，这一步选择本地 SDK 的位置，可以看到有个 2.25GB 的 SDK 要下载，这是由于 Studio 1.0 默认要下载 5.0 的 SDK 以及一些 Tools 等组件，然后单击 "Finish" 按钮。

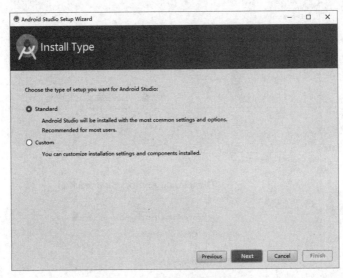

图 4-23　安装类型向导界面

最后是验证设置，如图 4-24 所示。用户可以浏览到前面设定的安装配置信息，确认无误后单击 "Finish" 按钮结束全部安装过程。

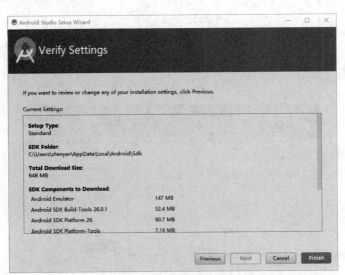

图 4-24　验证设置向导界面

每次运行 Android Studio 时都会弹出一个欢迎界面，如图 4-25 所示。在这里用户可以选择创建一个新项目或打开一个已有项目等。

图 4-25　Android Studio 欢迎界面

4.3.2　基本设置

1. 开发界面设置

默认的 Android Studio 为灰白色界面，如图 4-26 所示。如果感觉灰白色背景刺眼，可依次选择"File"→"Settings"→"Appearance"→"Theme"，然后选择 Darcula 主题，如图 4-27 所示。修改后的炫酷黑色主题界面如图 4-28 所示。

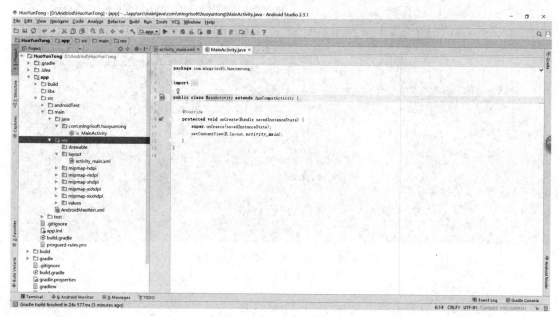

图 4-26　初始项目界面

2. 系统字体设置

如果 Android Studio 界面中中文显示有问题，或者选择中文目录显示有问题，或者想修改菜单栏的字体，可以依次选择"File"→"Settings"→"Appearance"，再勾选 Override default fonts by (not recommended)复选框，选择一款支持中文的字体即可，默认是微软雅黑。

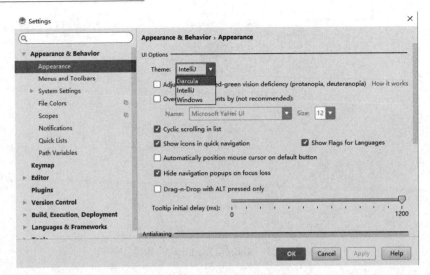

图 4-27　开发界面背景设置

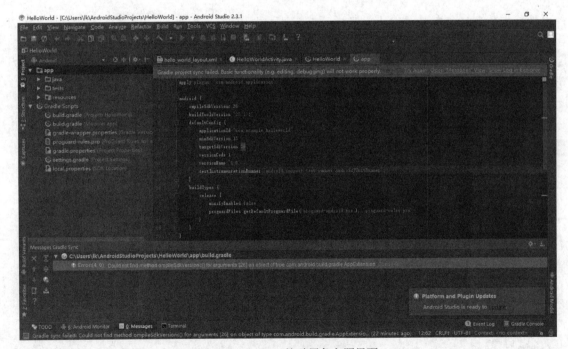

图 4-28　Darcula 炫酷黑色主题界面

3. 程序字体设置

如果想修改编辑器的字体以及所有的文件显示的字体，可以依次选择"File"→"Settings"→"Editor"→"Colors & Fonts"→"Font"。默认系统显示的 Scheme 为 Default，单击右侧的"Save As…"按钮，保存一份自己的设置，并在当中设置之后，在 Editor Font 中即可设置字体。

4. 代码格式设置

如果想设置代码格式化时显示的样式，可以依次选择"File"→"Settings"→"Code Style"。

5．默认文件编码设置

开发中需要使用 utf-8，可以依次选择"File"→"Settings"→"File Encodings"。建议将 IDE Encoding、Project Encoding、Properties Fiels 都设置成统一的编码。

6．显示行号

选择"File"→"Settings"→"Appearance"，勾选"Show line numbers"复选框，即可显示出行号。

7．插件设置

Android Studio 对插件的支持也非常完善，Android Studio 默认自带了一些插件，如果不使用某些插件，则可以禁用它。选择"File"→"Settings"→"Plugins"，界面右侧会显示出已经安装的插件列表，取消勾选即可禁用插件。

4.4　工程目录的介绍

Android Studio 中有 Project 和 Module 的概念，Project 代表一个工作空间，一个 Project 可以包含多个 Module，比如一个项目引用的 Android Library、Java Library 等，这些都可以看作 Module。

用户新建一个项目的目录结构，并且切换到"Project"模式，如图 4-29 所示。在该模式下可以看到全部文件，并且通常用户也是在这个模式下工作。

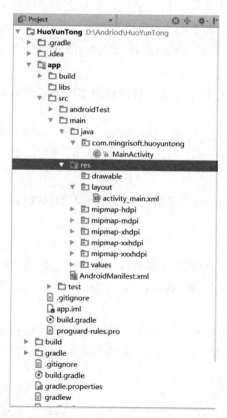

图 4-29　工程目录

上述目录中将 java 代码和资源文件（图片、布局文件等）全部归结为 src，在 src 目录下有一个 main 的分组，同时划分出 java（程序文件）和 res（资源文件）两个文件夹。其中 res 目录下有许多文件夹，可以简单归纳一下。所有以 drawable 开头的文件夹都是用来存放图片的，所有以 mipmap 开头的文件夹都是用来存放应用图标的，所有以 values 开头的文件夹都是用来存放字符串、样式、颜色等配置的，所有以 layout 开头的文件夹都是用来存放布局文件的。

4.4.1　一个 Project 的目录结构

1．.gradle 和.idea

这两个目录下放置的都是 Android Studio 自动生成的一些文件，我们无须关心，也不要去手动编辑。

2．app

项目中的代码、资源等内容几乎都是放置在这个目录下的，后面的开发工作也基本都是在这个目录下进行的，后续章节还会对此目录单独展开并进行讲解。

3．build

这个目录也不需要过多关心。它主要包含了一些在编译时自动生成的文件。

4．gradle

这个目录包含了 gradle wrapper 的配置文件，使用 gradle wrapper 的方式不需要提前将 gradle 下载好，而是自动根据本地的缓存情况决定是否需要联网下载 gradle。Android Studio 默认没有启动 gradle wrapper 的方式，如果需要打开，可以单击 Android Studio 导航栏，选择 "File" → "Settings" → "Build，Execution，Deployment" → "Gradle"，进行配置更改。

5．.gitignore

这个文件是用来将指定的目录或文件排除在版本控制之外的。

6．build.gradle

这是项目全局的 gradle 构建脚本，通常这个文件中的内容是不需要修改的。4.5 节会详细分析 gradle 构建脚本中的具体内容。

7．gradle.properties

这个文件是全局的 gradle 配置文件，在这里配置的属性将会影响到项目中所有的 gradle 编译脚本。

8．gradlew 和 gradlew.bat

这两个文件是用来在命令行界面中执行 gradle 命令的。其中 gradlew 是在 Linux 或 Mac 系统中使用的，gradlew.bat 是在 Windows 系统中使用的。

9．HelloWorld.iml

iml 文件是所有 IntelliJ IDEA 项目都会自动生成的一个文件（Android Studio 是基于 IntelliJ IDEA 开发的），用于标识这是一个 IntelliJ IDEA 项目，目前暂不需要修改这个文件中的任何内容。

10．local.properties

这个文件用于指定本机中的 Android SDK 路径，通常内容都是自动生成的，并不需要修改。除非本机中的 Android SDK 位置发生了变化，那么就将这个文件中的路径改成新的位置。

11.　settings.gradle

这个文件用于指定项目中所有引入的模块。由于 HelloWorld 项目中就只有一个 app 模块，因此该文件中也就只引入了 app 这一个模块。通常情况下模块的引入都是自动完成的，需要用户手动去修改这个文件的场景可能比较少。

4.4.2　一个 Module 的目录结构

1.　build

这个目录和外层的 build 目录类似，主要也是包含了一些在编译时自动生成的文件，不过它里面的内容会更多更杂，用户不需要过多关心。

2.　libs

如果项目中使用到了第三方 jar 包，就需要把这些 jar 包都放在 libs 目录下。放在这个目录下的 jar 包都会被自动添加到构建路径里去。

3.　Android Test

此处是用来编写 Android Test 测试用例的，可以对项目进行一些自动化测试。

4.　java

毫无疑问，java 目录是放置所有 java 代码的地方。

5.　res

在项目中使用到的所有图片、布局、字符串等资源都要存放在这个目录下。当然这个目录下还有很多子目录，图片放在 drawable 目录下，布局放在 layout 目录下，字符串放在 values 目录下。

6.　AndroidManifest.xml

这是整个 Android 项目的配置文件，在程序中定义的所有四大组件都需要在这个文件里注册。另外还可以在这个文件中给应用程序添加权限声明。

7.　test

此处是用来编写 Unit Test 测试用例的，是对项目进行自动化测试的另一种方式。

8.　.gitignore

这个文件用于将 app 模块内的指定的目录或文件排除在版本控制之外，作用和外层的.gitignore 文件类似。

9.　app.iml

IntelliJ IDEA 项目自动生成的文件，用户不需要关心或修改这个文件中的内容。

10.　build.gradle

这是 app 模块的 gradle 构建脚本，这个文件中会指定很多项目构建相关的配置。

11.　proguard-rules.pro

这个文件用于指定项目代码的混淆规则，当代码开发完成后打成安装包文件。如果不希望代码被别人破解，通常会将代码混淆，从而让破解者难以阅读。

4.5　Module 中 Gradle 详解

Gradle 是一个先进的 build toolkit，可以方便地管理依赖包和定义自己的 build 逻辑。Android Studio 集成了 Gradle，另外谷歌公司还专门开发了 Android Plugin for Gradle，由此可见其业界地位。

Android Studio 中有一个顶级的 build.gradle 文件，每一个 Module 还有一个自己的 build.gradle。这个文件是使用 Groovy 语法和 Android Plugin for Gradle 元素的配置文件。通常只需要修改 Module 的 build 文件就可以了。

这个文件是 Module 的 gradle 配置文件，也可以算是整个项目最主要的 gradle 配置文件，下面是这个文件的内容：

```
1.   apply plugin: 'com.android.application'
2.   apply plugin: 'android-apt'
3.   apply plugin: 'org.greenrobot.greendao'
4.   apply plugin: 'com.jakewharton.butterknife'
5.   android {
6.       compileSdkVersion 25
7.       buildToolsVersion "25.0.3"
8.       defaultConfig {
9.           applicationId "com.zh.zhenhongwuliu"
10.          minSdkVersion 15
11.          targetSdkVersion 23
12.          versionCode 8
13.          versionName "0.8"
14.          testInstrumentationRunner "android.support.test.runner.AndroidJUnitRunner"
15.      }
16.      buildTypes {
17.          release {
18.              minifyEnabled true
19.              proguardFiles getDefaultProguardFile('proguard-android.txt'),'proguard-rules.pro'
20.          }
21.      }
22.      sourceSets {
23.          main {
24.              jniLibs.srcDirs = ['libs']
25.          }
26.      }
27.  }
28.  dependencies {
29.      compile fileTree(include: ['*.jar'],dir: 'libs')
30.      androidTestCompile('com.android.support.test.espresso:espresso-core:2.2.2',{
31.          exclude group: 'com.android.support',module: 'support-annotations'
32.  })
33.      compile 'com.squareup.okhttp3:okhttp:3.8.1'
```

```
34.        … …
35.        compile project(':SlidingMenu')
36.    }
```

文件开头 apply plugin 是最新 gradle 版本的写法，以前的写法是 apply plugin: 'android'。如果还是以前的写法，请改正。

buildToolsVersion 需要本地安装该版本才行。很多人导入新的第三方库，失败的原因之一是 build Version 的版本不对。对于 buildToolsVersion，可以手动更改成本地已有的版本或者打开 SDK Manager 去下载对应版本。

applicationId 代表应用的包名，也是最新的写法。

minifyEnabled 也是最新的语法，很早之前是 runProguard。

proguardFiles 这部分有两段，前一部分代表系统默认的 Android 程序的混淆文件，该文件已经包含了基本的混淆声明，帮助用户免去了很多工作，这个文件的目录的位置为：

/tools/proguard/proguard-android.txt

后一部分是本项目里的自定义的混淆文件，就在 proguard-rules.pro 文件中，在这个文件里可以声明一些第三方依赖的一些混淆规则。

dependencies 在这里添加依赖的类库，例如 compile 'com.squareup.okhttp3:okhttp:3.8.1'。

compile project(':SlidingMenu')这一行是因为货运宝 Module 中依赖其他 Module，由于 Gradle 的普及以及远程仓库的完善，这种依赖渐渐地会变得非常不常见，但是需要知道有这种依赖。

4.6　偷懒神器 ButterKnife 及其附属插件的使用

对于安卓程序员来说，把时间花在不用动脑筋的 findViewById()上简直让人难以忍受。此外大量的点击监听事件的分散化使得代码可读性下降。于是，基于注解的 ButterKnife 应运而生。

ButterKnife 是一个专注于 Android 系统的 View 注入框架，可以减少大量的 findViewById()以及 setOnClickListener 代码。参考链接如下：

ButterKnife 官网：http://jakewharton.github.io/butterknife/

ButterKnife GitHub 网址：https://github.com/JakeWharton/butterknife

ButterKnife-Zelezny 网址：https://github.com/avast/android-butterknife-zelezny

获取并使用 ButterKnife：

在整个工程（Project）的 gradle 里的 dependencies 下添加以下依赖：

classpath 'com.neenbedankt.gradle.plugins:android-apt:1.8'

在你的项目（app）的 gradle 里的 dependencies 下添加以下依赖：

apply plugin: 'com.neenbedankt.android-apt'

compile 'com.jakewharton:butterknife:8.6.0'

apt 'com.jakewharton:butterknife-compiler:8.6.0'

说明："依赖"通俗地说就是让这个控件可以使用的必要条件。

接下来安装 ButterKnife Zelezny 插件：

Android ButterKnife Zelezny 是 Android Studio Plugins 里面的一款插件。官网地址：https://github.com/avast/android-butterknife-zelezny。

安装步骤是 File→settings→Plugins→Browse repositories→然后再输入框输入 ButterKnife Zelezny 并搜索→install→restart android studio（安装后重启生效）。

使用方法是在所使用的布局 ID（如 R.layout.activity_main）上右击，然后选择 Generate →Generate ButterKnife Injections，就会借助插件弹出如图 4-30 所示的对话框。

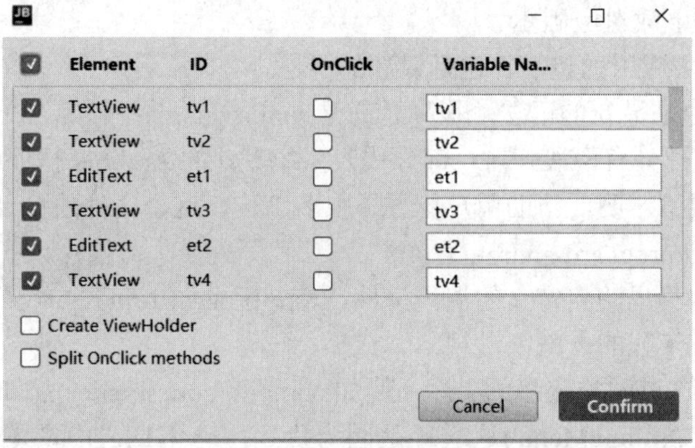

图 4-30　插件对话框

ID 所在列代表要选择那些对应的 ID 生成注解，OnClick 代表当前控件是否注解 OnClick 事件，Element 代表生成对应控件的名字。然后单击"Confirm"按钮，自动生成代码，如下：

```
1.          … …
2.      @BindView(R.id.et_pwd_new)
3.          EditText mEtPwdNew;
4.          @BindView(R.id.bt_ensure)
5.      Button mBtEnsure;
6.          @Override
7.          protected void onCreate(Bundle savedInstanceState) {
8.              super.onCreate(savedInstanceState);
9.              setContentView(R.layout.activity_main);
10.             ButterKnife.bind(this);
11.             … …
12.      }
```

4.7　建立第一个 Android 程序 HelloWorld

在 Android Studio 的欢迎界面单击"Start a new AS project"，会打开一个创建新项目的界面，如图 4-31 所示。进入到界面之后选择"File"→"New"→"New Project"，也可以创建一个新项目。

其中 Application name 表示应用名称，此应用安装到手机之后会在手机上显示该名称，在这里填入 TestProject。Company domain 表示公司域名，如果是个人开发者，没有公司域名，填 example.com 就可以了。Package name 表示项目的包名，Android 就是通过包名来区分不同的应用程序的，因此包名一定要具有唯一性。AS 会根据应用名称和公司域名来自动生成合适的包名，若不想使用默认的包名，也可以单击右侧的"Edit"按钮自行修改。Project location 表示项目代码存放的位置，若没有特殊要求，这里保持默认就可以了。

图 4-31　创建新项目的界面

接下来单击"Next"按钮对项目最低兼容版本进行设置，如图 4-32 所示。

图 4-32　目标 Android 设备界面

Android 4.0 以上的系统已经占据了超过 98% 的 Android 市场份额，所以这里将 Minimum SDK 指定成 API 15 就可以。另外，Wear、TV 和 Android Auto 这几个选项分别是用于开发可穿戴设备、电视和车载程序的，这些与本项目关系不大。接着单击"Next"按钮跳转到创建活动界面并选择一种模板，如图 4-33 所示。

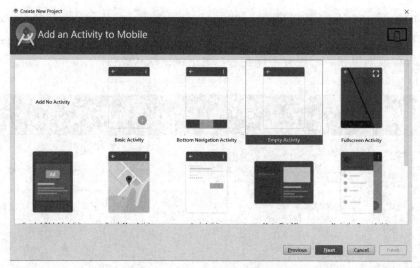

图 4-33　选择内置活动模板界面

可以看到 AS 提供了很多内置模板，不过对于初学者来说，先不用考虑复杂的模板，直接选择 Empty Activity 来创建一个空的活动。继续单击"Next"按钮，可以给创建的活动和布局命名，如图 4-34 所示。

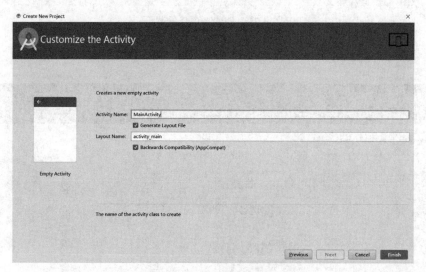

图 4-34　活动命名界面

其中，Activity Name 表示活动的名字，这里填入默认的 MainActivity，Layout Name 也选择默认名称 activity_main。单击"Finish"按钮，项目创建成功后如图 4-26 所示。

AS 会帮助用户生成许多东西，不需要编写任何代码就可以运行，但是在此之前，需要一个运行的载体，可以是一部 Android 手机，也可以是 Android 模拟器。假设用模拟器启动运行程序，那么现在来创建一个模拟器。AS 顶部工具栏的图标如图 4-35 所示。

图 4-35　AS 顶部工具栏

其中最左边按钮就是用于创建和启动模拟器的，单击该按钮会弹出如图 4-36 所示的界面。

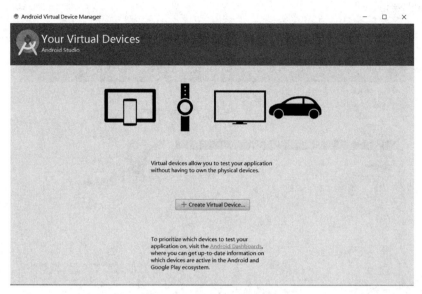

图 4-36　创建模拟器界面

可以看到，当前的模拟器列表还是空的，单击"Creat Virtual Device"按钮就可以开始创建符合需要的设备，如图 4-37 所示。

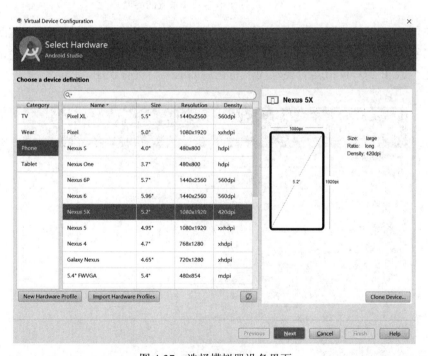

图 4-37　选择模拟器设备界面

这里有很多模拟器可供用户选择，不仅可以创建手机模拟器，还可以创建平板、手表、电视等模拟器。用户可选择创建图 4-37 中所选的模拟器（Nexus 5X），单击"Next"按钮后，得到如图 4-38 所示的界面。用户可以选择模拟器所使用的操作系统版本，这里选择最新版本 7.1.1（需要下载）。

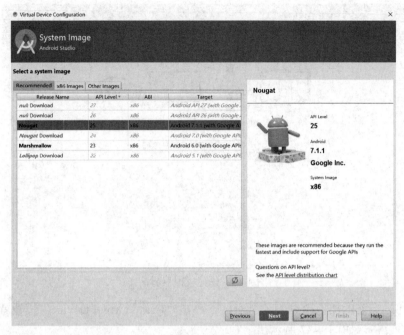

图 4-38　选择模拟器操作系统的界面

继续单击"Next"按钮来进入模拟器配置验证界面，这里可以对模拟器的一些配置进行确认，比如名字、分辨率、横竖屏等信息，如图 4-39 所示。如果没有特殊要求，全部保持默认即可。货运宝 APP 是对模拟器有要求的，将在后面的章节进行说明。

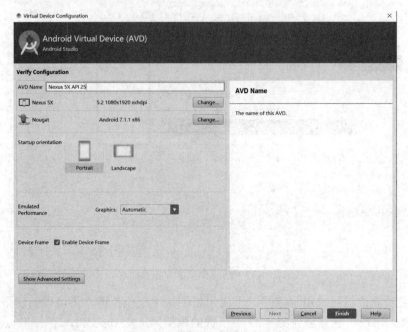

图 4-39　模拟器配置验证界面

单击"Finish"按钮完成模拟器的创建，弹出如图 4-40 所示的虚拟设备列表界面。

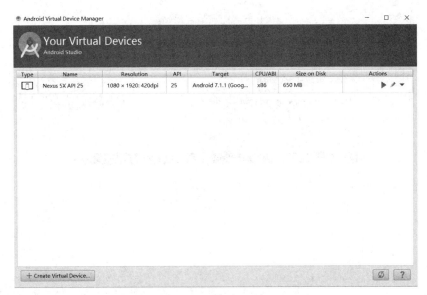

图 4-40　虚拟设备列表界面

可以看到刚刚创建的模拟器已经在列表中了，单击左边的三角形按钮即可启动该模拟器。模拟器会像手机一样，有一个开机过程，启动后的界面如图 4-41 所示。

图 4-41　模拟器开机界面

现在可以新建一个初始程序（如 HelloWorld）并在模拟器上运行来体验一下。如图 4-42 所示的 AS 顶部工具栏图标，其中左侧的锤子按钮是用来编译项目的；中间的下拉列表是用来选择运行哪个项目的，通常 app 就是当前的主项目；右边的三角形按钮是用来运行程序的。

图 4-42　顶部工具栏图标

现在单击三角按钮会弹出一个选择运行设备的对话框，如图 4-43 所示。

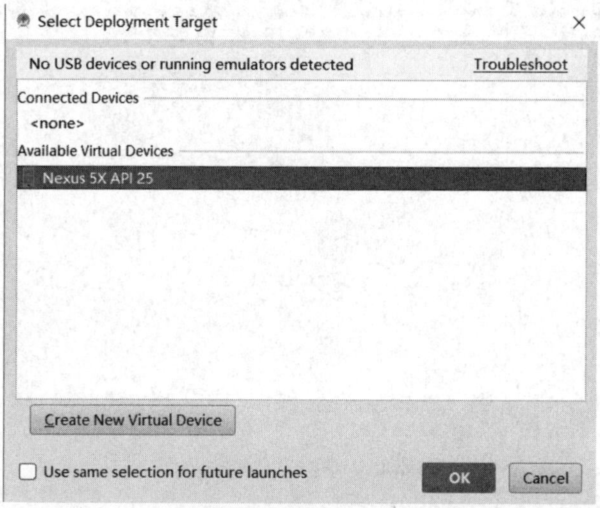

图 4-43　选择运行设备

可以看到刚刚创建的模拟器已经在列表中，单击"OK"按钮并稍微等一会，项目就会在模拟器中运行了，如图 4-44 所示。

图 4-44　在模拟器中运行一个测试程序

上面已经成功地创建了第一个 Android 程序，下面的章节将进入详细的 Android 项目开发之旅。

4.8　本 章 小 结

　　Android 是谷歌公司发布的基于 Linux 内核的移动平台，Android 系统架构为四层体系，由下向上分别为：Linux 内核层、系统运行库层、应用程序框架层和应用程序层。JDK 的安装及环境配置是 APP 开发环境部署的基础，而集成开发环境 IDE 主要用于提供程序开发环境的应用程序，一般包括代码编辑器、编译器、调试器和图形用户界面工具。2013 年，谷歌公司推出了一款官方的 IDE 工具 Android Studio，性能要优于 Eclipse，目前已成为业界主流开发工具。本章主要介绍了 Android Studio 的下载与安装，以及一些基础设置，如开发界面设置、系统字体设置、代码格式设置、行号设置等。Android Studio 中有 Project 和 Module：Project 代表一个工作空间，一个 Project 可以包含多个 Module。本章详细介绍了 Project 目录和 Module 目录的结构，并在最后指引读者建立了第一个 Android 程序 HelloWorld。

第 5 章　Android 项目框架的搭建

Android 项目开发中应首先确立好整体的框架，因此本章是进入实例项目开发的重要环节。读者将学习到整体框架搭建、制作左侧导航菜单、切换页面的选项卡、自定义 ToolBar 等内容。

- 整体框架的介绍
- 左侧导航栏的实现（抽屉界面）
- 切换页面的选项卡（FragmentTabHost 控件）
- 自定义 ToolBar 的使用

框架搭建，顾名思义，就是将 APP 的大致结构给抽象出来，然后一步一步地实现。这样做有利于开发者自己在开发过程中始终保持思路清晰、结构分明。框架搭建的主要工作就是先将内容数据部分去除掉，再将剩下的布局及功能框架抽象出来。

5.1　整 体 框 架

从较高的层次来看，APP 的整体架构可以分为应用层和基础框架层。其中，应用层专注于行业领域的实现，如金融、支付、地图导航、社交等，直接面对的是用户，是用户对产品的第一感知；基础框架层专注于技术领域的实现，提供 API 公有的特性，避免重复制造轮子，是用户对产品的第二感知，如性能、稳定性等。

一个理想的 APP 应该具有清晰的层次划分，同一层模块间可进行解耦，模块内部符合面向对象设计的六大原则，最后应该在功能、性能、稳定性等方面达到综合最优。

基于以上设计原则，我们可以看出 APP 整体框架（图 5-1），最上层是应用层，应用层以下都属于基础框架层，基础框架层包括组件层、基础层和系统层。

图 5-1　APP 整体框架

5.2 左 侧 导 航

依据原型设计，将货运宝 APP 的左侧导航的框架重新进行 UI 设计，如图 5-2 所示。货运宝 APP 采用左侧导航菜单设计，点击选项卡切换右侧视图（如"我的主页""账户管理"等），"我的主页"中有两个选项卡，再次点击切换视图（如"待抢订单""进行中订单"）。

图 5-2　左侧导航栏

主页 HomeActivity 里包含多个 Fragment（HomeFragment、AccountFragment 等），并且能够进行切换，然后 HomeFragment 里再包含两个 Fragment 来进行切换。在明确了导航菜单的设计思路以后，下面先以侧滑菜单为例进行说明。

左侧滑动菜单用了一个开源控件 SlidingMenu。SlidingMenu 的下载地址为 https://www. github.com/jfeinstein10/SlidingMenu。Sliding Menu 是一种比较新的设置界面或配置界面效果，在主界面左滑或者右滑出现设置界面，能方便地进行各种操作。首先把 SlidingMenu 文件夹复制到工作空间（Project）里，打开 Android Studio 菜单栏的 Project Structure，选择你的项目（Modules），打开选项卡 Dependencies，单击加号按钮，选择 Medule dependency，如图 5-3 所示。然后选择 SlidingMenu 并单击"确定"按钮后等待同步完成，便完成对开源控件 SlidingMenu 的依赖配置，如图 5-4 所示。

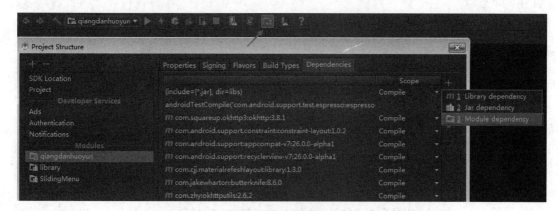

图 5-3　导入项目

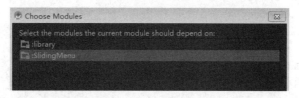

图 5-4　导入完成

使用方法如下：HomeActivity.class

```
1.    //获取屏幕宽度达到屏幕适配的效果
2.        WindowManager windowManager = getWindowManager();
```

```
3.         DisplayMetrics dm = new DisplayMetrics();
4.         windowManager.getDefaultDisplay().getMetrics(dm);
5.    //屏幕宽度
6.         int widthPixels = dm.widthPixels;
7.    //初始化侧拉菜单
8.         mSlidingMenu = new SlidingMenu(this);
9.         mSlidingMenu.setMode(SlidingMenu.LEFT);
10.   //设置触摸屏幕的模式
11.
12.        mSlidingMenu.setTouchModeAbove(SlidingMenu.TOUCHMODE_FULLSCREEN);
13.        //设置滑动菜单视图的宽度 这里设置为屏幕的1/4
14.        mSlidingMenu.setBehindOffset(widthPixels / 4);
15.        mSlidingMenu.attachToActivity(this, SlidingMenu.SLIDING_CONTENT);
16.        //为侧滑菜单设置布局
17.    mSlidingMenu.setMenu(R.layout.activity_main_menu);
```

另外也可以使用 DrawerLayout 实现滑动菜单。所谓滑动菜单就是将一些菜单隐藏起来，而不是放置在主屏幕上，然后可以通过滑动方式将菜单显示出来。这种方式既节省了屏幕空间，又实现了非常好的动画效果，是 MaterialDesign 中推荐的做法。谷歌公司提供了一个 DrawerLayout 控件，借助这个控件，实现滑动菜单简单又方便。

DrawerLayout 控件实质是一个布局，在布局中允许放入两个直接子控件，第一个子控件是主屏幕中显示的内容，第二个子控件是滑动菜单中显示的内容，因此可以对 activity_main.xml 文件作如下修改：

```
1.    <?xml version="1.0" encoding="utf-8"?>
2.    <android.support.v4.widget.DrawerLayout
3.    //声明命名空间
4.    xmlns:android="http://schemas.android.com/apk/res/android"
5.    //声明命名空间
6.        xmlns:app="http://schemas.android.com/apk/res-auto"
7.    //声明命名空间
8.        xmlns:tools="http://schemas.android.com/tools"
9.        android:id="@+id/drawer_layout"
10.       android:layout_width="match_parent"
11.       android:layout_height="match_parent"
12.       tools:context="com.mingrisoft.drawlayout.MainActivity">
13.       //主界面的布局
14.       <FrameLayout
15.           android:layout_width="match_parent"
16.           android:layout_height="match_parent">
17.       </FrameLayout>
18.       //侧滑界面的布局
19.       <LinearLayout
20.           android:layout_width="180dp"
21.           android:layout_height="match_parent"
22.           android:layout_gravity="start"
23.           android:background="#fff"
```

24.　　　　　　　　android:orientation="vertical">
25.
26.　　　　　　　<TextView
27.　　　　　　　　　android:id="@+id/tv"
28.　　　　　　　　　android:layout_width="match_parent"
29.　　　　　　　　　android:layout_height="match_parent"
30.　　　　　　　　　android:text="DrawerLayout 抽屉效果" />
31.　　　　　　</LinearLayout>
32.　　</android.support.v4.widget.DrawerLayout>

　　首先 DrawerLayout 作为根布局方式，谷歌公司官方描述这种配置可以避免出现滑动不流畅等问题，另外 DrawerLayout 所在的包是 v4 的，需要注意的是不要导错。接着声明了命名空间，正是由于每个布局文件都会使用 xmlns:android 来指定一个命名空间，后面才能一直使用 android:id、android:layout_width 等写法。主界面的布局采用 FrameLayout 帧布局，接着是侧滑界面的布局，这里采用的是线性布局，里面包含了一个 TextView 控件。布局代码已经完成，这里的 Java 文件没有什么事件要执行，不需要作任何改动。这里只加载了一个主布局文件 activity_main.xml，运行程序后的效果如图 5-5 所示。

图 5-5　运行效果图

　　注意：在侧滑布局控件中可以根据需要添加各种内容控件，希望各位读者能够灵活运用。

5.3　切换页面的选项卡

　　在 APP 软件开发中经常需要通过 Tab 选项卡来切换多个内容区域（页面），这里介绍一种可以实现这种效果的 FragmentTabHost 控件。这种多页面切换的最佳技术方案是通过一个 HomeActivity 来管理多个 Fragment。对于在侧滑菜单里实现 Tab 效果的实现方式，可以用 FragmentManager 写一个类似 FragmentTabHost 的源码。

```
1.    HomeFragment.class
2.    /**
3.        * 初始化 fragments 并且展示第一个 fragment
4.        */
5.    private void initFragmentsDate() {
6.        mManager = getSupportFragmentManager();
7.        mHomeFragment = new HomeFragment();
8.        mAccountFragment = new AccountFragment();
9.        mNoticeFragment = new NoticeFragment();
10.       mOrdersFragment = new OrdersFragment();
11.       mContactFragment = new ContactFragment();
12.   //添加进集合
13.       mFragments.add(mHomeFragment);
14.       mFragments.add(mAccountFragment);
15.       mFragments.add(mNoticeFragment);
16.       mFragments.add(mOrdersFragment);
17.       mFragments.add(mContactFragment);
18.   //显示第一个 fragment
19.       FragmentTransaction transaction = mManager.beginTransaction();
20.       transaction.add(R.id.fl_content, mFragments.get(0)).commit();
21.   }
```

第一个 fragment 通过 FragmentTransction 展现了出来。但还缺少一个切换这些 fragment 的方法。切换方法如下：

```
1.    /**
2.        * 切换 Fragment 的方法
3.        *
4.        * @param toFragment
5.        */
6.    private void sWitchPage(Fragment toFragment) {
7.    //遍历集合，隐藏其他所有 fragment
8.    for (int i = 0; i < mFragments.size(); i++) {
9.        if (mFragments.get(i) != toFragment && mFragments.get(i).isAdded()) {
10.       FragmentTransaction transaction = mManager.beginTransaction();
11.       transaction.hide(mFragments.get(i)).commitAllowingStateLoss();
12.       }
13.   }
14.   //如果目标 fragment 已经被添加则显示
15.   if (toFragment.isAdded() == true) {
16.   FragmentTransaction transaction = mManager.beginTransaction();
17.   transaction.show(toFragment).commitAllowingStateLoss();
18.   } else {
19.   //否则添加并显示目标 Fragment
20.   FragmentTransaction transaction = mManager.beginTransaction();
21.   transaction.add(R.id.fl_content, toFragment).commitAllowingStateLoss();
22.   }
23.   }
```

在点击事件里切换 Fragment，这样简略版的 FragmentTabHost 就完成了，如果有兴趣可以仿照 FragmentTabHost 源码重新写一遍。

主页内的第一个碎片页面 HomeFragment 是用顶部选项卡切换的，如图 5-6 所示，通过这种顶部选项卡来切换"待抢订单"和"进行中订单"，切换效果可使用 FragmentTabHost 来实现，其代码如下：

```
1.   private void initView() {
2.       mTabHost = new MyFragmentTabHost(getActivity());
3.       mTabHost.setup(getActivity().getApplicationContext(), getChildFragmentManager(),
4.       R.id.fl_tab_content);
5.       //实例第一个标签的布局
6.       mView = mInflater.inflate(R.layout.tab_content,null);
7.       TextView tvTab = (TextView) mView.findViewById(R.id.tv_tab);
8.       tvTab.setText("待抢订单");
9.       //创建标签实例，添加标签实例
10.      mTabHost.addTab(mTabHost.newTabSpec("待抢订单").setIndicator(mView),
11.      HomeGoodsWaitFragment.class,null);
12.      //实例第二个标签的布局
13.      mView = mInflater.inflate(R.layout.tab_content,null);
14.      tvTab = (TextView) mView.findViewById(R.id.tv_tab);
15.      tvTab.setText("进行中订单");
16.      //创建标签实例，添加标签实例
17.      mTabHost.addTab(mTabHost.newTabSpec("进行中订单").setIndicator(mView),
18.      HomeGoodsGoingFragment.class,null);
19.      mTabHost.setBackgroundColor(getResources().getColor(R.color.whitesmoke));
20.  }
```

图 5-6　碎片切换页面

最后再将 mTabHost 在 onCreateView()里返回即可。

每次切换标签都会调用 onCreateView()方法，会频繁请求网络，解决办法不唯一，这里复制并修改了 FragmentTabHost 的源码，将 detach 和 attach 改为 hide 和 show。

在 addTab()、doTabChanged()、onAttachedToWindow()里修改：

```
//ft.detach(info.fragment);
ft.hide(info.fragment);
```

在 doTabChanged()里修改：

```
//ft.attach(newTab.fragment);
ft.show(newTab.fragment);
```

FragmentTabHost 具体实现的步骤：

现在 Fragment 使用越来越广了，虽然 Fragment 寄生在 Activity 下，但是它的出现对于开发者来说是一件非常幸运的事，使开发的效率更高了，因此之前的 TabHost 已经不推荐使用，现在一般都使用 FragmentTabHost。因为 Fragment 是在 Android 3.0 出现之后才出现的，为了避免 Android 3.0 以下的版本使用不了，要用 v4 包来支持。

　　首先来看一下 FragmentTabHost 的组成：FragmentTabHost 内包含两个控件，一个是 TabWidget，另一个是 FrameLayout。其中 TabWidget 不写也是可以运行的，因为现在的 Android Studio 版本为其添加了默认的系统自带的 TabWidget，这里同样没有写。它们的关系如图 5-7 所示。

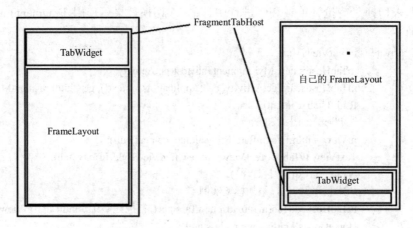

图 5-7　FragmentTabHost 容器的用法

　　上述布局的实现方式如下：

　　FragmentTabHost 采用 android.support.v4.app.FragmentTabHost。

　　要要注意的是其 id：@android:id/tabhost，必须这样写，这是系统自带的 id，不能写错。

　　实现 TabWidget：id 为@android:id/tabs（id 不能错）。

　　实现 Fragment：id 为@android:id/tabcontent（同样 id 不能错。说明：此容器已经被废除，但在布局中必须有）。

　　实现自定义的内容容器区域为 FrameLayout。

　　注意：自定义的内容要给权重，用到了 android:layout_weight 属性，意思是占整个布局的比重，默认为 0。整体 Android 项目结构如图 5-8 所示。

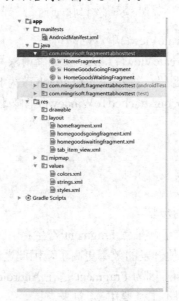

图 5-8　整体 Android 项目结构

主布局文件（homefragment.xml）的代码如下：

```
1.    <?xml version="1.0" encoding="utf-8"?>
2.    <LinearLayout xmlns:android="http://schemas.android.com/apk/res/android"
3.        xmlns:tools="http://schemas.android.com/tools"
4.        android:layout_width="match_parent"
5.        android:layout_height="match_parent"
6.        android:orientation="vertical"
7.        tools:context="com.mingrisoft.fragmenttabhosttest.HomeFragment">
8.
9.        <android.support.v4.app.FragmentTabHost
10.           android:id="@android:id/tabhost"
11.           android:layout_width="match_parent"
12.           android:layout_height="0dp"
13.           android:layout_weight="1"
14.           android:background="#ffffff">
15.           <FrameLayout
16.               android:id="@android:id/tabcontent"
17.               android:layout_width="0dp"
18.               android:layout_height="0dp"
19.           />
20.       </android.support.v4.app.FragmentTabHost>
21.
22.       <FrameLayout
23.           android:id="@+id/realContent"
24.           android:layout_width="match_parent"
25.           android:layout_height="0dp"
26.           />
27.   </LinearLayout>
```

主布局整体采用的是 LinearLayout 线性布局，这种布局方法中有一个必选属性 android:orientation 这个属性，属性值包括 vertical（垂直布局）和 horizontal（水平布局）两个属性，不然会报错。然后要注意每个控件的尖括号都要有头有尾，即<xxxx>和</xxxx>。由于货运宝 APP 要实现顶部标签切换，所以将自定义的 FrameLayout 置于 FragmentTabHost 下面。反之，如果将其置于上面，则标签栏位于布局底部形成底部标签栏。

LinearLayout 线性布局常用的属性有：

（1）宽度属性：android:layout_width=" "，这个属性用来设置控件的宽度。

（2）高度属性：android:layout_height=" "，这个属性用来设置控件的高度。

注意：这两个属性的参数只有两个：一个是 match_parent，意思是与父类容器匹配；一个是 wrap_content，意思是包裹其自身内容。

（3）id 属性：android:id="@+id/xx"，这个属性为自定义控件设置专有 id。

（4）背景颜色属性：android:background=""，这个属性为这个控件设置背景颜色，采用 RGB 原则，例如#ff0000（共有六位）表示红色，#00ff00 表示绿色，#0000ff 表示蓝色。

```
    <?xml version="1.0" encoding="utf-8"?>
    xmlns:android="http://schemas.android.com/apk/res/android"
```

以上两行代码是系统自动生成的，不能将其删除，否则系统会报错。

主布局文件框架完成之后，可以往里面添加用户定制的内容。这里可设置两个碎片布局，本项目中一个是"待抢订单（homegoodswaitingfragment）"，另个是"进行中订单（homegoodsgoingfragment）"，这两个布局就是要显示的内容。

首先来设置"待抢订单"的布局（homegoodswaitingfragment.xml）。这里只设置一个背景色用于区分两个碎片，具体内容实现在此省略，读者也可以添加自己想要的内容。其布局代码如下：

```
1.    <?xml version="1.0" encoding="utf-8"?>
2.    <LinearLayout xmlns:android="http://schemas.android.com/apk/res/android"
3.        android:background="#ff0000"
4.        android:orientation="vertical"
5.        android:id="@+id/FR1"
6.        android:layout_width="match_parent"
7.        android:layout_height="match_parent"
8.        >
9.    </LinearLayout>
```

在上面的代码中，设置了布局的背景色并为其设置了 id，要注意以后写代码的时候每个控件都要写其自身的 id，形成一个良好的开发习惯。

这里采用线性布局 LinearLayout。android:background="#ff0000"表示将背景色设置为红色，该布局设置了红色背景并将其 id 设置为 FR1，宽和高都设置为 match_parent，布满整个父类容器，效果如图 5-9 所示，可以看到布局背景色为红色且充满整个屏幕。

图 5-9   "待抢订单"布局示例

接下来设置"进行中订单"的布局，其代码与"待抢订单"类似，将其颜色改变为蓝色，所以写成 android:background:"#0000ff"，id 设置为 FR2，该段代码如下：

```
1.    <xml version="1.0" encoding="utf=8"?>
2.    <LinearLayout xmlns:android="http://schemas.android.com/apk/res/android"
3.        android:orientation="vertical"
4.        android:id="@+id/FR2"
```

5.　　android:layout_width="match_parent"
6.　　android:layout_height="match_parent"
7.　　android:background="#0000ff">
8.　　</LinearLayout>

上面一段代码实现的效果如图 5-10 所示。

图 5-10　"进行中订单"布局示例

有了碎片布局后还需要 tab 布局，也就是顶部标签布局，要设置每个标签的布局。这里有两个标签，格式肯定一样，全部是文字格式，没有背景图片看起来简约大方，因此不需要背景图片。tab 布局文件代码（tab_item_view.xml）如下：

1.　　<?xml version="1.0" encoding="utf-8"?>
2.　　<LinearLayout xmlns:android="http://schemas.android.com/apk/res/android"
3.　　　　android:layout_width="wrap_content"
4.　　　　android:orientation="vertical"
5.　　　　android:id="@+id/LL"
6.　　　　android:layout_height="wrap_content">
7.　　　　<TextView
8.　　　　　　android:id="@+id/tabTitleTV"
9.　　　　　　android:layout_width="wrap_content"
10.　　　　　android:layout_height="wrap_content"
11.　　　　　android:text=""
12.　　　　　android:textSize="40sp"
13.　　　　　/>
14.　　</LinearLayout>

上面的代码中用到了 TextView 这个控件，主要功能就是用来显示文字。这里用到了两个属性 android:text=""和 android:textSize=" "。

Android:text=""这个属性用来显示你想要显示的文字，这里并没有写任何内容，因为后面会在主 Java 文件中将文字传进来；android:textSize=""属性用来设置字体的大小，单位为 sp。

下面是最为重要的代码——Java 代码。首先看一下主 Java 文件 HomeFragment 的代码，这个文件是工程的入口，需要补充一点，如何区分工程的入口呢？这时就看程序的配置文件也就是 AndroidManifest.xml 文件，打开该文件可以看到如图 5-11 所示的文件代码。

```xml
<?xml version="1.0" encoding="utf-8"?>
<manifest xmlns:android="http://schemas.android.com/apk/res/android"
    package="com.mingrisoft.fragmenttabhosttest">

    <application
        android:allowBackup="true"
        android:icon="@mipmap/ic_launcher"
        android:label="FragmentTabHostTest"
        android:roundIcon="@mipmap/ic_launcher_round"
        android:supportsRtl="true"
        android:theme="@style/AppTheme">
        <activity android:name=".HomeFragment">
            <intent-filter>
                <action android:name="android.intent.action.MAIN" />

                <category android:name="android.intent.category.LAUNCHER" />
            </intent-filter>
        </activity>
    </application>

</manifest>
```

图 5-11 AndroidManifest.xml 文件

可以看到有<intent-filter>……</intent-filter>，这几行代码包含在<activity android:name="".HomeFragment"">……</activity>中，所以这也就预示着工程启动的入口为 HomeFrament.class 文件。代码的具体内容如下：

```
1.    package com.mingrisoft.fragmenttabhosttest;
2.
3.    import android.support.v4.app.FragmentActivity;
4.    import android.support.v4.app.FragmentTabHost;
5.    import android.os.Bundle;
6.    import android.view.LayoutInflater;
7.    import android.view.View;
8.    import android.widget.TabHost;
9.    import android.widget.TextView;
10.   public class HomeFragment extends FragmentActivity {
11.       FragmentTabHost mTabHost;
12.       String[] tabTitles = {"待抢订单", "进行中订单"};
13.       Class[] fragments = {HomeGoodsWaitingFragment.class，HomeGoodsGoingFragment.class};
14.       @Override
15.       protected void onCreate(Bundle savedInstanceState) {
16.           super.onCreate(savedInstanceState);
```

```
17.            setContentView(R.layout.homefragment);
18.            mTabHost = (FragmentTabHost) findViewById(android.R.id.tabhost);
19.            mTabHost.setup(this, getSupportFragmentManager(),R.id.realContent);
20.            initTab();
21.        }
22.        private void initTab() {
23.            for (int i = 0; i < tabTitles.length; i++) {
24.                TabHost.TabSpec tabSpec =
25.                mTabHost.newTabSpec(tabTitles[i]).setIndicator(getTabView(i));
26.                mTabHost.addTab(tabSpec,fragments[i], null);
27.            }
28.        }
29.        View getTabView(int index) {
30.            View view = LayoutInflater.from(this).inflate(R.layout.tab_item_view,null);
31.            TextView tabTitleTV = (TextView) view.findViewById(R.id.tabTitleTV);
32.            tabTitleTV.setText(tabTitles[index]);
33.            return view;
34.        }
35.    }
```

首先让 HomeFragment 继承 FragmentActivity 这个类，因为要用到这个类的函数；完成之后程序会出现错误，这是因为没有导入相应的包。错误提示如图 5-12 所示。

public class HomeFragment **extends** FragmentActivity {

图 5-12　未导入包出现的错误提示

这时将鼠标移动到 FragmentActivity 上会提示错误，只需要按住组合键 Alt+Enter 即可导入相应的包。这个问题以后还会经常遇到，希望大家熟练掌握。后续的工作需要完成下面几步：

第一步，对布局中的控件进行声明，首先声明了 FragmentTabHost 对象 mTabHost。

第二步，定义一个字符，里边包含了标签的 text。

第三步，定义 Class 类型的数组 fragments，里边是碎片布局的 Java 文件。

第四步，重写 onCreate()函数，这个函数是程序的入口，所有的执行代码都会在这里实现。super.onCreate(savedInstanceState); 这行代码的意思是继承父类函数。setContentView (R.layout.homefragment);这行代码的意思是将其要显示的布局文件引进来，这里肯定写主布局文件（R 文件是一个资源索引，用来找文件）。

第五步，实例化 mTabHost 对象，用到了一个 findViewById 的方法来找到布局文件中定义的 tabhost 对象，然后传给 mTabHost，"find" 前面必须加(FragmentTabHost)来实现强制类型转换，否则会报错。

第六步，调用 mTabHost 的 setup（Context context、FragmentManager manager、int containerid）；第一个参数是上下文对象，这里用 this 来表示；第二个参数传进来一个碎片管理器，这里调用函数 getSupportFragmentManager()来获取一个管理器对象；第三个参数是容器的 id，就是一个布局文件，这里是自定义布局 FrameLayout，里面装载着碎片布局要显示的内容。

第七步，定义一个初始化的函数，将所有的内容都初始化，然后将内容填进去。

第八步，要对初始化函数进行具体的实现，这里用一个 for 循环将标签内容添加进去，声明并实例化了一个 TabSpec 对象 tabSpec，其作用就是对标签进行描述：public TabHost.TabSpec newTabSpec(string tag)。参数 tag 是一个字符串类型，应传入标签的 id，实际上是将 tabTitles[i] 数组内的内容传进去。后面的 setIndicator 的参数是一个 view，就是返回一个布局视图，用一个自定义函数 getTabView(i) 来返回，参数为 i。

第九步，对 getTabView(i) 函数进行实现，首先对布局文件进行声明，使用 LayoutInflater 的 inflate 方法，通俗地讲，其作用就是将布局文件转换成可见的视图。通过 LayoutInflater 的 from() 方法可以构建出一个 LayoutInflater 对象，然后调用 inflate() 方法就可以动态地加载一个布局文件。LayoutInflater 的 inflate 方法接受两个参数，一个参数是要加载的布局文件的 id，传入 R.layout.tab_item_view，它是每个标签的布局；另一个参数是给加载好的布局文件添加一个父布局，这里不传入任何内容，所以是空的。然后实例化对象 TextView，设置显示的文字用到了 setText 函数，参数是一个上面定义过的数组 tabTitles[index]。最后返回 view 即可。

回到初始化函数里，使用 addTab 函数将每一个 fragment 添加到 FragmentTabHost 中，函数为 public void addTab（TabSpec tabSpec、Class<?> clss、bundle args），里面有三个参数：第一个参数是一个 TabSpec 对象，这里是实例化的 tabSpec 对象；第二个参数是一个 Class 类的对象，这里将上面定义的数组 fragment[i] 传进去；第三个参数是 bundle 对象，bundle 是 android 中一个十分有用的类，通常用来进行参数的传递，它本质上是一个键值对（key-value），其中 key 值作为一个标识参数的 String 值，value 即为该 String 对应的值。使用 bundle 传递参数会在 intent、message、fragment 中用到。这里不用传递任何参数，所以为空。

主 Java（HomeFragment.class）文件已经全部写完了，下面来完成碎片的 Java 文件，这里有两个，分别为 HomeGoodsGoingFragment 和 HomeGoodsWaitingFragment，这两个 Java 文件内容大致相同，只是名字不一样，所以这里只介绍 HomeGoodsWaitingFragment.class。代码如下：

```
1.    package com.mingrisoft.fragmenttabhosttest;
2.
3.    import android.os.Bundle;
4.    import android.support.v4.app.Fragment;
5.    import android.view.LayoutInflater;
6.    import android.view.View;
7.    import android.view.ViewGroup;
8.    public class HomeGoodsWaitingFragment extends Fragment {
9.
10.        @Override
11.        public View onCreateView(LayoutInflater inflater,ViewGroup container,
12.        Bundle savedInstanceState) {
13.            View view=inflater.inflate(R.layout.homegoodswaitingfragment,null);
14.            return view;
15.        }
16.    }
```

经过上面的学习，相信大部分读者已经能读懂这里的代码了，这里重写了 onCreateView() 函数，然后声明了布局文件，接着返回了 view；初步完成代码之后，接下来就可以启动 AVD 来启动程序了，其效果如图 5-13 所示。

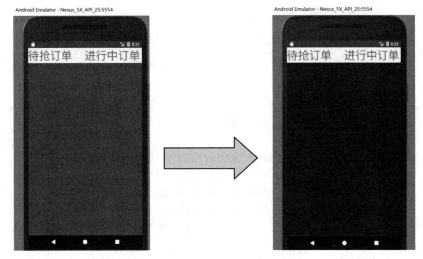

图 5-13　效果图

5.4　自定义 ToolBar

ToolBar 是 Android 5.0 引入的一个新控件，可以理解为是 ActionBar 的升级版，大大扩展了 ActionBar 的功能，使用起来更灵活，不像 ActionBar 那么固定。Toolbar 更像是一般的 View 元素，可以被放置在 view 树体系的任意位置，可以应用动画，可以跟着 scrollView 滚动，也可以与布局中的其他 view 交互。

这里需要给主页 HomeActivity 做个工具条，且工具条要具备可以设置标题和左右图标并且能点击的功能。自定义一个继承 ToolBar 的 CustomToolBar 类，重写构造代码，代码如下：

```
1.      public class CustomToolBar extends Toolbar {
2.      … …
3.          setContentInsetsRelative(10,10);
4.      //读取自定义属性
5.      if (attrs != null) {
6.          final TintTypedArray a =
7.      TintTypedArray.obtainStyledAttributes(getContext(),attrs,R.styleable.CustomToolBar,defStyleAttr,0);
8.          final Drawable rightIcon =
9.          a.getDrawable (R.styleable.CustomToolBar_rightButtonIcon);
10.         if (rightIcon != null) {
11.             setRightButtonIcon(rightIcon);
12.         }
13.         final Drawable leftIcon = a.getDrawable(R.styleable.CustomToolBar_leftButtonIcon);
14.         if (leftIcon != null) {
15.             setLeftButtonIcon(leftIcon);
16.         }
17.         final Drawable rightIconSrc = a.getDrawable(R.styleable.CustomToolBar_rightButtonIconSrc);
18.         if (rightIconSrc != null) {
19.             setRightButtonIconSrc(rightIconSrc);
20.         }
```

```
21.          a.recycle();
22.        }
23.    … …
24.  }
```

自定义的属性代码如下：

```
1.  Attrs.xml
2.  <?xml version="1.0" encoding="utf-8"?>
3.      <resources>
4.  <declare-styleable name="CustomToolBar">
5.      <attr name="leftButtonIcon" format="reference"/>
6.      <attr name="rightButtonIcon" format="reference"/>
7.      <attr name="rightButtonIconSrc" format="reference"/>
8.  </declare-styleable>
9.      </resources>
```

将上述内容应用到 HomeActivity 的布局文件中即可。

ToolBar 的一些基本重要属性有：

1. xml style 属性

（1）colorPrimaryDark：状态栏的颜色（可用来实现沉浸效果）。

（2）colorPrimary：Toolbar 的背景颜色（xml 中用 android:background="?attr/colorPrimary" 指定）。

（3）android:textColorPrimary：Toolbar 中文字的颜色，设置后 Menu Item 的字体颜色也会随之改变。

（4）colorAccent：EditText 正在输入时、RadioButton 选中时的颜色。

2. xml 属性

（1）app:title="App Title"：Toolbar 中的 App Title。

（2）app:subtitle="Sub Title"：Toobar 中的小标题。

（3）app:navigationIcon="@android:drawable/ic_menu_sort_by_size"：导航图标（注意和 Logo 的区别）。

关于自定义 ToolBar 需要注意以下核心要点：

（1）将自定义布局添加到 Toolbar 当中。

（2）有必要的时候自定义一些属性。

（3）自定义 Class 继承 Toolbar，读取自定义属性，对 Toolbar 的布局显示、内容进行设置，最后需要对外公开一些函数用于设置标题、监听等。下面通过步骤来详细说明：

自定义布局文件 ToolBar，包括 EditView、TextView 和一个 Button，代码如下：

```
1.  <RelativeLayout
2.      xmlns:android="http://schemas.android.com/apk/res/android"
3.      android:layout_width="fill_parent"
4.      android:layout_height="wrap_content">
5.      <EditText
6.        android:id="@+id/toolbar_searchview"
7.        android:layout_width="match_parent"
8.        android:layout_height="wrap_content"
```

```
9.          android:layout_gravity="center"
10.          android:layout_centerVertical="true"
11.          android:gravity="center"
12.          android:drawableLeft="@mipmap/icon_search"
13.          style="@style/search_view"
14.          android:hint="请输入搜索内容"
15.          android:visibility="gone"
16.              />
17.      <TextView
18.          android:id="@+id/toolbar_title"
19.          android:layout_width="wrap_content"
20.          android:layout_height="wrap_content"
21.          android:layout_centerInParent="true"
22.          android:layout_gravity="center"
23.          android:gravity="center"
24.          android:textColor="@color/white"
25.          android:textSize="20sp"
26.          android:visibility="gone"
27.              />
28.      <Button
29.          android:id="@+id/toolbar_rightButton"
30.          android:layout_width="wrap_content"
31.          android:layout_height="wrap_content"
32.          android:layout_alignParentRight="true"
33.          android:layout_centerVertical="true"
34.          android:textColor="@color/white"
35.          android:visibility="gone"
36.          style="@android:style/Widget.Material.Toolbar.Button.Navigation"
37.              />
38.   </RelativeLayout>
```

前面已经介绍过的内容这里不再赘述，这里只解释几个前面章节没有涉及的内容。第 12 行代码 android:drawableLeft="@mipmap/icon_search"，它用来指定 EditView 左边的图片，就像 QQ 登录时输入密码，左边会有头像，就指的这个；第 14 行代码 android:hint="请输入搜索内容"，它的意思就是再输入栏里默认要显示的字；android:visibility="gone"设置可见性；android:textColor="@color/white"，这个属性是属于 value/style.xml 文件里的显示用户定义的颜色属性。

接下来要定义属性文件 attr.xml。在 value 目录下新建一个 resource（资源），文件名为 attr.xml，里面的代码如下：

```
1.   <resources>
2.       <declare-styleable name="MyToolBar">
3.           <attr name="rightButtonIcon" format="reference"/>
4.           <attr name="isShowSearchView" format="boolean"/>
5.           <attr name="rightButtonText" format="string"/>
6.       </declare-styleable>
7.   </resources>
```

这里定义了三个自定义 ToolBar 属性，只需记住这种格式即可。下面就要自定义 MyToolBar 了，并且让它继承自 ToolBar，代码的基本格式为 public class MyToolBar extends Toolbar {....}。
MyToolBar 的构造函数代码如下：

```
1.    public CNiaoToolBar(Context context,AttributeSet attrs,int defStyleAttr) {
2.       super(context,attrs,defStyleAttr);              //这个为构造函数
3.       initView();                                      //初始化函数
4.       setContentInsetsRelative(10,10);                //设置左右间隙
5.
6.       if(attrs !=null) {
7.         final TintTypedArray a = TintTypedArray.obtainStyledAttributes(getContext(),attrs,
8.       R.styleable.MyToolBar,defStyleAttr,0);          //获取 MyToolBar 的自定义属性
9.         final Drawable rightIcon = a.getDrawable(R.styleable.MyToolBar_rightButtonIcon);
10.   //获取 rightButtonIcon 属性
11.         if (rightIcon != null) {
12.            setRightButtonIcon(rightIcon);
13.         }
14.   //获取 isShowSearchView 属性
15.         boolean isShowSearchView = a.getBoolean(R.styleable.MyToolBar_isShowSearchView,false);
16.         if(isShowSearchView){
17.           showSearchView();                           //显示搜索栏
18.           hideTitleView();                            //隐藏搜索栏
19.         }
20.   //获取 rightButtonText 属性
21.         CharSequence rightButtonText = a.getText(R.styleable.MyToolBar_rightButtonText);
22.         if(rightButtonText !=null){
23.           setRightButtonText(rightButtonText);
24.         }
25.         a.recycle();                                  //回收资源
26.       }
27.    }
```

初始化布局文件中的控件 initView()，代码如下：

```
1.    private void initView() {
2.       if(mView == null) {
3.         mInflater = LayoutInflater.from(getContext());
4.   //声明一个调用布局的对象 mInflater
5.         mView = mInflater.inflate(R.layout.toolbar,null);
6.   //将布局引用进来
7.   //声明并实例化 mTextTitle 对象
8.         mTextTitle = (TextView) mView.findViewById(R.id.toolbar_title);
9.   //声明并实例化 mSearchView 对象
10.        mSearchView = (EditText) mView.findViewById(R.id.toolbar_searchview);
11.   //声明并实例化 mRightButton 对象
12.        mRightButton = (Button) mView.findViewById(R.id.toolbar_rightButton);
13.   //声明并实例化 LayoutParams 对象
14.        LayoutParams lp = new LayoutParams(ViewGroup.LayoutParams.MATCH_PARENT,
15.          ViewGroup.LayoutParams.WRAP_CONTENT,Gravity.CENTER_HORIZONTAL);
```

```
16.        addView(mView,lp);            //将 View 添加到自定义的 ToolBar 中
17.    }
18. }
```

这里解释一下关于 LayoutParams 的使用。其实这个 LayoutParams 类是用于 child view（子视图）向 parent view（父视图）传达自己的意愿的一个东西，通俗地讲就是孩子想变成什么样的向其父亲的说明。父视图和子视图可以简单理解成一个 LinearLayout 和 它里边一个 TextView ，TextView 就是 LinearLayout 的子视图。需要注意的是 LayoutParams 只是 ViewGroup 的一个内部类。也就是 ViewGroup 里边这个 LayoutParams 类是基类。实际上每个不同的 ViewGroup 都有自己的 LayoutParams 子类。

现在算是定义好了一个 ToolBar，可以将其加入布局文件，并添加监听器和加 Setting 选项。首先实现 Text 文本，代码如下：

```
1.  <com.example.administrator.shopdemo.widget.CNiaoToolBar
2.      android:id="@id/toolbar"
3.      android:layout_width="match_parent"
4.      android:layout_height="wrap_content"
5.      android:layout_alignParentTop="true"
6.      android:background="?attr/colorPrimary"      //这里使用的是系统的属性，记住就行
7.      android:minHeight="?attr/actionBarSize"      //设置最小高度
8.      app:rightButtonText="编辑"
9.      app:title="xxx"                              //设置 ToolBar 的标题内容（文字显示）
```

接下来继续显示 SearchView，代码如下：

```
1.  <com.example.administrator.shopdemo.widget.CNiaoToolBar
2.      android:id="@+id/toolbar_home"
3.      android:background="?attr/colorPrimary"
4.      android:minHeight="?attr/actionBarSize"
5.      android:layout_width="match_parent"
6.      android:layout_height="wrap_content"
7.      app:title="商品详情"
8.      app:isShowSearchView="true"
9.      app:navigationIcon="@drawable/icon_back_32px"/>  //设置背景图片，这里使用系统提供的
```

最后一步，初始化 ToolBar，代码如下：

```
1.  private void initToolBar(View view){
2.      mToolBar = (CNiaoToolBar) view.findViewById(R.id.toolbar_home);
3.      mToolBar.setNavigationOnClickListener(new View.OnClickListener() {
4.          @Override
5.          public void onClick(View view) {
6.  //Toast 用来短暂地显示一个文本提示，用于提示用户
7.          Toast.makeText(getContext(), "back", Toast.LENGTH_LONG).show();
8.          }
9.      });
10.
11.     mToolBar.inflateMenu(R.menu.menu_main);
12.     mToolBar.setOnMenuItemClickListener(new Toolbar.OnMenuItemClickListener() {
13.         @Override
```

```
14.          public boolean onMenuItemClick(MenuItem item) {
15.              int id = item.getItemId();
16.              if(id == R.id.action_settings){
17.              Toast.makeText(getContext()，"menu"，Toast.LENGTH_LONG).show();
18.                  return true;
19.              }
20.          return false;
21.      }
22.  });
23. }
```

至此，已经完成了货运宝 APP 整体框架的所有代码，接下来直接运行程序即可。

5.5 本 章 小 结

框架搭建就是将 APP 的大致结构抽象出来，然后一步一步地实现，这样做有利于开发者自己在开发过程中始终保持思路清晰、结构分明。框架塔建的主要工作就是将内容数据部分先去除掉，然后将剩下的布局及功能框架抽象出来。货运宝 APP 采用左侧导航菜单设计，选项卡点击切换右侧视图。本章介绍了利用开源控件 SlidingMenu 实现左侧滑动导航菜单，以及利用 FragmentTabHost 控件实现切换页面选项卡的方法。此外，ToolBar 是 Android 5.0 引入的一个新控件，用它可以为主页做一个工具条，且使工具条具备可以设置标题和左右图标并且能点击的功能。

第 6 章　账户模块的设计与实现

本章导读

　　对于现在绝大部分 APP，用户需要注册账号、登录账号，才能使用 APP 的全部功能。登录注册功能已经是 APP 中不可或缺的一部分功能了。本章主要介绍如何实现注册界面中获取验证码、密码的显示与隐藏、设置部分 TextView 的点击事件、拍照上传照片以及登录界面中记住密码和启动登录界面时的缓冲页面等功能。在实现这些功能的同时，还为读者讲解了布局设计的基本知识。

本章要点

- ● 　布局设计的基本知识
- ● 　获取验证码功能
- ● 　密码的显示与隐藏
- ● 　OkHttp 网络框架的使用
- ● 　拍照上传照片功能
- ● 　记住密码功能
- ● 　启动登录界面时的缓冲页面

　　本章介绍的是 Android 开发中比较基础的内容，在以后的开发中都会经常用到这些知识。要想登录账号，首先要注册一个属于自己的账号，接下来的章节将介绍注册页面的开发过程。

6.1　注　册　账　号

　　货运宝的注册界面如图 6-1 所示，界面非常简洁。首先，用户需要通过手机号码进行注册，输入一个合法有效的手机号，点击"获取验证码"按钮，验证码将以手机短信的形式发送到该手机上，如果在 60 秒之内没有收到验证码，可以再次点击按钮重新获取验证码。其次，设置登录密码和确认密码，要求两次输入的密码必须一致，并可以通过后面的小眼睛图标显示或隐藏密码。最后，阅读并同意《货运宝司机责任书》，勾选此栏并点击"注册"按钮可完成注册。
　　上面布局用到的 Button 的圆角风格可以按下面的方法实现。首先在 app/res/drawable 下新建资源文件 button_normal.xml。然后修改为如下代码：

```
1.    <Shape xmlns:android="http://schemas.android.com/apk/res/android">
2.        <!-- 矩形的圆角弧度 -->
3.        <corners android:radius="6dp" />
```

```
4.        <!-- 矩形的填充色 -->
5.        <solid android:color="#36648b" />
6.    </shape>
```

图 6-1　注册界面

接下来在布局文件中的 Button 下添加一行代码：

```
android:background="@drawable/button_normal"
```

这样就实现了 Button 的圆角风格。

下面 EditText 的右面有个小眼睛的按钮用来显示和隐藏密码，可以用 TextInputLayout 来实现。使用 TextInputLayout 需要添加两个依赖，在 build.gradle 文件下的 dependencies 中添加如下依赖：

```
compile 'com.android.support:appcompat-v7:26.+'
compile 'com.android.support:design:26.+'
```

下面来看一个小例子，只要在布局中添加 app:passwordToggleEnabled="true"并且 EditText 中 android:inputType 属性为 textPassword 时就可以实现密码的显示和隐藏了。具体实现代码如下：

```
1.    <LinearLayout xmlns:android="http://schemas.android.com/apk/res/android"
2.        xmlns:app="http://schemas.android.com/apk/res-auto"
3.        xmlns:tools="http://schemas.android.com/tools"
4.        android:layout_width="match_parent"
5.        android:layout_height="match_parent"
6.        android:orientation="vertical"
7.        tools:context="com.example.hasee.buttontest.MainActivity">
8.
9.        <Button
10.           android:layout_width="wrap_content"
11.           android:layout_height="wrap_content"
12.           android:background="@drawable/button_normal"
13.           android:text="Button"
14.           />
```

```
15.        <android.support.design.widget.TextInputLayout
16.            android:layout_width="match_parent"
17.            android:layout_height="wrap_content"
18.            android:orientation="vertical"
19.            app:passwordToggleEnabled="true">
20.
21.            <EditText
22.                android:id="@+id/editText1"
23.                android:layout_width="match_parent"
24.                android:layout_height="wrap_content"
25.                android:hint="请设置密码"
26.                android:inputType="textPassword"
27.                android:maxLines="1" />
28.        </android.support.design.widget.TextInputLayout>
29.        <android.support.design.widget.TextInputLayout
30.            android:layout_width="match_parent"
31.            android:layout_height="wrap_content"
32.            android:orientation="vertical"
33.            app:passwordToggleEnabled="true">
34.
35.            <EditText
36.                android:id="@+id/editText2"
37.                android:layout_width="match_parent"
38.                android:layout_height="wrap_content"
39.                android:hint="请确认密码"
40.                android:inputType="textPassword"
41.                android:maxLines="1" />
42.        </android.support.design.widget.TextInputLayout>
43.    </LinearLayout>
```

需要注意的是，一个 TextInputLayout 里只允许有一个 EditText，其实现效果如图 6-2 所示。

图 6-2　圆角 Button 与密码显示隐藏界面

　　TextInputLayout 的风格是开始在 EditText 中输入时，hint 会向上平移并缩小，变成上面的标签。如果不想要这种风格的可以用两张眼睛的图片代替。用来显示和隐藏密码的方法如下：

setTransformationMethod(HideReturnsTransformationMethod.getInstance()) 或

setTransformationMethod(PasswordTransformationMethod.getInstance())

　　接下来使用了 CheckBox 控件，它的右面是一个 TextView，TextView 中的"《货运宝司机责任书》"是可以点击的，那么如何设置 TextView 中的部分文字的点击事件呢？可以通过 SpannableString 来实现。下面举个小例子，具体代码如下：

```
1.    public class MainActivity extends AppCompatActivity {
2.
3.        @Override
4.        protected void onCreate(Bundle savedInstanceState) {
5.            super.onCreate(savedInstanceState);
6.            setContentView(R.layout.activity_main);
7.            TextView textView = (TextView)findViewById(R.id.textView);
8.            SpannableString spannableString = new SpannableString("我已阅读并同意《XXX 条款
9.            和服务协议》");
10.           spannableString.setSpan(new ClickableSpan() {
11.               @Override
12.               public void onClick(View view) {
13.                   Toast.makeText(MainActivity.this,"Click successfully",
14.                   Toast.LENGTH_SHORT).show();
15.               }
16.           },7,19,Spanned.SPAN_MARK_MARK);
17.           spannableString.setSpan(new ForegroundColorSpan(Color.BLUE), 7, 19,
18.    Spanned.SPAN_EXCLUSIVE_EXCLUSIVE);
19.           textView.setText(spannableString);
20.           textView.setMovementMethod(LinkMovementMethod.getInstance());
21.       }
22.   }
```

　　首先创建 SpannableString 对象并赋予它一个字符串，然后调用它的 setSpan()方法，这个方法接收四个参数。第一个接收 Object 对象，可以给文字加一些颜色、下划线和功能等。这里想给字符串设置监听，所以传入 ClickableSpan 对象，然后在它的 onClick()方法里设置点击事件。接下来的两个参数分别是字符串中字符的起始位置和结束位置。最后一个参数传入了 Spanned.SPAN_MARK_MARK，MARK 和 POINT 在两个相邻的字符间，MARK 贴在前面一个字符后面，POINT 贴在后面一个字符前面，其光标存在于 MARK 和 POINT 之间。接下来设置字符串的颜色，这次传入 Spanned.SPAN_EXCLUSIVE_EXCLUSIVE，EXCLUSIVE 表示不包括光标，INCLUSIVE 表示包括光标。值得注意的是要把设置文字颜色的代码写到设置监听的代码的后面，因为设置监听也会给文字设置一个颜色，这样就会覆盖原先设置的颜色了，效果如图 6-3 所示。

图 6-3　TextView 中的部分文字点击事件界面

6.1.1　获取验证码

在输入合法的手机号后，点击"获取验证码"按钮，"获取验证码"变成倒计时 60 秒，并且不可点击，界面效果如图 6-4 所示。

请输入验证码　　　　　　　　57秒后可重发

图 6-4　"请输入验证码"文本框

获取验证码可利用 CountDownTimer 类实现，创建实例重写方法，具体代码如下：

```
1.    //获取验证码的 TextView 控件
2.    private TextView mTVVCode;
3.    //倒计时类
4.    private CountDownTimer mTimer;
5.    //第一个参数为总计的时间，第二个参数为间隔时间，调用 tick 方法
6.    mTimer = new CountDownTimer(60000,1000) {
7.        //每次间隔时间调用此方法
8.        @Override
9.        public void onTick(long millisUntilFinished) {
10.           //在 textview 上设置倒计时的时间
11.               mTVVCode.setText((millisUntilFinished / 1000) + "秒后可重发");
12.       }
13.       //倒计时完成后调用此方法
14.       @Override
15.       public void onFinish() {
16.           //这里用了隐藏和显示，可以直接更改文字和背景颜色
17.               mTVVCode.setVisibility(View.GONE);
18.               mBTVCodeGet.setVisibility(View.VISIBLE);
```

```
19.              }
20.    };
```

下面举个小例子，具体布局代码如下：

```
1.    <FrameLayout xmlns:android="http://schemas.android.com/apk/res/android"
2.         android:layout_width="match_parent"
3.         android:layout_height="match_parent">
4.         <EditText
5.              android:id="@+id/editText"
6.              android:layout_width="match_parent"
7.              android:layout_height="wrap_content"
8.              android:hint="请输入验证码"
9.              android:textSize="25dp"/>
10.        <TextView
11.             android:id="@+id/textView"
12.             android:layout_width="94dp"
13.             android:layout_height="43dp"
14.             android:layout_gravity="right"
15.             android:background="#EBEBEB"
16.             android:textSize="17dp"
17.             android:gravity="center_horizontal"/>
18.        <Button
19.             android:id="@+id/button"
20.             android:layout_width="wrap_content"
21.             android:layout_height="wrap_content"
22.             android:layout_gravity="right"
23.             android:text="获取验证码"/>
24.    </FrameLayout>
```

这里使用了帧布局，将 TextView 和 Button 移到右面并重叠。接下来看 MainActivity 里的代码：

```
1.    public class MainActivity extends AppCompatActivity {
2.         private TextView textView;
3.         private Button button;
4.         @Override
5.         protected void onCreate(Bundle savedInstanceState) {
6.              super.onCreate(savedInstanceState);
7.              setContentView(R.layout.activity_main);
8.              textView = (TextView)findViewById(R.id.textView);
9.              button = (Button)findViewById(R.id.button);
10.             textView.setVisibility(View.GONE);
11.             button.setOnClickListener(new View.OnClickListener() {
12.                  @Override
13.                  public void onClick(View view) {
14.                       button.setVisibility(View.GONE);
15.                       textView.setVisibility(View.VISIBLE);
16.                       CountDownTimer mTimer = new CountDownTimer(60000,1000) {
17.                            @Override
```

```
18.                    public void onTick(long l) {
19.                        textView.setText((l/1000)+"秒后可重发");
20.                    }
21.
22.                    @Override
23.                    public void onFinish() {
24.                        textView.setVisibility(View.GONE);
25.                        button.setVisibility(View.VISIBLE);
26.                    }
27.                };
28.                mTimer.start();
29.            }
30.        });
31.    }
32. }
```

　　获取 TextView 和 Button 的实例后，我们用 setVisibility()方法，将 View.GONE 传进去，把 TextView 设置为不可见，点击 Button 后，将 Button 设置为不可见，将 TextView 设置为可见，然后新建一个 CountDownTimer 对象，传入总共的时间和每次更新的间隔时间，计时没结束时调用 onTick()方法，结束时调用 onFinish()方法，将 TextView 设为不可见，将 Button 设为可见。最后调用 CountDownTimer 的 start()方法触发倒计时。效果如图 6-5 所示。

图 6-5　验证码倒计时

　　随后，用网络框架请求服务端，服务端调用第三方短信验证 SDK 即可完成获取验证码功能。

6.1.2　请求服务端注册账号

　　每个独立的 Android 应用程序可以在 Android 设备本地独立运行，当然也可以并且也非常需要与服务器进行网络连接。目前安卓端处理网络请求的主流开源项目是移动支付Square公司贡献的 OkHttp。OkHttp 已替代了之前的 HttpUrlConnection 和 Apache HttpClient（Android API23 6.0 里已移除 HttpClient）。

以 post 方式请求服务端注册账号的具体代码如下：

```
1.    //初始化网络框架实例
2.                mClient = new OkHttpClient.Builder()
3.                .connectTimeout(4000,TimeUnit.MILLISECONDS)
4.                .readTimeout(4000,TimeUnit.MILLISECONDS)
5.                .writeTimeout(4000,TimeUnit.MILLISECONDS)
6.                .build();
7.    //构造请求体
8.                RequestBody requestBody = new FormBody.Builder()
9.                .add("driverID",mPhoneNum)
10.               .add("driverPwd",mFirstPwd)
11.               .build();
12.               Request request = new Request.Builder()
13.               .url(Constants.REGISTERED_URL)
14.   //以 post 方法请求服务单
15.               .post(requestBody)
16.               .build();
17.   //显示进度条
18.               LoadingDialog.make(getApplicationContext()).show();
19.               mClient.newCall(request).enqueue(new Callback() {
20.                   @Override
21.                   public void onFailure(Call call,IOException e) {
22.                     runOnUiThread(new Runnable() {
23.                           @Override
24.                           public void run() {
25.                           Toast.makeText(getApplicationContext(),"可能没有网了 T_T",
                              Toast.LENGTH_SHORT).show();
26.                           }
27.                     });
28.                   }
29.
30.                   @Override
31.                   public void onResponse(Call call,Response response) throws IOException {
32.   //获取到服务端数据，转换实例，根据接口文档判断成功与否
33.                       String json = response.body().string();
34.   … …
35.                   }
36.               });
```

使用 OkHttp 之前，先要在 app/build.gradle 文件里添加 OkHttp 库的依赖，在 dependencies 里添加 compile 'com.squareup.okhttp3:okhttp:()'，在括号里输入现在最新的版本，可以去 OkHttp 官网查看最新版本号。

首先创建一个 OkHttpClient 实例，用 OkHttpClient.Builder().connectTimeout()方法设置 OkHttpClient 实例的连接超时，传入超时时间和时间单位，这里传入了以毫秒为单位，用

readTimeout() 设置读取超时，用 writeTimeout() 设置写入超时。然后用 build() 方法创建 OkHttpClient 实例。接下来构造一个请求体 RequestBody，用 FormBody.Builder().add() 方法将想要上传的用户名和密码传入，然后调用 build() 方法创建 RequestBody 对象，建立一个 Request 对象，用 Request.Builder().url() 设置目标网络地址，用 post() 方法将要上传的 requestBody 传入，用 build() 方法返回一个 Request 对象。之后用 OkHttpClient 的 newCall() 方法创建一个 Call 对象，将之前的 Request 对象传入，并调用 enqueue() 方法用异步的方式来发送请求并获取服务器返回的数据，Callback() 接口中的 onFailure() 方法是发生错误时回调的，onResponse() 方法是执行完成后回调的，Response 对象用于返回服务器回调的数据，然后在各自的方法中输入一些动作就行了。

6.1.3　拍照上传三证

注册成功后，跳转到第二个填写个人信息的界面。点击"上传照片"按钮后有"拍照"和"从相册选择"两个选项，如图 6-6 所示。通过拍照方式或从相册选择图片的方式上传图片，是各类 Android APP 中常用的一个功能。

图 6-6　拍照上传三证

点击按钮出现对话框的方法可以通过 AlertDialog 来实现。下面举个小例子，在布局中只有一个 Button，具体代码如下：

```
1.    <LinearLayout xmlns:android="http://schemas.android.com/apk/res/android"
2.        android:orientation="vertical"
3.        android:layout_width="match_parent"
4.        android:layout_height="match_parent">
5.        <Button
6.            android:id="@+id/button_1"
7.            android:layout_width="match_parent"
8.            android:layout_height="wrap_content"
```

```
9.              android:text="Button1"/>
10.
11.     </LinearLayout>
```

接下来是 MainActivity 的代码：

```
1.  import android.content.DialogInterface;
2.  import android.support.v7.app.AlertDialog;
3.  import android.support.v7.app.AppCompatActivity;
4.  import android.os.Bundle;
5.  import android.view.View;
6.  import android.widget.Button;
7.  import android.widget.Toast;
8.
9.  public class MainActivity extends AppCompatActivity {
10.     CharSequence[] item = new CharSequence[]{"拍照","从相册选择"};
11.
12.     @Override
13.     protected void onCreate(Bundle savedInstanceState) {
14.         super.onCreate(savedInstanceState);
15.         setContentView(R.layout.activity_main);
16.         Button button1 = (Button)findViewById(R.id.button_1);
17.         button1.setOnClickListener(new View.OnClickListener() {
18.             @Override
19.             public void onClick(View view) {
20.                 AlertDialog.Builder dialog = new AlertDialog.Builder(MainActivity.this);
21.                 dialog.setItems(item,new DialogInterface.OnClickListener() {
22.                     @Override
23.                     public void onClick(DialogInterface dialogInterface,int i) {
24.                         switch (i){
25.                             case 0:
26.                                 Toast.makeText(MainActivity.this,"你点击了"拍照"",
27.                                     Toast.LENGTH_SHORT).show();
28.                                 break;
29.                             case 1:
30.                                 Toast.makeText(MainActivity.this,"你点击了"从相册选择"",
31.                                     Toast.LENGTH_SHORT).show();
32.                                 break;
33.                             default:
34.                                 break;
35.                         }
36.                     }
37.                 })
38.                     .show();
39.             }
40.         });
41.     }
42. }
```

　　首先用 AlertDialog.Builder 创建一个 AlertDialog 实例,然后为这个对话框设置不同的属性。这里只用了一个 setItems()方法,用于给对话框设置一个列表来列出所有选项。第一个参数接受一个 CharSequence 类型数组,在数组中填入想要实现的列表文字即可;第二个参数是用来给每个列表项设置监听事件的,除此之外还可为对话框设置标题、确定按钮、取消按钮等属性。

　　上面的代码运行后发现和图片中的不太一样,仔细一看,原来是边框的问题。原图中的边框是圆角的,而这里运行的这个程序是直角的,怎样才能让它变成圆角呢?其实很简单,首先在 app/res/drawable 中新建 drawable resource file,命名为 mydialogshape.xml,输入以下代码:

```
1.    <shape xmlns:android="http://schemas.android.com/apk/res/android"
2.        android:shape="rectangle">
3.        <solid android:color="@android:color/white"/>
4.        <corners android:radius="6dp"/>
5.    </shape>
```

shape 可以自定义形状,通过 android:shape 属性指定,可以指定为 rectangle、oval、line、ring,这里要做一个圆角矩形边框,所以选择 rectangle。solid 指定形状填充的颜色,只有 android:color 一个属性,可以指定为 white。corners 可以设置圆角,android:radius 属性可以使用下面这个属性为四个角设置相同的圆角半径:

　　　android:topLeftRadius,android:topRightRadius,android:bottomLeftRadius,android:bottomRightRadius

该属性还可以单独为某个角设置圆角半径。

　　在 app/res/values/styles.xml 里添加如下代码:

```
1.    <style name="mydialog" parent="android:style/Theme.Dialog">
2.        <!-- 背景为 mydialogshape.xml -->
3.        <item name="android:windowBackground">@drawable/mydialogshape</item>
4.        <!-- 背景模糊 -->
5.        <item name="android:backgroundDimEnabled">true</item>
6.        <!--去掉标题栏-->
7.        <item name="android:windowNoTitle">true</item>
8.    </style>
```

　　把刚写的 mydialogshape.xml 传入到 android:windowBackground 的属性中。最后修改 MainActivity 里的代码,如下:

```
1.    public class MainActivity extends AppCompatActivity {
2.        CharSequence[] item = new CharSequence[]{"拍照","从相册里选择"};
3.
4.        @Override
5.        protected void onCreate(Bundle savedInstanceState) {
6.            ...
7.            button1.setOnClickListener(new View.OnClickListener() {
8.                @Override
9.                public void onClick(View view) {
10.                   AlertDialog.Builder dialog = new AlertDialog
11.                       .Builder(MainActivity.this,R.style.mydialog);
12.                   dialog.setItems(item,new DialogInterface.OnClickListener() {
13.                       @Override
14.                       public void onClick(DialogInterface dialogInterface,int i) {
```

```
15.                    switch (i){
16.                        case 0:
17.                            Toast.makeText(MainActivity.this,"你点击了"拍照"",
18.                                Toast.LENGTH_SHORT).show();
19.                            break;
20.                        case 1:
21.                            Toast.makeText(MainActivity.this,"你点击了"从相册里选择"",
22.                                Toast.LENGTH_SHORT).show();
23.                            break;
24.                        default:
25.                            break;
26.                    }
27.                }
28.            })
29.                .show();
30.        }
31.    });
32.    }
33. }
```

上面的代码中修改了 AlertDialog.Builder 的构造函数，把 style 文件里的 mydialog 传入到
了 AlertDialog.Builder 构造函数重载方法中的第二个参数里，这样就可以实现圆角风格的对话
框了，修改后的效果如图 6-7 所示。

图 6-7   圆角对话框

"从相册里选择"这个选项需要用户打开相册并选择一张照片，具体代码如下：

```
1.      /**
2.       * 从相册选择一张照片
3.       *
4.       * @param identification  图片的标识
5.       */
6.      private void openAlbum(int identification) {
7.          Intent intent = new Intent();
8.          intent.setType("image/*");
9.          intent.setAction(Intent.ACTION_PICK);
10.         intent.setData(MediaStore.Images.Media.EXTERNAL_CONTENT_URI);
11.         startActivityForResult(intent，identification);
12.     }
```

在 openAlbum 里我们利用 Intent.ACTION_PICK 打开相册获取图片，用 setType()方法设置获取对象的属性，MediaStore.Images.Media.EXTERNAL_CONTENT_URI 是一个用来查询存储在外部存储器上的图片文件内容的 Uri。

```
1.      /**
2.       * 打开相机
3.       *
4.       */
5.      //相机存储图片的路径
6.      File outputImage = new File(getExternalCacheDir()，"output_image");
7.          try{
8.              if (outputImage.exists()){
9.                  outputImage.delete();
10.             }
11.             outputImage.createNewFile();
12.         }
13.         catch (IOException e){
14.             e.printStackTrace();
15.         }
16.
17.     imageUri = Uri.fromFile(outputImage);
18.         //启动相机
19.         Intent intent = new Intent(MediaStore.ACTION_IMAGE_CAPTURE);
20.         intent.putExtra(MediaStore.EXTRA_OUTPUT，imageUri);
21.         intent.addFlags(Intent.FLAG_GRANT_READ_URI_PERMISSION);
22.         startActivityForResult(intent，phoneType);
```

新建一个 File 对象，把拍下的照片命名为 output_image。用 getExternalCacheDir()方法得到手机 SD 卡的应用关联缓存目录，用于存放缓存数据。接下来用 Uri 的 fromFile 方法将 File 对象转化成 Uri 对象。MediaStore.ACTION_IMAGE_CAPTURE 让 intent 打开相机拍照。MediaStore.EXTRA_OUTPUT 指定 imageUri 为拍照后图片的地址。Intent.FLAG_GRANT_READ_URI_PERMISSION 让 intent 的接受者被赋予读取 intent 中 URI 数据和 lipData 中的 URIs 的权限。

identification 和 phoneType 根据不同的按钮传入并选择图片后，将会在启动 Activity 的 onActivityResult 里传回路径，具体代码如下：

```
1.    @Override
2.        protected void onActivityResult(int requestCode，int resultCode，Intent data) {
3.            if (resultCode == Activity.RESULT_OK) {
4.    /*打开相册或者相机后返回的路径，相册返回的 data 里有值。相机返回的 data 里因为
5.        设置了相机存储路径的原因会为 null，我们需要到相应的路径中获取图片。*/
6.                if (data != null) {
7.                    if (data.getData() != null) {
8.                        picPath = getOriginPathWithAlbum(data,this);
9.                    } else {
10.                       picPath=UriUtil.getRealPathFromUri(getContentResolver(),imageUri);
11.                   }
12.               } else {
13.                   picPath = UriUtil.getRealPathFromUri(getContentResolver(),imageUri);
14.               }
15.               //判断是否是图片
16.               if (picPath != null && (picPath.endsWith(".png") || picPath.endsWith(".PNG")
17.               || picPath.endsWith(".jpg") || picPath.endsWith(".JPG")|| picPath.endsWith(".jpeg")
18.               || picPath.endsWith(".JPEG"))) {
19.                   switch (requestCode) {
20.                       case USER_ID_CARD:
21.                           mUserIdCardPicPath = picPath;
22.                           break;
23.                       case DRIVER_LICENSE:
24.                           mDriverLicensePicPath = picPath;
25.                           break;
26.                       case VEHICLE_ID_CARD:
27.                           mVehicleIdCardPicPath = picPath;
28.                           break;
29.                   }
30.               } else {
31.                   if (picPath.endsWith(".GIF") || picPath.endsWith(".gif")) {
32.                       showToast("抱歉，暂不支持 gif 动态图");
33.                   } else {
34.                       showToast("抱歉，暂不支持此格式");
35.                   }
36.                   return;
37.               }
38.               //压缩后显示缩略图
39.               switch (requestCode) {
40.                   case USER_ID_CARD:
41.                       mBitmap = getImage(mUserIdCardPicPath);
42.                       mSdvIdCard.setImageBitmap(mBitmap);
43.                       break;
44.                   case DRIVER_LICENSE:
```

```
45.                        mBitmap = getImage(mDriverLicensePicPath);
46.                        mSdvDriverLicense.setImageBitmap(mBitmap);
47.                        break;
48.                    case VEHICLE_ID_CARD:
49.                        mBitmap = getImage(mVehicleIdCardPicPath);
50.                        mSdvVehicleIdCard.setImageBitmap(mBitmap);
51.                        break;
52.                }
53.            }
54.        }
```

使图片变成缩略图是在 getImage()方法中进行的。具体的 getImage()方法代码如下：

```
1.    public Bitmap getImage(String imagePath){
2.        BitmapFactory.Options options = new BitmapFactory.Options();
3.        options.inJustDecodeBounds = true;
4.        BitmapFactory.decodeFile(imagePath，options);
5.        int scale = options.outHeight/50;
6.    //判断缩放比是否小于等于 0
7.        if (scale<=0){
8.            scale = 1;
9.        }
10.        options.inSampleSize = scale;
11.        options.inJustDecodeBounds = false;        //设置成 false 后就可以读取图片了
12.        Bitmap bitmap = BitmapFactory.decodeFile(imagePath，options);
13.        return bitmap;
14.    }
```

首先传入图片路径，创建 BitmapFactory.Options 对象 opions。opions.inJustDecodeBounds
传入 true 时表示后面的 decodeFile()方法返回的 Bitmap 为 null，只对其做一些解码边界信息（也
就是图片大小信息）操作，获取图片的高后除以 50 即可得到缩放比，除以的数字越小后面得
到的缩略图越小。接下来判断一下缩放比是否小于等于 0，然后用 options.inSampleSize 设置缩
放比例，最后一定要将 options.inJustDecodeBounds 设置为 false，重新加载图片后返回 Bitmap
对象。这样就可以将我们的三证图片路径传入方法中了。最后用 ImageView 的 setImageBitmap()
方法将 Bitmap 对象显示出来。用这种方法显示缩略图的好处是即使图片的大小不一样，最后
缩略图的大小都是一样的。

点击"提交"按钮后，压缩并控制大小，再通过 OkHttp 网络框架上传到服务器就大功告
成了，具体代码如下：

```
1.    //构造混合参数体（文件和字段一同提交）
2.    MultipartBody multipartBody = new MultipartBody.Builder()
3.            .setType(MultipartBody.FORM)
4.            .addFormDataPart("driverID",mDriverID)
5.            .addFormDataPart("driverName",mDriverName)
6.            .addFormDataPart("driverIDCard",mDriverIDCard)
7.            .addFormDataPart("driverBankAccountName",mDriverBankAccountName)
8.            .addFormDataPart("driverBankCard",mDriverBankCard)
9.            .addFormDataPart("driverPlateNumber",mDriverPlateNumber)
```

```
10.    //3 个参数为定义字段、文件名字、文件路径
11.           .addFormDataPart("driverIDCardPhoto",driverIDCardFileFile.getName(),
12.             RequestBody.create(MEDIA_TYPE_JPG,driverIDCardFileFile))
13.           .addFormDataPart("driverLicensePhoto",driverLicensePhotoFileFile.getName(),
14.             RequestBody.create(MEDIA_TYPE_JPG,driverLicensePhotoFileFile))
15.           .addFormDataPart("driverPermitPhoto",driverPermitPhotoFileFile.getName(),
16.             RequestBody.create(MEDIA_TYPE_JPG,driverPermitPhotoFileFile))
17.           .build();
18.    LoadingDialog.make(this).show();
19.    //发起请求
20.    Request mRequest = new Request.Builder().url(Constants.ATTESTATION_URL)
21.    .post(multipartBody).build();
22.    mClient.newCall(mRequest).enqueue(new Callback() {
23.           @Override
24.           public void onFailure(Call call,final IOException e) {
25.    … …
26.           }
27.
28.    @Override
29.    public void onResponse(Call call,Response response) throws IOException {
30.           String json = response.body().string();
31.           … …
32.    });
```

要上传文件首先应创建 MultipartBody 对象，将 MultipartBody.FORM 传入到 MultipartBody. Builder().setType()里，表示用表单上传文件，接下来用 addFormDataPart()将要上传的文件传进来。这个方法有两个重载方法，第一个重载方法传入字段名称和真正要传的信息就可以了；第二个重载方法需要依次传入字段名称、文件名称和一个 RequestBody 对象，将想要上传的文件和文件类型传入到 RequestBody.create()方法里来返回一个 RequestBody 对象。如果不知道上传文件的类型，可以传入 application/octet-stream。为了方便可以将 application/octet-stream 赋值给字符串 MEDIA_TYPE_JPG，即 String MEDIA_TYPE_JPG = "application/octet-stream"，上面的代码没有给出以上代码。如果知道上传文件的类型，可以用搜索引擎搜索 mime type，查找到与文件类型对应的 mime type 后，将它传入就好了。然后用 build()方法创建 MultipartBody 对象，想要上传的东西就都在 MultipartBody 对象里了。用 post()方法将要上传的 MultipartBody 传入，再用 build()方法返回一个 Request 对象。后面的就和之前的一样了。

服务器返回成功后可以关掉之前的界面，返回到登录界面了。不过注册时常遇到跳转到新的 activity 的同时销毁之前打开的任意个 activity 的情况。例如：①填写手机号，输入验证码；②填写基本资料；③设置头像或密码等。如果这三个步骤每一个都使用一个 activity，那么在注册流程结束时，就需要销毁这三个 activity，否则当需要返回时，看到的还是注册界面。

这里用 Intent 的 flag 来实现为最优。使用 Intent 的 FLAG_ACTIVITY_CLEAR_TOP 和 FLAG_ACTIVITY_NEW_TASK 标记，这两个标记可以清空要启动的 activity 上面的所有 activity（与新启动的 activity 同处于一个任务栈）。假如现在任务栈里面有 A、B、C、D 四个 activity，这时 D 启动 A（带上这两个标记），因为 A 已经在这个任务栈中了，这个时候不会启

动新的任务栈，同时系统发现 A 的上面有 B、C、D，所以系统会将这三个 activity 从任务栈中移除，最终，这个任务栈只剩下 A 了。

　　在最后一个界面的打开 Activity 方法的 Intent 里加入这两个标记，即可清除之前的 Activity。参考代码如下：

```
1.    mLoginIntent = new Intent(this，LoginActivity.class);
2.    mLoginIntent.setFlags(FLAG_ACTIVITY_CLEAR_TOP | FLAG_ACTIVITY_NEW_TASK);
```

6.2　用 户 登 录

　　进入货运宝 APP 首先看到的是启动界面，在启动界面过后则是用户登录界面，根据原型设计，将用户登录界面重新进行了更为美观的 UI 设计，如图 6-8 所示。根据货运宝 APP 的功能定位，用户在使用前必须先注册一个账户，通过该账户登录才能浏览后面的内容，这里禁止游客任意访问的。登录界面的布局结构比较简单，依次是货运宝的 Logo 和名称、登录框、记住密码框、"登录"按钮、"注册"按钮。登录界面整体采用了相对布局（RelativeLayout）。

图 6-8　登录界面

登录界面布局文件的具体实现代码如下：

```
1.    <?xml version="1.0" encoding="utf-8"?>
2.    <RelativeLayout xmlns:android="http://schemas.android.com/apk/res/android"
3.        xmlns:tools="http://schemas.android.com/tools"
4.
5.        android:id="@+id/login_view"
6.        android:layout_width="400dp"
7.        android:layout_height="800dp"
8.        android:layout_centerInParent="true"
```

```
9.          tools:context="com.mingrisoft.trueprojiect.MainActivity">
10.
11.         <Button
12.             android:layout_width="280dp"
13.             android:layout_marginStart="50dp"
14.             android:layout_marginLeft="50dp"
15.             android:layout_height="wrap_content"
16.             android:text="@string/zhu_ce"
17.             android:id="@+id/login_btn_register"
18.
19.             android:textColor="#ffffff"
20.             android:background="#545bcb"
21.             android:textSize="20sp"
22.             android:layout_below="@+id/login_btn_login"
23.             android:layout_alignParentLeft="true"
24.             android:layout_alignParentStart="true"
25.             android:layout_marginTop="10dp" />
26.
27.         <Button
28.             android:layout_width="280dp"
29.             android:layout_marginStart="50dp"
30.             android:layout_marginLeft="50dp"
31.             android:layout_height="wrap_content"
32.             android:text="@string/deng_lu"
33.             android:id="@+id/login_btn_login"
34.
35.             android:background="#545bcb"
36.             android:textSize="20sp"
37.             android:textColor="#ffffff"
38.             android:layout_below="@+id/login_edit_pwd"
39.             android:layout_alignParentLeft="true"
40.             android:layout_alignParentStart="true"
41.             android:layout_marginTop="52dp" />
42.
43.         <ImageView
44.             android:layout_width="300dp"
45.             android:layout_height="150dp"
46.             android:id="@+id/logo"
47.             android:background="#000000"
48.             android:layout_alignParentRight="true"
49.             android:layout_alignParentEnd="true"
50.             android:layout_alignParentLeft="true"
51.             android:layout_alignParentStart="true"
52.             android:layout_alignParentTop="true"
53.             android:contentDescription="@null"
54.             android:layout_alignWithParentIfMissing="false"
```

```
55.                    />
56.
57.        <EditText
58.            android:layout_width="400dp"
59.            android:layout_height="60dp"
60.            android:inputType="textPassword"
61.            android:ems="10"
62.            android:id="@+id/login_edit_pwd"
63.            android:drawableStart="@android:drawable/ic_lock_idle_lock"
64.            android:drawableLeft="@android:drawable/ic_lock_idle_lock"
65.            android:hint="@string/pass_word"
66.            android:layout_below="@+id/login_edit_account"
67.            android:layout_alignParentLeft="true"
68.            android:layout_alignParentStart="true" />
69.
70.        <EditText
71.            android:layout_width="400dp"
72.            android:layout_height="60dp"
73.            android:inputType="textPersonName"
74.            android:id="@+id/login_edit_account"
75.            android:drawableStart="@android:drawable/ic_menu_myplaces"
76.            android:drawableLeft="@android:drawable/ic_menu_myplaces"
77.            android:hint="@string/input_name"
78.            android:layout_below="@+id/logo"
79.            android:layout_alignParentLeft="true"
80.            android:layout_alignParentStart="true"
81.            android:layout_marginTop="20dp" />
82.
83.        <CheckBox
84.            android:layout_width="100dp"
85.            android:layout_height="20dp"
86.            android:text="@string/r_word"
87.            android:id="@+id/Login_Remember"
88.            android:layout_below="@+id/login_edit_pwd"
89.            android:layout_alignParentLeft="true"
90.            android:layout_alignParentStart="true"
91.            android:checked="false"
92.            android:textSize="15sp" />
93.
94.        <TextView
95.            android:layout_width="60dp"
96.            android:layout_height="20dp"
97.            android:text="@string/change_word"
98.            android:id="@+id/login_text_change_pwd"
99.
100.           android:textSize="15sp"
```

101.	android:layout_alignBaseline="@+id/Login_Remember"
102.	android:layout_alignBottom="@+id/Login_Remember"
103.	android:layout_alignParentRight="true"
104.	android:layout_alignParentEnd="true"
105.	android:layout_marginRight="30dp"
106.	android:layout_marginEnd="30dp" />
107.	
108.	</RelativeLayout>

RelativeLayout 是相对布局控件。它包含的子控件将以控件之间的相对位置或者子类控件相对父类容器的位置方式排列。相对布局中有几个比较常用的属性。

1. 边距设置属性

靠左显示 android:layout_marginRight="30dp"，该属性用来设置与右边框的距离；同理，靠右显示 android:layout_marginLeft="30dp"，该属性用来设置与左边框的距离。

2. 相对于父类容器的属性

android:layout_alignParentRight="true"，该属性的值为 bool 值，用来设置与父类容器右对齐。这里简单介绍一下 CheckBox 这个控件，CheckBox 控件就是复选框，通常用于某选项的打开或关闭，android:checked="false"这个属性，用来设置默认状态下该复选框是否为选中状态。还有一个 ImageView 控件，用来显示图片，如货运宝的 Logo 等，这里暂不进行设置，直接设置成黑色，整体效果如图 6-9 所示。

一般启动 APP 时都会有一个启动界面作为缓冲，也有广告宣传的功能，在这里可以一并实现。结合上面登录界面来看一下整体结构，如图 6-10 所示。

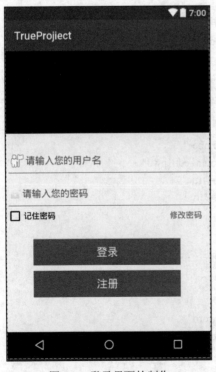

图 6-9　登录界面的制作

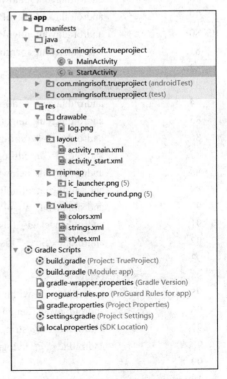

图 6-10　登录界面整体结构

StartActivity 就是启动界面，将它作为程序的入口，而不能再是 MainActivity 了。打开 AndroidManifest.xml 文件，其具体代码如下：

```
1.    <application
2.            android:allowBackup="true"
3.            android:icon="@mipmap/ic_launcher"
4.            android:label="@string/app_name"
5.            android:roundIcon="@mipmap/ic_launcher_round"
6.            android:supportsRtl="true"
7.            android:theme="@style/AppTheme">
8.            <activity android:name=".StartActivity"
9.                android:theme="@android:style/Theme.NoTitleBar.Fullscreen">
10.               <intent-filter>
11.                   <action android:name="android.intent.action.MAIN" />
12.
13.                   <category android:name="android.intent.category.LAUNCHER" />
14.               </intent-filter>
15.           </activity>
16.   <activity android:name=".MainActivity"
17.           android:theme="@style/Theme.AppCompat.Light.NoActionBar"/>
18.       </application>
19.   </manifest>
```

将<intent-filter>……</intent-filter>写到.StartActivity 中即可。

下面再来看启动界面的布局，只为它添加一个背景即可，具体实现代码如下：

```
1.    <?xml version="1.0" encoding="utf-8"?>
2.    <android.support.constraint.ConstraintLayout
3.    xmlns:android="http://schemas.android.com/apk/res/android"
4.
5.            xmlns:tools="http://schemas.android.com/tools"
6.            android:layout_width="match_parent"
7.            android:layout_height="match_parent"
8.            android:background="@drawable/log"
9.            tools:context="com.mingrisoft.trueprojiect.StartActivity">
10.
11.   </android.support.constraint.ConstraintLayout>
```

接着设置 StartActivity.class 文件，代码如下：

```
1.    package com.mingrisoft.trueprojiect;
2.
3.    import android.content.Intent;
4.    import android.support.v7.app.AppCompatActivity;
5.    import android.os.Bundle;
6.
7.    import java.util.Timer;
8.    import java.util.TimerTask;
9.
```

```
10.    public class StartActivity extends AppCompatActivity {
11.
12.        @Override
13.        protected void onCreate(Bundle savedInstanceState) {
14.            super.onCreate(savedInstanceState);
15.            setContentView(R.layout.activity_start);
16.            Timer timer=new Timer();
17.            TimerTask timerTask=new TimerTask() {
18.                @Override
19.                public void run() {
20.                    startActivity(new Intent(StartActivity.this,MainActivity.class));
21.                    finish();
22.                }
23.            };timer.schedule(timerTask,2000);
24.        }
25.    }
```

这里定义了一个 timer 时间对象和 timerTask 对象，用到 TimerTask 对象肯定要重写它的 run() 方法。然后用到了它的 schedule 函数，第一个参数是一个 timerTask 任务对象，第二个参数设置多长时间后跳转。要实现页面跳转肯定离不开 intent（意图）对象，这里直接在 startActivity() 函数中声明了一个内部类，里边参数的意思是从哪跳转到哪（两个参数）。

通过上面的操作，已经把两个界面连接起来了。运行后的效果如图 6-11 所示。

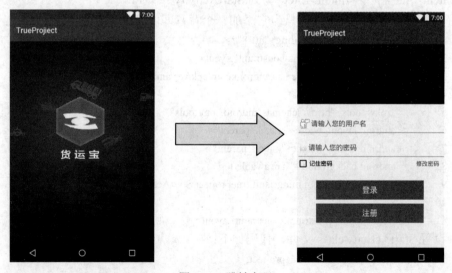

图 6-11　跳转实现

请求服务器登录也是用 OkHttp 以 post 方式访问服务端，返回成功后调用 finish 关闭此页面，打开登陆后的主界面 HomeActivity，主界面需要显示登录信息以及一系列的验证，这里需要将返回的一些参数传递给 HomeActivity，具体代码如下：

```
1.    mHomeIntent.putExtra("driverState",mDriverState);
2.    mHomeIntent.putExtra("driverId",mNameText);
3.    mHomeIntent.putExtra("driverPwd",mPassWordText);
```

```
4.    mHomeIntent.putExtra("driverFrequentlyUsedRoute",mDriverFrequentlyUsedRoute);
5.    mHomeIntent.putExtra("driverPlateNumber",mDriverPlateNumber);
6.    mHomeIntent.putExtra("versionCode",mVersionCode);
7.    mHomeIntent.putExtra("versionName",mVersionName);
8.    runOnUiThread(new Runnable() {
9.        @Override
10.       public void run() {
11.           startActivity(mHomeIntent);
12.           //关掉登陆界面
13.           finish();
14.       }
15.   });
```

此外，成功后还需要判断"记住密码"复选框是否被勾选，从而判断是否需要记录用户账号密码，以便下次登录。首先构建 **SPUtils** 工具类，然后在服务端返回成功时的账号密码记录到本地。下面来看个简单的小例子，布局代码如下：

```
1.    <LinearLayout xmlns:android="http://schemas.android.com/apk/res/android"
2.        android:layout_width="match_parent"
3.        android:layout_height="match_parent"
4.        android:orientation="vertical">
5.        <EditText
6.            android:id="@+id/username"
7.            android:layout_width="match_parent"
8.            android:layout_height="wrap_content"
9.            android:hint="账户名/手机号"/>
10.       <EditText
11.           android:id="@+id/password"
12.           android:layout_width="match_parent"
13.           android:layout_height="wrap_content"
14.           android:hint="密码"
15.           android:inputType="textPassword"/>
16.       <LinearLayout
17.           android:layout_width="wrap_content"
18.           android:layout_height="wrap_content">
19.           <android.support.v7.widget.AppCompatCheckBox
20.               android:id="@+id/remember_password"
21.               android:layout_width="wrap_content"
22.               android:layout_height="wrap_content" />
23.           <TextView
24.               android:layout_width="wrap_content"
25.               android:layout_height="wrap_content"
26.               android:text="记住密码"/>
27.       </LinearLayout>
28.       <Button
```

```
29.        android:id="@+id/login"
30.        android:layout_width="wrap_content"
31.        android:layout_height="wrap_content"
32.        android:text="登录"
33.        android:layout_gravity="center"/>
34.
35.    </LinearLayout>
```

然后是 SPUtils.class 的代码：

```
1.    SPUtils.class
2.    public static void saveString(Context context,String key,String value){
3.    SharedPreferences sp = context.getSharedPreferences("login_information",
4.    Context.MODE_PRIVATE);
5.        Editor edit = sp.edit();
6.        edit.putString(key,value);
7.        edit.commit();
8.    }
9.    public static String getString(Context context,String key,String defValue){
10.    SharedPreferences sp = context.getSharedPreferences("login_information",
11.    Context.MODE_PRIVATE);
12.        return sp.getString(key,defValue);
13.    }
14.    public static void putBoolean(Context context,String key,Boolean value){
15.    SharedPreferences sp = context.getSharedPreferences("login_information",
16.    Context.MODE_PRIVATE);
17.        SharedPreferences.Editor edit = sp.edit();
18.        edit.putBoolean(key,value);
19.        edit.commit();
20.    }
21.    public static void clear(Context context){
22.    SharedPreferences sp = context.getSharedPreferences("login_information",
23.    Context.MODE_PRIVATE);
24.        SharedPreferences.Editor edit = sp.edit();
25.        edit.clear();
26.        edit.commit();
27.    }
```

在 SPUtils.class 里 saveString()方法接受三个参数，第一个是上下文，第二个是传入信息的键值，第三个是真正要传入的信息。首先用 context.getSharedPreferences()方法得到了一个 SharedPreferences 对象，传入的参数分别为文件名和操作模式，MODE_PRIVATE 表示只有当前应用程序才能对这个 SharedPreferences 文件进行读写。接下来用 edit()方法得到 SharedPreferences.Editor 对象，然后就可以对文件进行一系列的编辑，用 putString()方法将想要传入的信息传到 SharedPreferences 文件里，最后调用 commit()方法进行提交。getString()方法的第三个参数传入的是一个默认值，表示如果不存在键值对应的值时，就会使用传入的默认值。putBoolean()方法用于存储一个布尔值。clear()方法用于清空文件内的所有信息。

MainActivity 中的代码如下：

```
1.   public class MainActivity extends AppCompatActivity {
2.       private EditText usernameEd;
3.       private EditText passwordEd;
4.       private Button login;
5.       private CheckBox rememberPassword;
6.
7.       @Override
8.       protected void onCreate(Bundle savedInstanceState) {
9.           super.onCreate(savedInstanceState);
10.          setContentView(R.layout.activity_main);
11.          usernameEd = (EditText)findViewById(R.id.username);
12.          passwordEd = (EditText)findViewById(R.id.password);
13.          login = (Button)findViewById(R.id.login);
14.          rememberPassword = (CheckBox)findViewById(R.id.remember_password);
15.          SharedPreferences sp = getSharedPreferences("login_information",MODE_PRIVATE);
16.          boolean rememberPass = sp.getBoolean("remember_pass",false);
17.          if (rememberPass){
18.              //将记住的账号密码设置到 EditText 中
19.              String username = SPUtils.getString(MainActivity.this,"username","");
20.              String password = SPUtils.getString(MainActivity.this,"password","");
21.              usernameEd.setText(username);
22.              passwordEd.setText(password);
23.              rememberPassword.setChecked(true);
24.          }
25.          login.setOnClickListener(new View.OnClickListener() {
26.              @Override
27.              public void onClick(View v) {
28.                  String username = usernameEd.getText().toString();
29.                  String password = passwordEd.getText().toString();
30.                  if (username.equals("xiaoming")&&password.equals("123456")){
31.                      if (rememberPassword.isChecked()){
32.                          //将账号密码传到 login_information 文件中
33.                          SPUtils.saveString(MainActivity.this,"username",username);
34.                          SPUtils.saveString(MainActivity.this,"password",password);
35.                          SPUtils.putBoolean(MainActivity.this,"remember_pass",true);
36.                      }
37.                      else {
38.                          SPUtils.clear(MainActivity.this);
39.                      }
40.                      Intent intent = new Intent(MainActivity.this,Main2Activity.class);
41.                      startActivity(intent);
42.                      finish();
43.                  }
```

```
44.                    }
45.                });
46.        }
47.    }
```

首先得到各个控件的实例，用 SharedPreferences 的 getBoolean()方法返回一个 Boolean 值，传入默认值 false，设置登录的点击事件，登录成功后，用 isCheck()方法检查"记住密码"是否被选中，如果选中了，就将 EditText 里的账号密码传到 SharedPreferences 文件中，并将 remember_pass 改为 true。如果没选中，则调用 clear()方法将 SharedPreferences 文件中的数据全部删除。如果选中"记住密码"并成功登录后，在退出程序重新打开登录界面时，就会读取 SharedPreferences 文件的数据并将数据填写到对应的 EditText 中。这样一个简单的记住密码功能就实现了。实现效果如图 6-12 所示。

图 6-12　记住密码功能

6.3　账户管理

账户管理用于修改用户账号的各种关键信息，例如修改密码、修改个人信息、修改路线信息等，也可以根据用户自己的需求进行系统设置。读者需掌握正则表达式处理字符串等相关知识。

用户管理模块如图 6-13 所示，有修改密码、个人信息、路线设置、系统设置等功能。若选择修改密码功能，出现如图 6-14 所示的界面；若选择个人信息功能，则显示如图 6-15 所示的界面。

图 6-13　账户管理界面　　　图 6-14　修改密码界面　　　图 6-15　个人信息界面

下面是修改密码界面的代码，供读者参考：

```
1.    <?xml version="1.0" encoding="utf-8"?>
2.    <RelativeLayout xmlns:android="http://schemas.android.com/apk/res/android"
3.        android:layout_width="match_parent"
4.        android:layout_height="match_parent"
5.        android:padding="10dp">
6.        <TextView
7.            android:layout_width="match_parent"
8.            android:layout_height="wrap_content"
9.            android:gravity="center"
10.           android:textSize="20sp"
11.           android:text="修改密码"/>
12.       <TableLayout
13.           android:id="@+id/setting_pwd"
14.           android:layout_width="match_parent"
15.           android:layout_height="wrap_content"
16.           android:layout_centerInParent="true">
17.           <TableRow >
18.               <TextView
19.                   android:layout_width="wrap_content"
20.                   android:layout_height="wrap_content"
21.                   android:textSize="20sp"
22.                   android:text="旧密码:"/>
23.               <EditText
24.                   android:id="@+id/pwd_0"
25.                   android:layout_width="wrap_content"
26.                   android:layout_height="wrap_content"
27.                   android:layout_weight="1"
28.                   android:hint="若包含字母,请区分大小写"
```

```
29.              android:inputType="textPassword"
30.              android:background="@android:drawable/editbox_background"/>
31.         </TableRow>
32.         <TableRow >
33.             <TextView
34.                 android:layout_width="wrap_content"
35.                 android:layout_height="wrap_content"
36.                 android:textSize="20sp"
37.                 android:text="新密码:"/>
38.             <EditText
39.                 android:id="@+id/pwd_1"
40.                 android:layout_width="wrap_content"
41.                 android:layout_height="wrap_content"
42.                 android:layout_weight="1"
43.                 android:hint="6-16 位,可以包含数字,字母/英文字符"
44.                 android:inputType="textPassword"
45.                 android:background="@android:drawable/editbox_background"/>
46.         </TableRow>
47.         <TableRow >
48.             <TextView
49.                 android:layout_width="wrap_content"
50.                 android:layout_height="wrap_content"
51.                 android:textSize="20sp"
52.                 android:text="确定密码:"/>
53.             <EditText
54.                 android:id="@+id/pwd_2"
55.                 android:layout_width="wrap_content"
56.                 android:layout_height="wrap_content"
57.                 android:layout_weight="1"
58.                 android:inputType="textPassword"
59.                 android:background="@android:drawable/editbox_background"/>
60.         </TableRow>
61.     </TableLayout>
62.     <Button
63.         android:id="@+id/setting_button"
64.         android:layout_width="match_parent"
65.         android:layout_height="wrap_content"
66.         android:layout_below="@id/setting_pwd"
67.         android:textSize="20sp"
68.         android:background="#00ffff"
69.         android:text="确定"/>
70. </RelativeLayout>
```

这里面主要用了表格布局的方式,样式千变万化,可以按自己的喜好改变。

修改密码、个人信息等都是通过新启动 Activity 来实现的,并且都是有关编辑框与确认按钮的,基本上没有什么难度。本地验证后即可利用 OkHttp 网络框架上传参数至服务端。

修改密码的新密码输入框只允许输入数字、字母和英文字符,这个限制功能是通过

EditText 的 digits 属性实现的。这个属性用来限制输入框的字符串，除了设定的字符串以外都不会被输入到编辑框内。

在资源文件 app/res/values/strings.xml 中设定 string 字符串<string name="rule_password">0123456789abcdefghijklmnopqrstuvwxyzABCDEFGHIJKLMNOPQRSTUVWXYZ`¬!"£$%^*()~=#{}[];':, ./?/*-_+<>@&。由于在 strings.xml 中不能直接写特殊符号，因此一些特殊符号应用 ASCII 码来表示，例如，<的 ASCII 码为&#060，>的 ASCII 码为&#062，@的 ASCII 码为&#064，&的 ASCII 码为&#038。

接下来将设定的 string 字符串应用在 xml 布局中：android:digits="@string/rule_password"。

正则表达式用于字符串处理、表单验证等场合，实用高效。个人信息和注册模块等编辑框的本地验证都需要做正则表达式的验证。一些常用的表达式见表 6-1。

表 6-1　常用正则表达式

正则表达式	评注
匹配中文字符的正则表达式：[\u4e00-\u9fa5]	—
匹配双字节字符（包括汉字在内）：[^\x00-\xff]	可以用来计算字符串的长度（一个双字节字符长度计 2，ASCII 字符计 1）
匹配空白行的正则表达式：\n\s*\r	可以用来删除空白行
匹配 HTML 标记的正则表达式：<(\S*?)[^>]*>.*?|<.*? />	上面这个仅仅能匹配部分，对于有些复杂的嵌套标记不太通用
匹配首尾空白字符的正则表达式：^\s*|\s*	可以用来删除行首行尾的空白字符（包括空格、制表符、换页符等），是非常有用的表达式
匹配 Email 地址的正则表达式：\w+([-+.]\w+)*@\w+([-.]\w+)*\.\w+([-.]\w+)*	表单验证时很实用
匹配网址 URL 的正则表达式：[a-zA-z]+://[^\s]*	常用
匹配账号是否合法（字母开头，允许 5～16 字节，允许字母数字下划线）：^[a-zA-Z][a-zA-Z0-9_]{4,15}	表单验证时很实用
匹配国内电话号码：\d{3}-\d{8}|\d{4}-\d{7}	匹配形式如 0511-4405222 或 021-87888822
匹配腾讯 QQ 号：[1-9][0-9]{4,}	腾讯 QQ 号从 10000 开始
匹配中国邮政编码：[1-9]\d{5}(?!\d)	中国邮政编码为 6 位数字
匹配身份证：\d{15}|\d{18}	中国的身份证为 15 位或 18 位
匹配 IP 地址：\d+\.\d+\.\d+\.\d+	提取 IP 地址时有用

匹配特定数字：

```
^[1-9]\d*        //匹配正整数
^-[1-9]\d*       //匹配负整数
^-?[1-9]\d*      //匹配整数
^[1-9]\d*|0      //匹配非负整数（正整数 + 0）
^-[1-9]\d*|0     //匹配非正整数（负整数 + 0）
^[1-9]\d*\.\d*|0\.\d*[1-9]\d*     //匹配正浮点数
```

^-([1-9]\d*\.\d*|0\.\d*[1-9]\d*)　　//匹配负浮点数

^-?([1-9]\d*\.\d*|0\.\d*[1-9]\d*|0?\.0+|0)　　　//匹配浮点数

^[1-9]\d*\.\d*|0\.\d*[1-9]\d*|0?\.0+|0　　　　　//匹配非负浮点数（正浮点数 ＋0）

^(-([1-9]\d*\.\d*|0\.\d*[1-9]\d*))|0?\.0+|0　　　　//匹配非正浮点数（负浮点数 ＋0）

注意：处理大量数据时有用，具体应用时注意修正。

匹配特定字符串：

^[A-Za-z]+　　//匹配由 26 个英文字母组成的字符串

^[A-Z]+　　//匹配由 26 个英文字母的大写组成的字符串

^[a-z]+　　//匹配由 26 个英文字母的小写组成的字符串

^[A-Za-z0-9]+　　//匹配由数字和 26 个英文字母组成的字符串

^\w+　　//匹配由数字、26 个英文字母或者下划线组成的字符串

```
//电话号码正则
public static final String USER_NAME_REGEX = "^1[34578]\d{9}$";
//身份证号码 2 正则
public static final String IS_ID_CARD2 = "^[1-9]\\d{5}[1-9]\\d{3}((0\\d)|(1[0-2]))(([0|1|2]\\d)|3[0-1])\\d{3}([0-9]|X)$";
//身份证号码 1 正则
public static final String IS_ID_CARD1 = "^[1-9]\d{7}((0\\d)|(1[0-2]))(([0|1|2]\\d)|3[0-1])\\d{3}$";
//银行账户名/姓名正则
public static final String USER_BANK_NAME = "^[\\u4E00-\\u9FA5]{2，8}$";
//车牌号正则
public static final String USER_CAR_NUMBER = "^[京津沪渝冀豫云辽黑湘皖鲁新苏浙赣鄂桂甘晋蒙陕吉闽贵粤青藏川宁琼使领 A-Za-z]{1}[A-Za-z]{1}[a-zA-Z0-9]{4}[a-zA-Z0-9 挂学警港澳]{1}$";
```

实际上，以上这些正则并不是一成不变的。下面给出一个验证手机号码的代码，供读者参考。

```
1.    public class ClassPathResource {
2.        public static boolean isMobileNO(String mobiles) {
3.            Pattern p = Pattern
4.              .compile("^((13[0-9])|(15[^4,//D])|(18[0,5-9]))//d{8}$");
5.            Matcher m = p.matcher(mobiles);
6.            System.out.println(m.matches() + "---");
7.            return m.matches();
8.        }
9.        public static void main(String[] args) throws IOException {
10.           System.out.println(ClassPathResource.isMobileNO("18977778989"));
11.       }
12.   }
```

这是规范写法，在填写数据的时候可以不按正规写法写，就任意写一些数据即可，以做一个大致的了解。如需熟练掌握更多的正则表达式的写法，读者可以在网上查阅到。

6.4　本 章 小 结

登录注册功能是 APP 中不可或缺的一部分功能。本章介绍了货运宝 APP 的注册与登录功能的实现过程，用户需要通过手机号码进行注册，输入一个合法有效的手机号后，点击"获取

验证码"按钮，验证码将以手机短信的形式发送到该手机上，如果在 60 秒之内没有收到验证码，可以再次点击按钮重新获取验证码。本章详细描述了在布局中圆角风格按钮（Button）的实现方法，以及在编辑区 EditText 中设置 android:inputType 属性以实现密码的显示和隐藏。CheckBox 控件是一个可以点击选中的复选框，可用于让用户进行选择。获取验证码则可利用 CountDownTimer 类来实现。每个独立的 Android 应用程序通常需要与服务器进行网络连接，目前安卓端处理网络请求的主流开源项目是移动支付Square公司贡献的 OkHttp，本章介绍了使用 OkHttp 以 post 方式请求服务端注册账号的具体方法。此外，本章还介绍了通过拍照方式或从相册选择图片的方式来上传图片的方法。在登录界面，可使用 RelativeLayout 控件进行相对布局的设计。账户管理用于修改用户账号的各种关键信息，例如修改密码、修改个人信息、修改路线信息等，也可以根据用户自己的需求进行系统设置。本章最后介绍了正则表达式处理字符串等相关知识。

第7章 司机端 APP 的设计与实现

本章导读

　　司机端在整个 APP 中起到非常重要的作用，要与外勤端实现很好的交互。司机端的主要功能有注册用户、设置路线信息、查看可接订单、接单、支付押金、取消订单、确认发货、抵达目的地、查看历史订单、查看押金记录修改、接收消息推送、修改登录密码和个人信息等功能。在这个章节我们将学习到一些页面切换和数据操作及显示等相关控件的基础知识。

本章要点

- FragmentTabHost 标签切换的使用
- 了解关于订单列表使用的控件 RecyclerView
- 了解关于订单检索过滤功能的控件 Dialog 及选择器
- 了解变化中的订单是怎么样实现的
- 微信支付功能的实现以及二维码的生成
- 了解订单详情界面中的数据传递及点击事件

　　根据前面的章节相信读者已经对这个 APP 有了个大致的了解，主要有司机端、外勤端和后台，并且有了一定的基础知识，那么下面就来介绍一下司机端的开发知识。

7.1 待抢订单

　　"待抢订单"与"进行中订单"在 HomeFragment 中点击标签左右切换是使用 FragmentTabHost 来实现的。在 5.3 章节中已经详细介绍了 FragmentTabHost 的实现方法，这里再简单介绍一下。

　　FragmentTabHost 是一个有着标签切换功能的控件，来自于 android.support.v4.app 这个包下，继承自 TabHost，作为 Android 4.0 的控件。创建 FragmentTabHost，然后将"待抢订单"（HomeGoodsWaitFragment）与"进行中订单"（HomeGoodsGoingFragment）两个 Fragment 放进去，具体代码如下：

1.　　HomeFragment.class
2.　　//创建 FragmentTabHost
3.　　mTabHost = new MyFragmentTabHost(getActivity());
4.　　//设置标签布局的容器
5.　　mTabHost.setup(getActivity().getApplicationContext(),getChildFragmentManager(),R.id.fl_tab_content);
6.　　//实例化标签布局，设置标题

7.　　　　mView = mInflater.inflate(R.layout.tab_content,null);

8.　　　TextView tvTab = (TextView) mView.findViewById(R.id.tv_tab);

9.　　　tvTab.setText("待抢订单");

10.　　//设置标识，关联标签到相应的 Fragment

11.　　　mTabHost.addTab(mTabHost.newTabSpec("待抢订单").setIndicator(mView),

12.　　HomeGoodsWaitFragment.class,null);

13.　　//同上，设置第二个 fragment

14.　　　mView = mInflater.inflate(R.layout.tab_content,null);

15.　　　tvTab = (TextView) mView.findViewById(R.id.tv_tab);

16.　　　tvTab.setText("进行中订单");

17.　　　mTabHost.addTab(mTabHost.newTabSpec("进行中订单").setIndicator(mView),

18.　　HomeGoodsGoingFragment.class,null);

19.　　//设置背景色

20.　　mTabHost.setBackgroundColor(getResources().getColor(R.color.whitesmoke));

最后在 onCreateView()方法里返回 TabHost 即可。

7.1.1　订单列表 RecyclerView

"待抢订单"与"进行中订单"中都会显示订单列表，如图 7-1 所示。这种列表是通过 RecyclerView 来实现的。

图 7-1　订单列表界面

RecylerView 是 support-v7 包中的新组件，是一个强大的滑动组件，与经典的 ListView 相比，同样拥有 item 回收复用的功能，这一点从它的名字 RecyclerView 即回收 View 也可以看出。

根据官方的介绍 RecyclerView 是 ListView 的升级版。首先，RecyclerView 封装了 ViewHolder 的回收复用，也就是说 RecyclerView 标准化了 ViewHolder，编写 Adapter 面向的是 ViewHolder 而不再是 View 了，复用的逻辑被封装了，写起来更加简单。

　　RecyclerView 提供了一种插拔式的体验，高度的解耦，异常的灵活，针对一个 Item 的显示 RecyclerView 专门抽取出了相应的类来控制 Item 的显示，使其的扩展性非常强。例如：你想控制横向或者纵向滑动列表效果可以通过 LinearLayoutManager 这个类来进行控制（与 GridView 效果对应的是 GridLayoutManager，与瀑布流对应的还有 StaggeredGridLayoutManager 等），也就是说 RecyclerView 不再拘泥于 ListView 的线性展示方式，它也可以实现 GridView 等多种效果。如果想控制 Item 的分隔线，可以通过继承 RecyclerView 的 ItemDecoration 这个类，然后针对自己的业务需求去书写代码。

　　RecyclerView 也可以控制 Item 增删的动画，可以通过 ItemAnimator 这个类进行控制。当然针对增删的动画，RecyclerView 有其自己默认的实现。

　　下面先来介绍一下 RecyclerView 的基本用法：

　　和百分比布局类似，RecyclerView 也属于新增的控件，为了让 RecyclerView 在所有 Android 版本上都能使用，Android 团队采取了同样的方式，将 RecyclerView 定义在了 support 库当中。因此，想要使用 RecyclerView 这个控件，首先需要在项目的 bulid.gradle 中添加相应的依赖库才行。

　　打开 app/build.gradle 文件，在 dependencies 闭包中添加如下内容：

```
1.   dependencies {
2.       compile fileTree(dir: 'libs',include: ['*.jar'])
3.       androidTestCompile('com.android.support.test.espresso:espresso-core:2.2.2',{
4.           exclude group: 'com.android.support',module: 'support-annotations'
5.       })
6.       compile 'com.android.support:appcompat-v7:25.3.1'
7.       compile 'com.android.support:recyclerview-v7:25.3.1'       //加入这行代码
8.       compile 'com.android.support.constraint:constraint-layout:1.0.2'
9.       testCompile 'junit:junit:4.12'
10.  }
```

　　添加完后记得点击一下 Sync Now 来进行同步。

　　这里面每一个 Item 都包含 6 个组件，4 个 textview 和 2 个 button。这里为了使读者更容易实现，将代码进行了简化，只用一个 textview，熟练运用之后，读者可以自己向 Item 布局中加入更多的控件。具体实现方法如下：

　　（1）为了便于表示，先为每一个 Item 统一定义一个 Test 类，其代码如下：

```
1.   package com.mingrisoft.recyclerviewtest;
2.   class Test {
3.       private String name;
4.       Test(String name) {
5.           this.name = name;
6.       }
7.       String getName() {
8.           return name;
9.       }
10.  }
```

上述代码只声明了一个 Item 中的一个 name，就是要显示的文本内容。

接着再实现 test_item.xml，就是 Item 的布局，这里只用了一个 TextView，其代码如下：

```
1.    <?xml version="1.0" encoding="utf-8"?>
2.    <LinearLayout
3.        xmlns:android="http://schemas.android.com/apk/res/android"
4.        android:orientation="vertical"
5.        android:layout_width="match_parent"
6.        android:layout_height="wrap_content"
7.        android:layout_margin="5dp" >
8.        <TextView
9.            android:id="@+id/test_name"
10.           android:layout_width="wrap_content"
11.           android:layout_height="wrap_content"
12.           android:layout_gravity="start"
13.           android:layout_marginTop="10dp" />
14.    </LinearLayout>
```

android:layout_gravity="start"这行代码的意思就是从布局的起点开始，即左上角，与英文单词一个意思。

（2）接下来需要为 RecyclerView 准备一个适配器，新建 TestAdapter 类，让这个适配器继承自 RecyclerView.Adapter，并将泛型指定为 TestAdapter.ViewHolder。其中，ViewHolder 是在 TestAdapter 中定义的一个内部类，代码如下：

```
1.    package com.mingrisoft.recyclerviewtest;
2.        import android.support.v7.widget.RecyclerView;
3.        import android.view.LayoutInflater;
4.        import android.view.View;
5.        import android.view.ViewGroup;
6.        import android.widget.TextView;
7.        import android.widget.Toast;
8.        import java.util.List;
9.
10.    class TestAdapter extends RecyclerView.Adapter<TestAdapter.ViewHolder>{
11.
12.        private List<Test> mTestList;
13.
14.        static class ViewHolder extends RecyclerView.ViewHolder {
15.            View testView;
16.
17.            TextView testName;
18.
19.            private ViewHolder(View view) {
20.                super(view);
21.                testView = view;
22.
23.                testName = (TextView) view.findViewById(R.id.test_name);
24.            }
```

```
25.        }
26.
27.    TestAdapter(List<Test> testList) {
28.        mTestList = testList;
29.    }
30.
31.    @Override
32.    public ViewHolder onCreateViewHolder(ViewGroup parent,int viewType) {
33.        View view = LayoutInflater.from(parent.getContext()).inflate(R.layout.text_item,parent,false);
34.        final ViewHolder holder = new ViewHolder(view);
35.        holder.testView.setOnClickListener(new View.OnClickListener() {
36.            @Override
37.            public void onClick(View v) {
38.                int position = holder.getAdapterPosition();
39.                Test test = mTestList.get(position);
40.                Toast.makeText(v.getContext(),"you clicked view " + test.getName(),
41.                    Toast.LENGTH_SHORT).show();
42.            }
43.        });
44.        return holder;
45.    }
46.
47.    @Override
48.    public void onBindViewHolder(ViewHolder holder,int position) {
49.        Test test = mTestList.get(position);
50.        holder.fruitName.setText(test.getName());
51.    }
52.
53.    @Override
54.    public int getItemCount() {
55.        return mTestList.size();
56.    }
57. }
```

　　代码看起来有点长，但是比较容易理解。首先定义了一个内部类 ViewHolder，ViewHolder 要继承自 Recycler.ViewHolder。然后 ViewHolder 的构造函数中要传入一个 View 参数，这个参数通常就是 RecyclerView 子项的最外层布局，那么可以通过 findViewById()的方法来获取到布局中的 TextView 的实例。

　　第 28 行是 TestAdapter 中的一个构造函数，这个方法用于把要展示的数据源传进来，并赋值给一个全局变量 mTestList，后续的操作都将在这个数据源的基础上进行。继续往下看第 33 行，由于 TestAdapter 是继承自 RecyclerView.Adapter 的，那么就必须重写 onCreateViewHolder、onBindViewHolder、getItemCount() 这 3 个方法。OnCreateViewHolder 方法是用于创建 ViewHolder 实例的，在这个方法中将 text_item.xml 布局加载进去，然后创建一个 ViewHolder 实例，并把加载出来的实例传入到构造函数当中。接着设置了点击事件监听，这个很实用，很多项目中都会用到。在 ViewHolder 中添加了 testView 变量来保存子项最外层布局的实例，然后在 onCreatViewHolder()方法中注册点击事件就可以了。这里为最外层布局注册了点击事件，RecyclerView 的强大之处也在这里，它可以轻松实现子项中任意控件或布局的点击事件，在这个点击事件中先获取了用户点击的 position，然后通过 position 拿到相应的 Test 实例，再使用 Toast 弹出内容。最后将 ViewHolder 实例返回。onBindViewHolder 函数方法适用于对 RecyclerView 子项的数据进行赋值，会在每个子项被滚动到屏幕内时实行，通过 position 参数得带当前项的 Test 实例，然后再将数据设置到 ViewHolder 的 TextView 当中即可。GetItemCount()方法就非常简单了，用于告诉 RecyclerView 一共有多少个子项，直接返回数据源的长度就好了。

适配器准备好之后，就可以开始使用 RecyclerView 了，修改 MainActivity 中的代码：

```
1.   package com.mingrisoft.recyclerviewtest;
2.       import android.support.v7.app.AppCompatActivity;
3.       import android.os.Bundle;
4.       import android.support.v7.widget.LinearLayoutManager;
5.       import android.support.v7.widget.RecyclerView;
6.       import java.util.ArrayList;
7.       import java.util.List;
8.   public class MainActivity extends AppCompatActivity {
9.
10.      private List<Test> testList = new ArrayList<>();
11.
12.      @Override
13.      protected void onCreate(Bundle savedInstanceState) {
14.          super.onCreate(savedInstanceState);
15.          setContentView(R.layout.activity_main);
16.          initTest();
17.          LinearLayoutManager linearLayoutManager=new LinearLayoutManager(this);
18.          RecyclerView recyclerView = (RecyclerView) findViewById(R.id.recycler_view);
19.          recyclerView.setLayoutManager(linearLayoutManager);
20.          TestAdapter adapter = new TestAdapter(testList);
21.          recyclerView.setAdapter(adapter);
22.      }
23.
24.      private void initTest() {
25.          for (int i = 0; i < 2; i++) {
26.              Test apple = new Test("ITEM1");
27.              testList.add(apple);
28.              Test banana = new Test("ITEM2");
29.              testList.add(banana);
30.              Test orange = new Test("ITEM3");
31.              testList.add(orange);
32.              Test watermelon = new Test("ITEM4");
33.              testList.add(watermelon);
34.              Test pear = new Test("ITEM5");
35.              testList.add(pear);
36.              Test grape = new Test("ITEM6");
```

```
37.              testList.add(grape);
38.              Test pineapple = new Test("ITEM7");
39.              testList.add(pineapple);
40.              Test strawberry = new Test("ITEM8");
41.              testList.add(strawberry);
42.              Test cherry = new Test("ITEM9");
43.              testList.add(cherry);
44.
45.          }
46.      }
47.  }
```

可以看到，这里使用了一个 initTest() 的方法，用于初始化所有的 test 数据。接着在 onCreat()
方法中获取到了 RecyclerView 的实例，然后创建一个 LinearLayoutManager 对象，并将它设置
到 RecyclerView 当中，LayoutManager 用于指定 RecyclerView 的布局方式，这里使用的是
LinearLayoutManager，是线性布局的意思，可以实现和 ListView 类似的效果，ListView 简单
来说就是上下滑动的效果。接下来创建了 TestAdapter 的实例，并将 test 数据传入到 TestAdapter
的构造函数中，最后调用 RecyclerView 的 setAdapter() 方法来完成适配器的设置，这样
RecyclerView 和数据之间的关联就完成了。现在可以运行一下程序了，运行效果如图 7-2
所示。

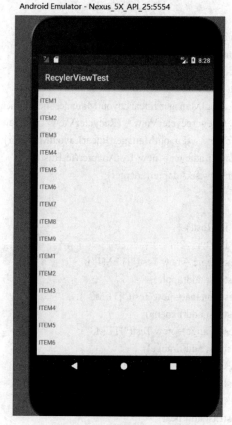

图 7-2   RecyclerView 运行效果

好了，RecyclerView 就介绍到这里，读者现在可以根据自己的喜好来设置自己的东西了。
如果想为每个 Item 添加分割线，可以在 MainActivity 中加入以下代码：

```
1.    recyclerView.addItemDecoration(new
2.    DividerItemDecoration(MainActivity.this.getApplicationContext(),
3.    DividerItemDecoration.VERTICAL));
```

添加分割线后的效果如图 7-3 所示。

图 7-3　添加分割线后的效果

下面使用 RecyclerView 实现订单列表，首先在布局中引用，代码如下：

```
1.    <android.support.v7.widget.RecyclerView
2.        android:id="@+id/rv_goods_wait"
3.        android:layout_width="match_parent"
4.        android:layout_height="match_parent">
5.    </android.support.v7.widget.RecyclerView>
```

在代码中的具体使用如下：

```
1.    HomeGoodsWaitFragment.class
2.    //初始化列表
3.    private void initRecyclerView() {
4.        mGoodsWaitAdapter = new GoodsWaitAdapter(mOrders);
5.    //设置适配器
6.        mRecyclerView.setAdapter(mGoodsWaitAdapter);
7.    //添加默认分割线
8.        mRecyclerView.addItemDecoration(new DividerItemDecoration(getActivity()
9.        .getApplicationContext(),
10.       DividerItemDecoration.VERTICAL));
```

```
11.        //通过 LayoutManager 设置 RecyclerView 样式为条形列表样式
12.        mRecyclerView.setLayoutManager(new LinearLayoutManager(getActivity()
13.        .getApplicationContext()));
14.    }
```

复杂的控件谷歌公司采用了 MVC 模式制作，其中 GoodsWaitAdapter 控制器的具体代码如下：

```
1.    public class GoodsWaitAdapter extends RecyclerView.Adapter<GoodsWaitAdapter.ViewHolder> {
2.        private Context mContext;
3.        private LayoutInflater mInflater;
4.        //构造方法，通常通过构造传送数据达到初始化目的
5.        public GoodsWaitAdapter(List<OrderBean> data) {
6.            mData = data;
7.        }
8.        //数据集合
9.        private List<OrderBean> mData;
10.        //在初次创建 ViewHolder 时调用此方法，返回自定义的 ViewHolder
11.        @Override
12.        public ViewHolder onCreateViewHolder(ViewGroup parent,int viewType) {
13.            mContext = parent.getContext();
14.            mInflater = LayoutInflater.from(mContext);
15.            View inflate = mInflater.inflate(R.layout.goodswait_content_item,parent,false);
16.            ViewHolder viewHolder = new ViewHolder(inflate);
17.            return viewHolder;
18.        }
19.        //将 ViewHolder 和数据绑在一起，这个方法处理具体的业务逻辑和数据显示
20.        @Override
21.        public void onBindViewHolder(final ViewHolder holder,final int position) {
22.            holder.tv_from_place.setText(mData.get(position).getStartDesc());
23.            holder.tv_to_place.setText(mData.get(position).getDestinationDesc());
24.            Intent intent = new Intent(mContext,DetailActivity.class);
25.            OrderBean order = mData.get(position);
26.            intent.putExtra("order",order);
27.            ((HomeActivity) mContext).startActivityForResult(intent,1);
28.        … …
29.        }
30.    }
31.        //列表条目总共的数目
32.        @Override
33.        public int getItemCount() {
34.            return mData.size();
35.        }
36.        //重新更新数据
37.        public void setData(List<OrderBean> data) {
38.            mData = data;
39.            notifyDataSetChanged();
40.        }
41.        //自定义的 ViewHolder
```

```
42.        static class ViewHolder extends RecyclerView.ViewHolder {
43.            TextView tv_from_place;
44.            TextView tv_to_place;
45.            … …
46.            ViewHolder(View itemView) {
47.                super(itemView);
48.                tv_from_place = (TextView) itemView.findViewById(R.id.tv_from_place);
49.                tv_to_place = (TextView) itemView.findViewById(R.id.tv_to_place);
50.                … …
51.            }
52.        }
53.        public void add(int position,OrderBean data) {
54.            mData.add(position,data);
55.            notifyItemInserted(position);
56.        }
57.    }
```

7.1.2　订单检索过滤功能

订单列表上面有两个显示为向下箭头的按钮，点击后会弹出选择器。根据用户的选择可以实现对订单的检索过滤功能，如图 7-4 所示。

图 7-4　订单检索过滤功能

这两个搜索功能的基本思路是点击按钮会弹出自定义 Dialog，自定义 Dialog 中嵌套着选择器，点击"确定"按钮后，对话框消失并将订单列表依照当前选择的字符串进行过滤。

　　下面为自定义 Dialog 的具体代码：

```
1.   public class StringPickerDialog extends Dialog implements NumberPicker.OnValueChangeListener {
2.   //选择器
3.       private PlacePicker mNumberPickerPlace;
4.   //"取消"按钮
5.       private Button mBtNo;
6.   //"确定"按钮
7.       private Button mBtYes;
8.   //当前选择的 int 值
9.       private int mCurrent;
10.  //当前选择的 string 值
11.      private String mString;
12.  //通过构造传入的字符串集合
13.      private List<String> mDatas;
14.  //字符串集合转换的字符串数组
15.      private String[] mStrings;
16.
17.      public StringPickerDialog(@NonNull Context context,ArrayList<String> datas) {
18.          super(context,R.style.MyDialog);
19.          this.mDatas = datas;
20.      }
21.
22.      @Override
23.      protected void onCreate(Bundle savedInstanceState) {
24.          super.onCreate(savedInstanceState);
25.          setContentView(R.layout.dialog_numpicker);
26.          //按空白处能取消动画
27.          setCanceledOnTouchOutside(true);
28.          //初始化界面控件
29.          initView();
30.          //初始化界面控件的事件
31.          initEvent();
32.      }
33.
34.      private void initView() {
35.          mStrings = mDatas.toArray(new String[0]);
36.          mBtNo = (Button) findViewById(R.id.no);
37.          mBtYes = (Button) findViewById(R.id.yes);
38.          mNumberPickerPlace = (PlacePicker) findViewById(R.id.np_place);
39.          mNumberPickerPlace.setOnValueChangedListener(this);
40.          //设置字符串数组
41.          mNumberPickerPlace.setDisplayedValues(mStrings);
42.          //设置最小值
43.          mNumberPickerPlace.setMinValue(0);
```

```
44.          //设置最大值
45.          mNumberPickerPlace.setMaxValue(mStrings.length - 1);
46.          //设置选择器模式为不可点击只可滑动
47.          mNumberPickerPlace.setDescendantFocusability(NumberPicker.FOCUS_
48.              BLOCK_DESCENDANTS);
49.      }
50.
51.          //设置选择器初始位置
52.      public void setValue(String value) {
53.          if (mNumberPickerPlace != null) {
54.              mNumberPickerPlace.setValue(mDatas.indexOf(value));
55.          }
56.      }
57.
58.      private void initEvent() {
59.          mBtNo.setOnClickListener(new View.OnClickListener() {
60.              @Override
61.              public void onClick(View v) {
62.                  if (mOnCancelListener != null) {
63.                      mOnCancelListener.onCancelClick();
64.                  }
65.              }
66.          });
67.          mBtYes.setOnClickListener(new View.OnClickListener() {
68.              @Override
69.              public void onClick(View v) {
70.                  if (mOnAssignListener != null) {
71.                      mOnAssignListener.onAssignClick(mString);
72.                  }
73.              }
74.          });
75.      }
76.
77.      @Override
78.      public void onValueChange(NumberPicker picker,int oldVal,int newVal) {
79.          //选择的 int 值
80.          mCurrent = newVal;
81.          //对应 int 值索引字符串集合的数据
82.          mString = mStrings[mCurrent];
83.      }
84.
85.          //点击"取消"按钮后取消调用
86.      public interface onCancelListener {
87.          void onCancelClick();
88.      }
89.
```

```
90.              //点击"确定"按钮后调用，传入当前字符串
91.      public interface onAssignListener {
92.              void onAssignClick(String String);
93.      }
94.
95.          //监听器
96.      private onCancelListener mOnCancelListener;
97.      private onAssignListener mOnAssignListener;
98.
99.          //设置"取消"监听器
100.     public void setOnCancelListener(onCancelListener mOnCancelListener) {
101.             this.mOnCancelListener = mOnCancelListener;
102.     }
103.
104.         //设置"确定"监听器
105.     public void setOnAssignListener(onAssignListener mOnAssignListener) {
106.             this.mOnAssignListener = mOnAssignListener;
107.     }
108. }
```

这样当前选择的字符串就得到了，接下来是根据字符串进行搜索，基本思想就是遍历得到的数据集合，若符合条件就添加进新的集合，让订单列表的 Adapter 重新设置数据。

下面为搜索的具体代码：

```
1.   //对路线的搜索方法
2.   private void refreshRoteSearchView(String type) {
3.           if (type.equals("全部")) {
4.               mGoodsWaitAdapter.setData(mOrders);
5.               return;
6.           }
7.   //暂存集合
8.           ArrayList<OrderBean> currentOrders = new ArrayList<>();
9.           for (int i = 0; i < mOrders.size(); i++) {
10.              OrderBean orderBean = mOrders.get(i);
11.              //如果符合路线就添加进集合
12.              if (orderBean.getRouteDesc().equals(type)) {
13.                  currentOrders.add(orderBean);
14.              }
15.          }
16.  //Adapter 重新设置数据
17.          mGoodsWaitAdapter.setData(currentOrders);
18.  }
```

这样就实现了搜索订单的功能。下面一步步分解自定义 Dialog 是如何完成的。

首先，在主布局文件中添加一个 button 控件用来调用 Dialog，代码如下：

```
1.   <?xml version="1.0" encoding="utf-8"?>
2.   <LinearLayout xmlns:android="http://schemas.android.com/apk/res/android"
3.           xmlns:tools="http://schemas.android.com/tools"
```

```
4.          android:layout_width="match_parent"
5.          android:layout_height="match_parent"
6.          android:orientation="vertical"
7.          tools:context="com.mingrisoft.dialogtest.MainActivity">
8.          <Button
9.              android:id="@+id/self_dialog"
10.             android:layout_width="wrap_content"
11.             android:layout_height="wrap_content"
12.             android:layout_gravity="center_horizontal"
13.             android:gravity="center_vertical"
14.             android:text="自定义 Dialog"
15.             android:onClick="customDialog"
16.             />
17.     </LinearLayout>
```

这里需要说明一下 android:onClick="customDialog"这行代码是为这个按钮添加点击事件，其值就是自定义 Dialog。

其次，为自定义 Dialog 写一个布局，这里分为几部分，第一部分先新建一个布局文件 dialog.xml，然后逐行修改，其代码如下：

```
1.      <?xml version="1.0" encoding="utf-8"?>
2.      <RelativeLayout xmlns:android="http://schemas.android.com/apk/res/android"
3.          android:layout_width="match_parent"
4.          android:layout_height="match_parent"
5.          android:background="#11ffffff">
6.          <LinearLayout
7.              android:layout_width="260dp"
8.              android:layout_height="wrap_content"
9.              android:layout_centerInParent="true"
10.             android:orientation="vertical">
11.             <TextView
12.                 android:id="@+id/title"
13.                 android:layout_width="wrap_content"
14.                 android:layout_height="wrap_content"
15.                 android:layout_gravity="center"
16.                 android:layout_margin="15dp"
17.                 android:gravity="center"
18.                 android:text="@string/xiao_xi"
19.                 android:textColor="#38ADFF"
20.                 android:textSize="16sp" />
21.             <TextView
22.                 android:id="@+id/message"
23.                 android:layout_width="wrap_content"
24.                 android:layout_height="wrap_content"
25.                 android:layout_marginLeft="20dp"
26.                 android:layout_marginRight="20dp"
```

```
27.                    android:text="@string/ti_shi" />
28.            <View
29.                    android:layout_width="match_parent"
30.                    android:layout_height="1px"
31.                    android:layout_marginTop="15dp"
32.                    android:background="#E4E4E4" />
33.            <LinearLayout
34.                    android:layout_width="match_parent"
35.                    android:layout_height="40dp"
36.                    android:orientation="horizontal">
37.
38.                <Button
39.                        android:id="@+id/no"
40.                        android:layout_width="0dp"
41.                        android:layout_height="match_parent"
42.                        android:layout_marginLeft="10dp"
43.                        android:layout_weight="1"
44.                        android:background="@null"
45.                        android:gravity="center"
46.                        android:maxLines="1"
47.                        android:text="@string/no"
48.                        android:textColor="#7D7D7D"
49.                        android:textSize="16sp" />
50.
51.                <View
52.                        android:layout_width="1px"
53.                        android:layout_height="match_parent"
54.                        android:background="#E4E4E4" />
55.
56.                <Button
57.                        android:id="@+id/yes"
58.                        android:layout_width="0dp"
59.                        android:layout_height="match_parent"
60.                        android:layout_marginRight="10dp"
61.                        android:layout_weight="1"
62.                        android:background="@null"
63.                        android:gravity="center"
64.                        android:maxLines="1"
65.                        android:text="@string/yes"
66.                        android:textColor="#38ADFF"
67.                        android:textSize="16sp" />
68.            </LinearLayout>
69.        </LinearLayout>
70.    </RelativeLayout>
```

这里解释一下 android:maxLines="1"这行代码，它的意思是设置文本的最大显示行数，与 width 或者 layout_width 结合使用，超出部分自动换行，超出行数将不显示。其余都是简单的布局，在这里就不再解释了。

最后，看一下 Java 文件中的内容，其代码如下：

```
1.    package com.mingrisoft.dialogtest;
2.    import android.app.Dialog;
3.    import android.support.v7.app.AppCompatActivity;
4.    import android.os.Bundle;
5.    import android.view.View;
6.    import android.widget.Button;
7.    import android.widget.Toast;
8.
9.    public class MainActivity extends AppCompatActivity {
10.
11.       @Override
12.       protected void onCreate(Bundle savedInstanceState) {
13.           super.onCreate(savedInstanceState);
14.           setContentView(R.layout.activity_main);
15.
16.       }
17.       public void customDialog(View view){
18.           Dialog dialog=new Dialog(this);
19.           dialog.setCancelable(true);                           //返回键可让 dialog 消失
20.           dialog.setCanceledOnTouchOutside(true);               //按空白处能取消动画
21.           dialog.setContentView(R.layout.dialog);               //加载 dialog 布局
22.           Button yes= (Button) dialog.findViewById(R.id.yes);   //控件声明
23.           Button no= (Button) dialog.findViewById(R.id.no);
24.           yes.setOnClickListener(new View.OnClickListener() {
25.               @Override
26.    //设置监听事件
27.               public void onClick(View v) {
28.                   Toast.makeText(MainActivity.this,"YES",Toast.LENGTH_SHORT).show();
29.               }
30.           });
31.           no.setOnClickListener(new View.OnClickListener() {
32.               @Override
33.               public void onClick(View v) {
34.                   Toast.makeText(MainActivity.this,"NO",Toast.LENGTH_SHORT).show();
35.               }
36.           });
37.           dialog.show();                                        //显示 Dialog
38.       }
39.    }
```

到这里，就完成了对自定义 customDialog 的全部实现方法，下面可以运行程序了，运行效果如图 7-5 所示。

图 7-5　Dialog 运行效果

接下来要为 Dialog 嵌套选择器 ListView，方法也很简单，只要在 dialog.xml 布局中加入一个 ListView 就可以，代码如下：

```
1.    <ListView
2.        android:layout_width="match_parent"
3.        android:layout_height="100dp"
4.        android:id="@+id/list_view"
5.        >
6.    </ListView>
```

最后修改一下 Java 文件，在 customDialog{}中加上如下代码：

```
1.    ArrayAdapter<String> adapter= new ArrayAdapter<>(MainActivity.this,
2.        android.R.layout.simple_list_item_1,data);
3.    final ListView listView= (ListView) dialog.findViewById(R.id.list_view);
4.    listView.setAdapter(adapter);
5.    listView.setOnItemClickListener(new AdapterView.OnItemClickListener() {
6.        @Override
7.        public void onItemClick(AdapterView<?> parent,View view,int position,long id) {
8.        String text= (String) listView.getItemAtPosition(position);
9.            Toast.makeText(MainActivity.this,"你选择了"+text,Toast.LENGTH_SHORT).show();
10.       }
11.   });
```

这里为 ListView 添加了适配器，用来显示列表，android.R.layout.simple_list_item_1 这个参数是一个 Android 内置的布局文件，里面只有一个 TextView，用于显示一段文本。接着为 ListView 设置了点击事件，读者熟悉后可以自行添加一些较为复杂的点击事件。Dialog 中嵌套选择器运行效果如图 7-6 所示。

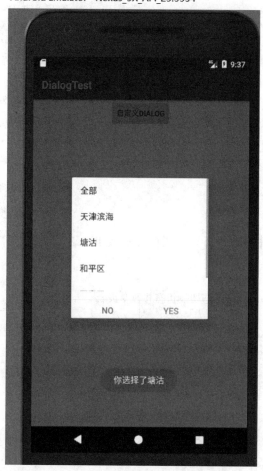

图 7-6　Dialog 中嵌套选择器运行效果

7.2　进行中订单

"进行中订单"顾名思义是用户正在进行中的订单，用户需要对进行中的订单进行相关操作（布局会做出相应的变化），以及用微信进行押金的支付，下面来了解一下具体实现过程。

7.2.1　变化的订单

进行中订单如图 7-7 所示，当前状态为"待支付押金"。进行中订单的部分布局会变化。布局变化拥有多种状态，每种状态对应一个布局。图 7-8 展示了三种状态，包括待装货、等待外勤确认、请上传到货凭证（发磅单照片）等。

（a）待装货状态

（b）等待外勤确认状态

请上传到货凭证(发磅单照片)

（c）请上传到货凭证状态

图 7-7　变化的订单　　　　　图 7-8　布局变化的三种状态

变化的布局使用控件的隐藏与显示属性达到效果，这里需要制作出一个变换状态的方法，具体代码如下：

```
1.    /***
2.     * 根据服务端返回状态切换状态并改变页面
3.     */
4.    private void stateChange(String toState) {
5.        switch (toState) {
6.            //已接单，未支付
7.            case ORDER_RECEIVE:
8.                mImVCode.setVisibility(View.GONE);
9.                mPayDeposit.setVisibility(View.VISIBLE);
10.               mTvHintFoot.setText("支付押金(仅支持微信支付)");
11.               currentOrderState = ORDER_RECEIVE;
12.    … …
13.               break;
14.           //已缴纳，前往发货地点，待装货
15.           case ARRIVE_START_PLACE:
16.    … …
17.               mTvHintState.setText("待装货");
18.               currentOrderState = ARRIVE_START_PLACE;
19.               break;
20.           case PAY_COMPLETE:
21.               mTvHintState.setText("待装货");
22.               currentOrderState = PAY_COMPLETE;
23.
24.           //等待外勤扫码确认，司机点击装货完毕
25.           case WAITING_LOADING_COMPLETE:
```

```
26.    … …
27.                    mTvHintState.setText("等待外勤确认");
28.                    currentOrderState = WAITING_LOADING_COMPLETE;
29.                        break;
30.                //外勤扫码确认司机装货完毕，运货途中，随时跳过进入上传榜单
31.                case LOADING_COMPLETE:
32.    … …
33.                    mTvHintState.setText("运货途中");
34.                    currentOrderState = LOADING_COMPLETE;
35.                            break;
36.                //货已经到达发货目的地，等待上传到货凭证，确认卸货完毕，流程结束
37.                case ARRIVE_TO_COMPLETE:
38.    … …
39.                    mTvHintState.setText("请上传到货凭证(发磅单照片)");
40.                    currentOrderState = ARRIVE_TO_COMPLETE;
41.                        break;
42.                case ARRIVE_COMPLETE:
43.                    mGoingOrderContent.setVisibility(View.GONE);
44.                    currentOrderState = ARRIVE_COMPLETE;
45.                        … …
46.                    break;
47.                case CANCEL_ORDER:
48.                    mGoingOrderContent.setVisibility(View.GONE);
49.                    currentOrderState = CANCEL_ORDER;
50.                        … …
51.    break;
52.        }
53.    }
```

7.2.2   微信支付押金

进行中订单有一步操作是进行支付，这里支持微信支付，货运宝 APP 集成了微信支付的 Android 端 SDK，服务端集成后即可调用微信客户端进行支付，具体集成与使用详情请参考第 9 章 9.2 节微信支付 SDK。

这部分内容实现的步骤大致如下：

（1）点击进行支付后，将押金参数、用户信息和订单信息传给服务端。

```
1.    RequestBody formBody = new FormBody.Builder()
2.            .add("total_fee",deposit)
3.            .add("orderID",orderID)
4.            .add("driverID",mDriverID)
5.            .add("orderDriverID",orderDriverID)
6.            .build();
```

（2）服务端调用微信支付"统一下单"接口返回订单号 PrepayId 以及一些信息，让服务端封装好返回 json，初始化微信支付实例后，调用微信客户端，具体代码如下。

```
1.    //初始化微信支付对象
2.    private void initPay() {
```

```
3.     wxapi=WXAPIFactory.createWXAPI(mContext.getApplicationContext(),Constants.APP_ID,false);
4.     wxapi.registerApp(Constants.APP_ID);
5.   }
6.   // 把参数的值传进 SortedMap 集合里面
7.   SortedMap<Object,Object> parameters = new TreeMap<Object,Object>();
8.   parameters.put("appid",request.appId);
9.   parameters.put("noncestr",request.nonceStr);
10.  parameters.put("package",request.packageValue);
11.  parameters.put("partnerid",request.partnerId);
12.  parameters.put("prepayid",request.prepayId);
13.  parameters.put("timestamp",request.timeStamp);
14.  String characterEncoding = "UTF-8";
15.  String mySign = createSign(characterEncoding,parameters);
16.  request.sign = mySign;
17.  //发起调用
18.  wxapi.sendReq(request);
19.  //在 framgnet 销毁的生命周期方法中调用微信释放资源的方法，防止内存泄漏
20.  @Override
21.  public void onDestroy() {
22.      super.onDestroy();
23.      wxapi.detach();
24.  }
```

（3）发起调用后的反馈在 wxapi 包下的 WXPayEntryActivity 中，如图 7-9 所示目录。它会在 onResp 方法中回调结果，0 为成功，1 为失败，2 为用户取消。

图 7-9   调用后的反馈 wxapi

这部分内容的具体代码如下：

```
1.   @Override
2.   public void onCreate(Bundle savedInstanceState) {
3.       … …
4.   api = WXAPIFactory.createWXAPI(this,Constants.APP_ID);
5.       api.handleIntent(getIntent(),this);
6.   }
7.   @Override
8.   protected void onNewIntent(Intent intent) {
9.       super.onNewIntent(intent);
10.      setIntent(intent);
11.      api.handleIntent(intent,this);
12.  }
13.  @Override
14.  public void onResp(BaseResp resp) {
15.      int code = resp.errCode;
16.      if (code == 0) {
```

```
17.            mPayTipContent.setText("支付成功");
18.            String message = "{\"state\":\"已支付\"}";
19.            String extras = "{\"type\":\"changeState\"}";
20.            Intent msgIntent = new Intent(HomeGoodsGoingFragment
21.                .MESSAGE_RECEIVED_ACTION);
22.            msgIntent.putExtra(HomeGoodsGoingFragment.KEY_MESSAGE,message);
23.            if (!ExampleUtil.isEmpty(extras)) {
24.                msgIntent.putExtra(HomeGoodsGoingFragment.KEY_EXTRAS,extras);
25.            }
26.            LocalBroadcastManager.getInstance(this).sendBroadcast(msgIntent);
27.            //显示充值成功的页面和需要的操作
28.            finish();
29.        }
30.        if (code == -1) {
31.            //错误
32.            mPayTipContent.setText("支付失败");
33.            Toast.makeText(getApplicationContext(),"支付失败",Toast.LENGTH_SHORT).show();
34.            finish();
35.        }
36.        if (code == -2) {
37.            mPayTipContent.setText("支付已经取消");
38.            Toast.makeText(getApplicationContext(),"支付已经取消",Toast.LENGTH_SHORT).show();
39.            finish();
40.            //用户取消
41.        }
42.    }
```

7.2.3　生成二维码

进行中订单当支付过押金后，会生成二维码以便外勤扫描，生成二维码利用 ZXing 库生成，具体使用步骤详情请参考第 9 章 9.1 节，这里不再过多介绍。

生成二维码的代码具体如下：

```
1.    //将用户信息和订单信息拼接字符串后加密
2.    mMsg=AesUtil.encrypt("此处为密码"), mOrderBean.getOrderID().concat("/").concat(mDriverID).
3.    concat("!").concat(mDriverPlateNumber).concat("%").concat(mOrderBean.getOrderDriverID());
4.    /**
5.     * 使用修改后的 ZXing 与 Embedded 生成二维码 Bitmap
6.     */
7.    private Bitmap encodeAsBitmap(String str) {
8.        Bitmap bitmap = null;
9.        BitMatrix result = null;
10.       MultiFormatWriter multiFormatWriter = new MultiFormatWriter();
11.       try {
12.           result = multiFormatWriter.encode(str,BarcodeFormat.QR_CODE,600,600);
13.           // 使用 ZXing Android Embedded 要写的代码
14.           BarcodeEncoder barcodeEncoder = new BarcodeEncoder();
```

```
15.            bitmap = barcodeEncoder.createBitmap(result);
16.        } catch (WriterException e) {
17.            e.printStackTrace();
18.        } catch (IllegalArgumentException iae) {
19.            return null;
20.        }
21.    return bitmap;
22. }
```

注意：其中使用 BarcodeEncoder 类需引入 zxing-android-embedded 库。

7.3 订单详情

从"订单列表"跳到"进行中订单"过程中会有一个"订单详情"页面，如图 7-10 所示。

图 7-10 "订单详情"页面

在订单列表 RecyclerView 中的 Adapter 里设置点击事件，跳转到详情页面（DetailActivity），同时 Intent 携带订单数据传递过去。详情页具体布局如图 7-10 所示，设计布局时注意多抽取复用 style 会增加效率与布局整洁度。相关代码如下：

```
1.    //adapter 中的点击事件
2.    Intent intent = new Intent(mContext,DetailActivity.class);
3.    OrderBean order = mData.get(position);
4.    intent.putExtra("order",order);
5.    ((HomeActivity) mContext).startActivityForResult(intent,1);
```

　　抢单操作依旧是利用 OkHttp 网络框架请求服务端，根据服务端返回的字符串判断具体抢单信息（如可接车数已满与司机资料不合格等状态），服务端返回成功后关闭页面并返回标识。抢单成功后具体代码如下：

```
1.    //判断服务端返回成功后
2.    if (mReceiveOrder.getInsertStatus().equals("success")) {
3.        setResult(1,mIntent);
4.        LoadingDialog.cancel();
5.        Toast.makeText(getApplicationContext(),"接单成功",Toast.LENGTH_SHORT).show();
6.    finish();}
```

　　在 HomeActivity 中 onActivityResult 方法接到标识，使用 Homefragment 切换标签。HomeActivity.class 文件中的代码如下：

```
1.    @Override
2.        protected void onActivityResult(int requestCode,int resultCode,Intent data) {
3.            … …
4.    //根据返回标识，判断抢单成功后
5.            if (requestCode == 1 && resultCode == 1) {
6.                //让 HomeFragment 切换到进行中订单
7.                mHomeFragment.sWitchGoingTab();
8.                HomeGoodsGoingFragment goingFragment = (HomeGoodsGoingFragment)
9.                    mHomeFragment.getFragment("进行中订单");
10.                if (goingFragment != null) {
11.                    goingFragment.requestData();
12.                }
13.                mBaseApplication.setDriverState("忙碌");
14.                mState.setText("忙碌");
15.    … …
16.            }
```

HomeFragment 中 TabHost 的切换方法如下：

```
mTabHost.setCurrentTab(1);
```

7.4　本　章　小　结

　　司机端是货运宝 APP 中的重要功能模块，与外勤端实现了很好的交互。FragmentTabHost 是一个有着标签切换功能的控件，用于实现"待抢订单"与"进行中订单"中点击标签左右切换的效果。订单列表是通过 RecyclerView 控件来实现的。根据用户的选择可以实现对订单的检索功能，其基本思路是点击按钮会弹出自定义 Dialog，自定义 Dialog 中嵌套着选择器，点击"确定"按钮后，对话框消失并将订单列表依照当前选择的字符串进行过滤。进行中订单的部分布局会变化。布局变化拥有多种状态，每种状态对应一个布局。变化的布局使用控件的隐藏与显示属性达到效果，这里需要制作出一个变换状态的方法。进行中订单有一步操作是进行支付，这里支持微信支付，货运宝 APP 集成了微信支付的 Android 端 SDK，服务端集成后即可调用微信客户端进行支付。本章简要介绍了微信支付的押金支付功能，并在订单列表 RecyclerView 中的 Adapter 里设置点击事件，跳转到详情页面（同时 Intent 携带订单数据传递过去）。抢单操作利用 OkHttp 网络框架请求服务端完成抢单操作，根据服务端返回的字符串判断具体抢单信息。

第8章　外勤端 APP 的设计与实现

本章导读

外勤端与司机端有着紧密联系，在外勤端中用户可以对订单进行管理，对司机端的用户进行实时的定位,随时与司机端用户保持联系.读者需进一步掌握二维码功能在外勤端的运用、地图功能的基本用法。

本章要点

- 二维码在外勤端的进一步运用
- 一键通话功能
- 地图实时监控功能的基本实现

外勤端的绝大多数的功能都与司机端紧密相连，二维码成为实现两端交互的重要部分，下面介绍外勤端详情页与地图实时监控等相关实现方法。

8.1　外勤订单详情页

外勤端的 UI 框架都和司机端一样，但只有账户管理和对订单司机的管理操作。直接进入到订单的详情页，如图 8-1 所示。

图 8-1 订单详情页

　　图 8-1 展示了外勤订单详情页面，四个扫描按钮调用 ZXing 扫描 Activity，扫描后的数据将会在启动源 Activity 的 onActivityResult 方法里返回，随后调用服务端接口集合达到各种扫描功能。外勤订单详情页面下方为接单司机车辆信息情况与联系方式的一个 RecyclerView 列表控件。

　　ZXing 的扫描二维码详情请参考第 9 章 9.1 节。启动 ZXing 扫描 Activity 的具体代码如下：

```
1.    String tip2 = "退单扫描";
2.          Intent intent2 = new Intent(this,CaptureActivity.class);
3.          intent2.putExtra("TIP",tip2);
4.          startActivityForResult(intent2,REQUEST_CODE_SCAN_CHARGEBACK);
```

然后会在 onActivityResult 方法中回调，具体代码如下：

```
1.    @Override
2.    protected void onActivityResult(int requestCode,int resultCode,Intent data) {
3.        super.onActivityResult(requestCode,resultCode,data);
4.    // 扫描二维码/条码回传
5.        if (resultCode == RESULT_OK) {
6.            if (data != null) {
7.    //扫描回来的字符串数据
8.                String content = data.getStringExtra(DECODED_CONTENT_KEY);
9.                try {
10.   //解密
11.                   mMsg = AesUtil.decrypt("zh",content);
12.               } catch (Exception e) {
13.                   e.printStackTrace();
14.               }
15.               String orderId = "";
16.               String driverId = "";
17.               String driverPlateNumber = "";
18.               String orderDriverID = "";
19.               try {
20.   //分割字符串获得各个参数
21.                   orderId = mMsg.substring(0,mMsg.indexOf("/"));
22.                   driverId = mMsg.substring(mMsg.indexOf("/") + 1,mMsg.indexOf("!"));
23.                   driverPlateNumber = mMsg.substring(mMsg.indexOf("!") + 1,mMsg.indexOf("%"));
24.                   orderDriverID = mMsg.substring(mMsg.indexOf("%") + 1,mMsg.length());
25.               } catch (Exception e) {
26.                   e.printStackTrace();
27.               }
28.               if (driverId.isEmpty()) {
29.                   Toast.makeText(this,"未能解析",Toast.LENGTH_SHORT).show();
30.                   return;
31.               }
32.               if (!orderId.equals(mWqOrderBean.getOrderID())) {
33.                   Toast.makeText(this,"您扫描的订单不是本订单",Toast.LENGTH_SHORT).show();
34.                   return;
35.               }
36.    … …
```

```
37.            }
38.          }
39.        }
```

substring()方法用于提取字符串在两个指定下标间的字符。它接收两个参数，第一个参数传入想要提取的字串的开始位置，第二个参数传入想要提取的字串的结束位置加 1，如果没有指定第二个参数，那么返回的字串会一直到指定字符串的结尾。indexOf()方法用于返回某个指定的字符串值在字符串第一次出现的位置。它也接收两个参数，第一个参数传入指定的字符串值，第二个参数传入规定在字符串中开始检索的位置，如果没有指定第二个参数，那么将从字符串的首字符开始检索。

此外，下部分订单列表有跳转到系统拨号界面的功能，司机信息列表的 Adapter 中的具体代码如下：

```
1.      @Override
2.      public void onBindViewHolder(final ViewHolder holder,final int position) {
3.            holder.driverPhone.setOnClickListener(new View.OnClickListener() {
4.                @Override
5.                public void onClick(View v) {
6.  //跳转到拨号界面
7.                    Intent intent = new Intent(Intent.ACTION_DIAL,
8.                        Uri.parse("tel:" + orderDriverList.get(position).getDriverID()));
9.                    ((WqDetailActivity) mContext).startActivity(intent);
10.               }
11.           });
12.     }
```

首先在 Intent 的构造方法中指定了 Intent 的 action 是 Intent.ACTION_DIAL，这是系统内置的一个动作，通过 position 得到了 orderDriverList 中司机的实例，用 getDriverID()方法得到司机的电话号码，然后指定了协议是 tel，用 Uri.parse()方法将号码解析成一个 Uri 对象。点击电话图标，界面如图 8-2 所示。

图 8-2　点击电话图标的效果

如果在加号后面直接输入超过 10 位数的电话号码，则会报 Integer number too large 的错误，这时只需在电话号码后面加上 L 就解决了。这样系统就把 int 型的电话号码转换成 long 型来处理了。

8.2　地图实时监控

外勤端需要实时看到在线司机的所在位置，以至在司机到达地点之前做些准备，此项目集成地图为百度地图，利用百度地图的鹰眼 SDK 达成监控司机位置的功能，具体继承指南请参考第 9 章 9.5 节，地图实时监控界面效果如图 8-3 所示。

图 8-3　地图实时监控界面效果

点击订单详情打开地图页面（WqMapActivity），在 onCreate()中做一系列的初始化，其中工具类采用了百度地图 demo 中的工具类。

```
1.    WqMapActivity.class
2.    @Override
3.    protected void onCreate(@Nullable Bundle savedInstanceState) {
4.        super.onCreate(savedInstanceState);
5.        //在使用 SDK 各组件之前初始化 context 信息，传入 ApplicationContext
6.        //注意该方法要在 setContentView 方法之前实现
7.        SDKInitializer.initialize(getApplicationContext());
8.        setContentView(R.layout.activity_wq_map);
```

```
9.        Intent intent = getIntent();
10.       mArrayList = intent.getParcelableArrayListExtra("DriverList");
11.       //获取地图控件引用
12.       mMapView = (MapView) findViewById(R.id.bmapView);
13.       mBaiduMap = mMapView.getMap();
14.       // 开启定位图层
15.       mBaiduMap.setMyLocationEnabled(true);
16.       mMapUtil = MapUtil.getInstance();
17.       BitmapUtil.init();
18.       mMapUtil.init(mMapView);
19.       /**
20.        *  轨迹服务：通过 serviceId 对应服务端，用于存储、访问和管理自己的终端和轨迹
21.        serviceId：轨迹服务 ID，这就是配置工程申请的 service_id
22.        entityName：设备标识
23.        isNeedObjectStorage：是否需要对象存储服务，比如在某个点存一个图层图片，显示这
24.        里有超速摄像头，获取轨迹的时候，也可以获取这个图层图片显示在轨迹的相应位置上.
25.        这里默认为：一般为 false，关闭对象存储服务
26.        */
27.       mTrace = new Trace(serviceId,entityName,false);
28.       /**
29.        *  轨迹客户端 LBSTraceClient，主要功能：
30.        （1）内部封装了百度定位 SDK 的 api，采集定位位置点
31.        （2）将采集数据打包发给服务端
32.        （3）请求服务端，查询经过处理的轨迹、位置等信息
33.        */
34.       mClient = new LBSTraceClient(getApplicationContext());
35.       //设置定位和打包周期
36.       mClient.setInterval(5,10);
37.       //定位当前位置显示在地图上
38.       locationInMap();
39.       //实时位置查询
40.       queryRealTime();
41.
42.  //Entity 监听器（用于接收实时定位回调）
43.  private OnEntityListener entityListener = new OnEntityListener() {
44.       @Override
45.       public void onReceiveLocation(TraceLocation location) {
46.           //将回调的当前位置 location 显示在地图 MapView 上
47.           LatLng currentLatLng = MapUtil.convertTraceLocation2Map(location);
48.           //mMapUtil.addMarker(currentLatLng);
49.           trackPoints.add(currentLatLng);
50.           if (trackPoints == null || trackPoints.size() == 0) {
51.               return;
52.           }
53.  //用地图 demo 的工具类绘制在地图上
54.           mMapUtil.drawHistoryTrack(trackPoints,SortType.asc);
```

```
55.          }
56.     };
57.
58.     /**
59.      * 定位当前位置显示在地图上
60.      */
61.     private void locationInMap() {
62.         //定位请求参数类
63.         LocRequest locRequest = new LocRequest(serviceId);
64.         /* 实时定位设备当前位置，定位信息不会存储在轨迹服务端，即不会形成轨迹信息，
65.            只用于在 MapView 显示当前位置 */
66.         mClient.queryRealTimeLoc(locRequest,entityListener);//这里只会一次定位，多次定位使用
67.             Handler.postDelayed(Runnable,interval)实现;
68.     }
69.     /**
70.      * 实时查询在线司机位置
71.      */
72.     private void queryRealTime() {
73.     //从司机详情页面传来的司机信息集合
74.         if (mArrayList == null || mArrayList.size() == 0) {
75.             Toast.makeText(getApplicationContext(),"暂无司机",Toast.LENGTH_LONG).show();
76.             return;
77.         }
78.         ArrayList<String> entityNames = new ArrayList<>();
79.         for (WqOrderBean.OrderDriverInfo entityName :
80.             mArrayList) {
81.             entityNames.add(entityName.getDriverID());
82.         }
83.         … …
84.     // 过滤条件
85.         FilterCondition filterCondition = new FilterCondition();
86.         filterCondition.setEntityNames(entityNames);
87.     // 查找当前时间 5 分钟之内有定位信息上传的 entity
88.         filterCondition.setActiveTime(activeTime);
89.     // 返回结果坐标类型
90.         CoordType coordTypeOutput = CoordType.bd09ll;
91.         … …
92.     // 创建 Entity 列表请求实例
93.         EntityListRequest request = new EntityListRequest(tag,serviceId,filterCondition,
94.             coordTypeOutput,pageIndex,pageSize);
95.     // 初始化监听器，查询结果回调
96.         OnEntityListener entityListener = new OnEntityListener() {
97.             @Override
98.             public void onEntityListCallback(EntityListResponse response) {
99.                 List<EntityInfo> entities = response.getEntities();
100.                if (entities == null || entities.size() == 0) {
```

```
101.                    Toast.makeText(getApplicationContext(),"没有司机在线",
102.                        Toast.LENGTH_LONG).show();
103.                    return;
104.                }
105.                for (EntityInfo entityInfo :
106.                    entities) {
107. //将在线司机的位置信息转换成百度地图位置信息类
108.                    LatestLocation latestLocation = entityInfo.getLatestLocation();
109.                    com.baidu.trace.model.LatLng location = latestLocation.getLocation();
110. //根据位置信息用绘制工具类绘制在地图上
111.                    LatLng latLng = MapUtil.convertTrace2Map(location);
112.                    mMapUtil.addMarker(latLng);
113.                }
114.            }
115.        };
116. // 查询司机实例 Entity 列表
117.        mClient.queryEntityList(request,entityListener);
118. }
```

　　这样，首次打开地图页面，定位到自己所在的地点，随后在线司机也将被绘制在地图上，此功能可以做很多优化，例如利用 handler 实时绘制路线等，读者可参考集成文档。

8.3　本章小结

　　外勤端的用户可以对订单进行管理，对司机端的用户进行实时的定位，随时与司机端用户保持联系。二维码成为实现两端交互的重要部分，本章介绍了外勤端详情页面与地图实时监控等相关实现方法。外勤订单详情页面中的四个扫描按钮调用 ZXing 扫描 Activity，扫描后的数据将会在启动源 Activity 的 onActivityResult 方法里返回，随后调用服务端接口集合达到各种扫描功能。外勤订单详情页面下方为接单司机车辆信息情况与联系方式的一个 RecyclerView 列表控件。由于外勤端需要实时查看在线司机的所在位置，因此利用百度地图的鹰眼 SDK 达成监控司机位置的功能，实现了在线地图实时监控功能。

第9章　相关第三方 SDK 集成

本章导读

APP 的开发离不开第三方的 SDK，它会使 APP 增色许多。作为 Android 开发者，了解 SDK 是相当重要的。SDK（Software Development Kit）全名软件开发工具包。被软件开发工程师用于为特定的软件包、软件框架、硬件平台、操作系统等建立应用软件的开发工具的集合称为 SDK。而第三方 SDK 顾名思义，就是引入外部的 SDK，例如直播、地图、二维码扫描等。本章将介绍相关第三方的 SDK。

本章要点

- 二维码生成与扫描库 ZXing 的使用
- 了解微信支付 SDK
- 了解极光消息推送 SDK
- 了解友盟统计 SDK
- 百度地图鹰眼追踪 SDK 的介绍

9.1　二维码生成与扫描库 ZXing

扫描条形码、二维码所用的开源框架通常有 ZXing 和 Zbar，ZXing 项目是谷歌公司推出的用来识别多种格式条形码的开源项目，项目地址为 https://github.com/zxing/zxing，ZXing 有多个人在维护，覆盖主流编程语言，是目前还在维护的较受欢迎的二维码扫描开源项目之一。Zbar 则是主要用 C 语言来写的，速度极快，推出了 iPhone 的 SDK 和 Android 的相关调用方法（JNI），但这个项目已经有几年不维护了，见 https://github.com/ZBar/ZBar。

ZXing 的项目很庞大，主要的核心代码在 core 文件夹里面，也可以单独下载由这个文件夹打包而成的 jar 包，具体地址为 http://mvnrepository.com/artifact/com.google.zxing/core。直接下载 jar 包也省去了通过 maven 编译的麻烦，当然也可以从下面的网址获取帮助文档。

https://github.com/zxing/zxing/wiki/Getting-Started-Developing

这里使用 ZXing，并对 UI 和聚焦速度作出简单的修改。这里只要用 Intent 打开 CaptureActivity.class 就可以调用 ZXing 扫码，扫码成功后会通过 setResult()方法回调给启动的 Activity 的 onActivityResult 方法。ZXing 项目结构目录如图 9-1 所示。

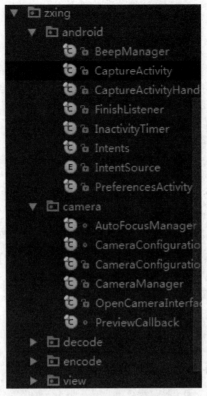

图 9-1　ZXing 项目结构目录

1. 扫描 UI 的修改

扫描库如果拿过来直接使用往往不能满足项目需求，有时要对扫描界面作一些修改，而且项目自身有一个扫描框长宽不一致的问题需要处理，通过观察 CaptureActivity 的布局文件得知，扫描取景框由 view 包里的自定义控件 ViewfinderView 绘制。通过注释找到绘制取景框：

```
1.        // frame 为取景框
2.            Rect frame = cameraManager.getFramingRect();
3.    /**
4.        * 绘制取景框边框
5.        *
6.        * @param canvas
7.        * @param frame
8.        */
9.        private void drawFrameBounds(Canvas canvas,Rect frame) {
10.
11.            paint.setColor(Color.WHITE);
12.            paint.setStrokeWidth(2);
13.            paint.setStyle(Paint.Style.STROKE);
14.
15.            canvas.drawRect(frame,paint);
16.    …
17.        }
```

由白色画笔画出的即为取景框的主体，传入的 Rect 为要绘制的白色方框，framingRect = new Rect(leftOffset,topOffset,leftOffset + width,topOffset + height); 这里传入的左上右下参数中，下的参数加了高度，这个高度是根据屏幕高度确定的，和右的参数并不一致，会导致扫描框变形且很难看。解决办法是将 height 改为 width 即可。

2. 自动对焦时间修改

为了提高扫描速度，可以调整对焦的时间，在 camera 包的 AutoFocusManager 类中，常量 private static final long AUTO_FOCUS_INTERVAL_MS 即是自动对焦的时间，这里改成 100L。

货运宝 APP 是利用 ZXing 生成二维码的，先来了解一下二维码。二维码实质是一串字符串。用 Embedded 辅助生成。它是用某种特定的几何图形按一定规律在平面（二维方向上）分布的黑白相间的图形记录数据符号信息的,在代码编制上巧妙地利用构成计算机内部逻辑基础的"0""1"比特流的概念，使用若干个与二进制相对应的几何形体来表示文字数值信息，通过图象输入设备或光电扫描设备自动识读以实现信息自动处理。它具有条码技术的一些共性：每种码制有其特定的字符集；每个字符占有一定的宽度；具有一定的校验功能等。同时还具有对不同行的信息自动识别及处理图形旋转变化等特点。下面来看一下具体实现代码：

```
1.    添加依赖
2.    compile 'com.journeyapps:zxing-android-embedded:3.3.0'
3.    /**
4.        * 使用 ZXing 与 Embedded 生成二维码 bitmap
5.        */
6.    private Bitmap encodeAsBitmap(String str) {
7.            Bitmap bitmap = null;
8.            BitMatrix result = null;
9.            MultiFormatWriter multiFormatWriter = new MultiFormatWriter();
10.           try {
11.                   result = multiFormatWriter.encode(str,BarcodeFormat.QR_CODE,600,600);
12.                   // 使用 ZXing Android Embedded 要写的代码
13.                   BarcodeEncoder barcodeEncoder = new BarcodeEncoder();
14.                   bitmap = barcodeEncoder.createBitmap(result);
15.           } catch (WriterException e) {
16.                   e.printStackTrace();
17.           } catch (IllegalArgumentException iae) { // ?
18.                   return null;
19.           }
20.           return bitmap;
21.    }
```

9.2 微信支付 SDK

用户付费是各移动互联网公司盈利的主要方式之一，然而各公司自己开发支付系统显然是不明智的。国内已经有多家成熟的移动支付提供商，腾讯就是其中之一。对于安卓微信支付 SDK，近些年来自网络上的评价并不算太好，诸如文档不全、提供的 API 不全等。实际上，集成应用的确是有一些坑，经历过的开发人员一路走来大大小小的坑也踩了不少。下面介绍下微信支付 SDK 的接入流程。

1. 申请开发者资质

地址：https://open.weixin.qq.com/

使用公司管理者/高层账号登录微信开放平台，进入"账号中心"，进行开发者资质认证，此时需要填写公司资料，包括但不限于公司注册号、公司营业执照、公司对外办公电话、公司对公银行卡信息（卡号、发卡行）。审核时间为一周左右。

备注 1：因为从 2015 年 10 月 1 日起，国家实行三证（组织机构代码证、企业营业执照、税务登记证）合一，所以组织机构代码处填写工商执照注册号，同样，组织机构代码证处上传企业工商营业执照。

备注 2：进行开发者资质认证需要支付 300 元/年，只有具备开发者资质的开发者才能够使用 APP 支付，授权登录等接口。

2. 申请 APP_ID/APP_KEY

每个应用/游戏要调用微信的接口都需要有一个微信标志，这个唯一标志通常称为 APP_ID 或者 APP_KEY，各开放平台差异不大。

进入管理中心，创建移动应用，每个开发者具有 10 个应用的创建机会，但是创建的应用可以随时删除（已上线的应用不建议删除）。

申请 APP_ID 需要填写应用信息：应用名称、包名、签名（keystore 的 md5 值去分号小写），icon（28×28 & 108×108）、APP 下载地址等信息，即可分配到一个 APP_ID。

备注：测试支付时，务必使用申请时填写的 keystore 文件签名，包名也需要核对清楚，否则无法调用支付，并返回-1 错误码。

3. 申请支付能力

在管理中心，查看需要集成支付能力的 APP，找到"微信支付"一栏，点击右侧"申请开通"，填写一些企业信息后等待审核，审核时间为一周左右。审核通过后，会得到一个企业商户号及密码，对公银行卡中将收到几分钱，进入商户平台，输入收到的金额。

4. 代码集成微信支付

支付流程图如图 9-2 所示。验证通过后即可开始集成支付调用。在这之前，调用支付接口是无法完成支付的。

首先把商品的参数传给服务器，服务器接收 xml 数据，调用微信的统一下单接口并返回订单号 prePayId，使用 prePayId 及商品信息调用微信客户端进行支付。

用户的操作为：输入密码进行支付；返回键取消支付；网络无连接支付失败等。

然后微信客户端回调支付结果给 APP 客户端；微信服务器异步通知公司 APP 服务器支付结果。这是服务器的工作，与客户端无关。

微信的具体 API：https://pay.weixin.qq.com/wiki/doc/api/app/app.php?chapter=9_1

具体步骤与代码如下：

（1）准备调用微信：

```
1.    //初始化微信支付对象
2.    wxapi = WXAPIFactory.createWXAPI(mContext.getApplicationContext(),Constants.APP_ID,false);
3.        wxapi.registerApp(Constants.APP_ID);
```

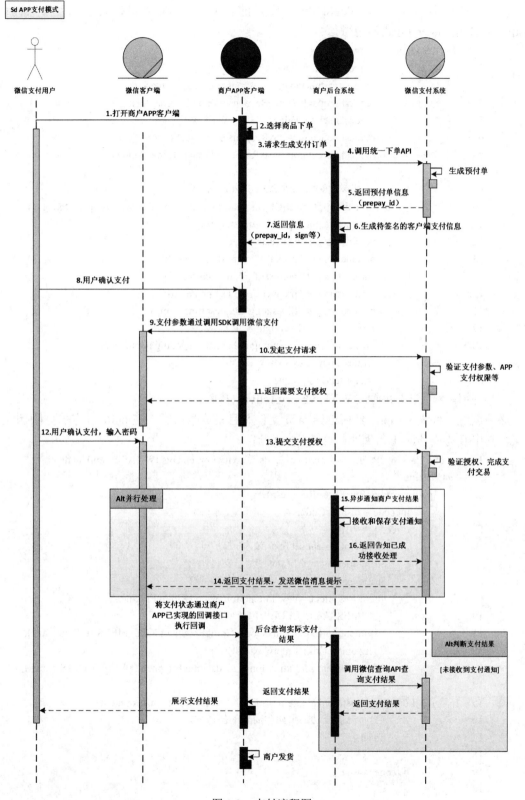

图 9-2 支付流程图

（2）获得服务器的 prePayId 与封装好的信息，二次封装签名字符串，然后用 wxapi.sendReq(request)方法调用微信：

```
1.    PayReq request = new PayReq();
2.              request.appId = Constants.APP_ID;
3.              request.partnerId = payResponseBean.getPartnerId();
4.              request.prepayId = payResponseBean.getPrepayId();
5.              request.packageValue = "Sign=WXPay";
6.              request.nonceStr = payResponseBean.getNonceStr();
7.              request.timeStamp = payResponseBean.getTimeStamp();
8.
9.              // 把参数的值传进 SortedMap 集合里
10.             SortedMap<Object,Object> parameters = new TreeMap<Object,Object>();
11.             parameters.put("appid",request.appId);
12.             parameters.put("noncestr",request.nonceStr);
13.             parameters.put("package",request.packageValue);
14.             parameters.put("partnerid",request.partnerId);
15.             parameters.put("prepayid",request.prepayId);
16.             parameters.put("timestamp",request.timeStamp);
17.             String characterEncoding = "UTF-8";
18.             String mySign = createSign(characterEncoding,parameters);
19.             request.sign = mySign;
20.             wxapi.sendReq(request);
```

（3）回调支付结果并通过 WXPayEntryActivity 接收：

必须创建文件夹 wxapi，然后创建 java 文件并且集成微信类，在 onResp 方法里回调支付结果，其中 0 为成功，-1 为失败，-2 为用户取消。

```
1.    public class WXPayEntryActivity extends Activity implements IWXAPIEventHandler{
2.    @Override
3.        public void onResp(BaseResp resp) {
4.            int code = resp.errCode;
5.            if (code == 0) {
6.                mPayTipContent.setText("支付成功");
7.                String message = "{\"state\":\"已支付\"}";
8.                String extras = "{\"type\":\"changeState\"}";
9.                Intent msgIntent = new Intent(HomeGoodsGoingFragment
10.                   .MESSAGE_RECEIVED_ACTION);
11.               msgIntent.putExtra(HomeGoodsGoingFragment.KEY_MESSAGE,message);
12.               if (!ExampleUtil.isEmpty(extras)) {
13.                   msgIntent.putExtra(HomeGoodsGoingFragment.KEY_EXTRAS,extras);
14.               }
15.          LocalBroadcastManager.getInstance(this).sendBroadcast(msgIntent);
16.               //显示充值成功的页面和需要的操作
17.               finish();
18.          }
19.          if (code == -1) {
20.               //错误
```

```
21.                    mPayTipContent.setText("支付失败");
22.                    Toast.makeText(getApplicationContext(),"支付失败",Toast.LENGTH_SHORT).show();
23.                    finish();
24.                }
25.                if (code == -2) {
26.                    mPayTipContent.setText("支付已经取消");
27.                    Toast.makeText(getApplicationContext(),"支付已经取消", Toast.LENGTH_SHORT).show();
28.                    finish();
29.                    //用户取消
30.                }
31.    …
32.    }
```

这里这个界面收到结果并发送本地广播通知其他界面后，直接关闭。

还有一个细节问题，就是现在已经集成完了，如果用内存泄露检查工具，你会发现你的项目有内存泄漏的情况，并且是 wxapi 对象所致。原因是 WXAPIFactory.createWXAPI()方法里传的上下文在应用关闭时并没有被释放。通过网上查找或者官方 demo 可知，释放的方法为 wxapi.detach()，在 onDestroy()里调用一些就可以了。

9.3　极光消息推送 SDK

通知是 Android 中比较常用的功能。它可以在应用程序不在后台运行时给用户发送一些重要消息。本节将介绍推送机制 Jpush，重点讲解处理推送信息以及通知的显示。读者应掌握通知的使用方法和 Jpush 的基本推送知识。

使用通知可以让用户第一时间获得有用信息，例如微博、知乎会不时地推送自己关注的人发表的或有看点的消息，下面来看看如何发送通知。

9.3.1　极光推送 JPush 介绍

极光推送，英文简称 JPush，是一个面向普通开发者开放的独立的第三方云推送平台的免费的第三方消息推送服务。其致力于为全球移动应用开发者提供专业、高效的移动消息推送服务。

1.　介绍与使用

通过极光推送服务可以主动及时地向用户发起交互，向其发送聊天消息、日程提醒、活动预告、进度提示、动态更新等。

实现的原理是长连接和发接心跳包，手机终端需要与服务器维持长连接。

TCP 长连接本质上不需要心跳包来维持，其实主要是为了防止 NAT 超时，既然一些 NAT 设备判断是否淘汰 NAT 映射的依据是一定时间没有数据，那么客户端就主动发一个数据。

当然，如果仅仅是为了防止 NAT 超时，可以让服务器来发送心跳包给客户端，不过这样做有个弊病就是，万一连接断了，服务器就再也联系不上客户端。所以心跳包必须由客户端发送，客户端发现连接断了，还可以尝试重连服务器。

所以心跳包的主要作用是防止 NAT 超时，其次是探测连接是否断开。

这里先给出极光推送的官方集成文档：

https://docs.jiguang.cn/jpush/client/Android/android_guide/

因为集成步骤没有难点和坑，并且配置内容较多，这里也不作介绍了。

但这里给出比较关键的两个 API：

```
//启动/恢复极光推送
JPushInterface.resumePush(getApplicationContext());
//停止推送
JPushInterface.stopPush(getApplicationContext());
```

JPush 提供四种消息形式：通知、自定义消息、富媒体和本地通知。这里详细介绍自定义消息的使用。

（1）通知。或者说 Push Notification，即指在手机的通知栏（状态栏）上会显示的一条通知信息。

通知主要用于提示用户，应用于新闻内容、促销活动、产品信息、版本更新提醒、订单状态提醒等多种场景。

（2）自定义消息。自定义消息不是通知，所以不会被 SDK 展示到通知栏上。其内容完全由开发者自己定义。自定义消息主要用于应用的内部业务逻辑。一条自定义消息推送过来，有可能没有任何界面显示。

通知很好使用，各方面都写好了（如带声音的通知栏）。而自定义消息需要完全自己去写，但是可以实现各种效果。Web 或者服务端通过 API 发的推送会通过 JpushReceiver 接收。

JPushInterface.ACTION_MESSAGE_RECEIVED.equals(intent.getAction())为接收的自定义消息；JPushInterface.ACTION_NOTIFICATION_RECEIVED.equals(intent.getAction()为接收的通知，可以通过本地广播发送消息，来实现传递数据功能。

通过 Web 输入框或者服务端 API 可知，消息对象里有 message 和 extras，通过下面语句可以获得。

```
String message = bundle.getString(JPushInterface.EXTRA_MESSAGE);
String extras = bundle.getString(JPushInterface.EXTRA_EXTRA);
```

extras 可以用来标志消息的类型，如"addOrder"代表添加订单，然后在 message 里放入整个订单类，这样便可以通过 RecyclerView 实现即时添加订单的效果。

总之，极光推送的误差在 1 秒之内，自定义消息实现页面自动更新还是可以的。

2．别名和标签

别名相当于昵称，每个人可以有一个别名，设置了别名后会在极光服务器保存。自己的服务端可以设置推送的别名，把用户 ID 设置成别名，就可以实现只推送单个人。

标签就是常说的标签，一个事物贴多个标签，一个标签可以找到多个事物，可以用来标识一类人，这个项目将自己的路线设置成标签，就可以实现按照路线推送信息的功能。为安装了应用程序的用户，贴上标签。其目的主要是方便开发者根据标签来批量下发推送消息。同时也可为每个用户贴多个标签。

具体代码如下：

```
1.          private void setAlias(String alias,String tags) {
2.              if (alias != null) {
3.                  mHandler.sendMessage(mHandler.obtainMessage(MSG_SET_ALIAS,alias));
4.              }
5.              if (tags != null && (!tags.isEmpty())) {
6.                  String[] split = tags.split(",");
```

```
7.              Set<String> mTags = new HashSet();
8.              for (String routeDesc : split
9.                   ) {
10.                  mTags.add(routeDesc);
11.              }
12.              mHandler.sendMessage(mHandler.obtainMessage(MSG_SET_TAGS,mTags));
13.          }
14.      }
15.      private String TAG = "JPush";
16.      private final TagAliasCallback mAliasCallback = new TagAliasCallback() {
17.          @Override
18.          public void gotResult(int code,String alias,Set<String> tags) {
19.              String logs;
20.              switch (code) {
21.                  case 0:
22.                      logs = "测试专用:设置个人推送成功  别名设置为" + alias;
23.                      Log.i(TAG,logs);
24.                      // 建议这里往 SharePreference 里写一个成功设置的状态
25.                      // 成功设置一次后，以后不必再次设置了。
26.                      break;
27.                  case 6002:
28.                      logs = "Failed to set alias and tags due to timeout. Try again after 60s.";
29.                      Log.i(TAG,logs);
30.                      // 延迟 60 秒来调用 Handler 设置别名
31.                      mHandler.sendMessageDelayed(mHandler.
32.                          obtainMessage(MSG_SET_ALIAS,alias),1000 * 60);
33.                      break;
34.                  default:
35.                      logs = "Failed with errorCode = " + code;
36.                      Log.e(TAG,logs);
37.              }
38.          }
39.      };
```

以上代码基本就是用 handler 设置别名，若不成功，60 秒后再设置一次，直到成功。

9.3.2 基于 JPush 的消息推送

通知中心的页面只是一个 RecyclerView，前面已经详细讲解过，但是当后台发通知时，需要在上方显示通知栏，来通知司机接到了一条来自后台管理系统的通知。

首先，推送机制用的是极光推送，俗称 Jpush。服务端与客户端都集成后，后台可以将一段字符串和一些配置参数（固定的参数字段）传给客户端，具体介绍与使用详情请参考下节内容。

这里主要讲解接到消息后的具体处理，首先在广播 JpushReceiver 中接收到消息，然后用 NotificationManager 发起通知栏的通知，具体代码如下：

```
1.  @Override
2.  public void onReceive(Context context,Intent intent) {
3.      try {
```

```
4.          Bundle bundle = intent.getExtras();
5.        if (JPushInterface.ACTION_MESSAGE_RECEIVED.equals(intent.getAction())) {
6.          //处理自定义消息（发布新订单/内勤退单/内勤修改订单/振鸿打款结束）
7.          doCustomMessage(context,bundle);
8.        }
9.      } catch (Exception e) {
10.       }
11.   }
12.   //处理自定义消息
13.   private void doCustomMessage(Context context,Bundle bundle) {
14.       String message = bundle.getString(JPushInterface.EXTRA_MESSAGE);
15.       String extras = bundle.getString(JPushInterface.EXTRA_EXTRA);
16.       mGson = new Gson();
17.       JPushExtrasBean extrasBean = mGson.fromJson(extras.trim(),JPushExtrasBean.class);
18.       String type = extrasBean.getType();
19.       switch (type) {
20.          case "customNotice":
21.              notice(context,message,extras);
22.              break;
23.       }
24.   //通知用户的方法。其中通知根据标识来确定是否为统一通知，采用 notify_tag 每次
25.       递增的方式，防止通知覆盖
26.   private void notice(Context context,String message,String extras) {
27.       int notify_tag = SPUtils.getInt(context,"notify_tag",0);
28.       NotificationCompat.Builder notificationBuilder = new NotificationCompat.Builder(context);
29.       Intent resultIntent = new Intent(context,HomeActivity.class);
30.       resultIntent.setFlags(Intent.FLAG_ACTIVITY_SINGLE_TOP |
31.       Intent.FLAG_ACTIVITY_CLEAR_TOP);
32.       resultIntent.putExtra("notice","newNotice");
33.   //给 notificationBuilder 的专用意图
34.       PendingIntent resultPendingIntent = PendingIntent.getActivity(context,notify_tag,resultIntent,
35.       PendingIntent.FLAG_UPDATE_CURRENT);
36.   //构造器对象设置通知信息
37.       notificationBuilder.setAutoCancel(true)
38.              .setContentIntent(resultPendingIntent)
39.              .setContentText("您有新的通知:" + message)
40.              .setContentTitle("振鸿抢单")
41.              .setSmallIcon(R.mipmap.icon)
42.              .setTicker("您有新的通知")      //通知首次出现在通知栏，带上升动画的效果
43.       ;
44.   //构造通知栏对象
45.       Notification notification = notificationBuilder.build();
46.       notification.defaults = Notification.DEFAULT_SOUND;
47.       NotificationManager notificationManager = (NotificationManager) context
48.       .getSystemService(NOTIFICATION_SERVICE);
49.   //发起通知
50.       notificationManager.notify(notify_tag++,notification);
```

```
51.            if (notify_tag >= 65534) {
52.                notify_tag = 0;
53.            }
54.    //存储标识
55.            SPUtils.saveInt(context,"notify_tag",notify_tag);
56.    }
57.    public class SPUtils {
58.    ...
59.        public static void saveInt(Context context,String key,int value){
60.            SharedPreferences sp = context.getSharedPreferences("Notification_id",
61.                Context.MODE_PRIVATE);
62.            SharedPreferences.Editor edit = sp.edit();
63.            edit.putInt(key,value);
64.            edit.commit();
65.        }
66.        public static int getInt(Context context,String key,int defValue){
67.            SharedPreferences sp = context.getSharedPreferences("Notification_id",
68.                Context.MODE_PRIVATE);
69.            return sp.getInt(key,defValue);
70.        }
71.    }
```

首先在接收器 onReceive 里用 Intent 的 getExtras()方法返回了一个 Bundle 对象，JPushInterface.ACTION_MESSAGE_RECEIVED 表示收到了自定义消息推送，判断是否和 Intent 对象的动作一样，如果一样执行下面的 doCustomMessage()方法。

在 doCustomMessage()方法里首先定义了两个字符串，将 JPushInterface.EXTRA_MESSAGE 与 JPushInterface.EXTRA_EXTRA 分别作为参数传入 Bundle 的 getString()方法里，前者表示保存服务器推送下来的消息内容；后者表示保存服务器推送下来的附加字段。这是个 JSON 字符串。然后定义了一个 Gson 对象，用 Gson 的 fromJson()方法将 JSON 数据转换为 JPushExtrasBean 对象，第一个参数传入 Json 字符串，使用 String 的 trim()方法将字符串两端的空格去除掉；第二个参数传入要转换成的类，这里传入 JPushExtrasBean.class，接着得到类型后，使用 switch，若与 customNotice 对应就调用 notice()方法。

接下来看 notice()方法，用 SPUtils 的 getInt()方法返回一个 int 对象用于后面的标识，传入的第三个参数是默认值，第一次发送通知时不存在 notify_tag 这个键的值，所以使用默认值。然后创建了一个 NotificationCompat.Builder 对象，接着创建了一个 Intent 对象，为这个 Intent 对象设置 Flag，FLAG_ACTIVITY_SINGLE_TOP 表示当 task 中存在目标 Activity 实例并且位于栈的顶端时，不再创建一个新的实例，直接利用这个实例；FLAG_ACTIVITY_CLEAR_TOP 表示如果在栈中发现存在 Intent 目标 Activity 实例，则清空这个实例之上的 Activity，使其处于栈的顶端。

给 notificationBuilder 提供专用意图，用 PendingIntent.getActivity()方法返回一个 PendingIntent 对象，方法一共有四个参数：第一个是上下文；第二个是 requestCode；第三个是 Intent；第四个是对参数的操作标识。FLAG_UPDATE_CURRENT 表示更新之前 PendingIntent 的消息，比如在第一个推送 Intent 的 putExtra()方法中传入了 AAA，然后点击，接着又在第二个推送 Intent 的 putExtra()方法中传入了 BBB，之后不管你点击的是第一个推送还是第二个推送，读取的 Intent 信息都是 BBB。给 Notification 添加各种属性，用 setAutoCancel()方法传入 true 表示点击这个通知的时候，通知会消失。

setContentIntent()方法用来设置通知的意图，这里传入刚才的专用意图 resultPendingIntent。

setContentText()方法用来指定通知正文的内容。

setContentTitle()方法用来指定通知的标题内容。

setSmallIcon()方法用来指定通知的小图标。

SetTick()方法用来设置通知在状态栏的提示文本。

然后使用 build()方法返回一个 Notification 对象，Notification.defaults 用来添加默认效果，这里把 Notification.DEFAULT_SOUND 赋予了它，表示使用默认的提示声音。

用 Context 的 getSystemService()方法创建一个 NotificationManager 对象，getSystemService() 方法接收一个确定获取系统服务的字符串，这里传入 NOTIFICATION_SERVICE 表示获取通知服务。用 NotificationManager 的 notify()方法将通知显示出来，第一个参数是通知的 ID，这里传入 notify_tag++为的是不让通知覆盖第二个参数（Notification 对象），传入 notification 即可。最后用 SPUtils 的 saveInt()方法保存更新后的 ID。后面是 SPUtils 的方法的具体代码。

到这里，用户已经可以在收到通知后，看到上方通知栏的提示了。

9.4 友盟统计分析 SDK

友盟统计分析是一款专业的移动应用统计分析工具，可以帮助记录各种信息（如新增用户、终端属性），其中对开发者最重要的当然是错误分析，集成了友盟统计分析，即可方便查询应用崩溃原因，所以它是移动应用的一项硬需求。

集成文档地址：http://dev.umeng.com/analytics/android-doc/integration

首先，注册账号，创建应用获得 Appkey。

在 Gradle 依赖中添加如下代码：

```
1.    dependencies {
2.        compile 'com.umeng.analytics:analytics:latest.integration'
3.    }
```

如果无法正常集成请添加如下代码：

```
1.    allprojects {
2.        repositories {
3.                mavenCentral()
4.        }
5.    }
```

其次，在 XML 中配置 Appkey，代码如下：

```
1.    <manifest……>
2.    <uses-sdk android:minSdkVersion="8"></uses-sdk>
3.    <uses-permission android:name="android.permission.ACCESS_NETWORK_STATE"/>
4.    <uses-permission android:name="android.permission.ACCESS_WIFI_STATE" />
5.    <uses-permission android:name="android.permission.INTERNET"/>
```

```
6.    <uses-permission android:name="android.permission.READ_PHONE_STATE"/>
7.    <application ……>
8.    ……
9.    <activity ……/>
10.   <meta-data android:value="YOUR_APP_KEY" android:name="UMENG_APPKEY"/>
11.   <meta-data android:value="Channel ID" android:name="UMENG_CHANNEL"/>
12.   </application>
13.   </manifest>
```

Android 6.0 之后，设备信息部分获取有所变动，请参考官网：

https://developer.android.com/training/permissions/requesting.html

小技巧：当 xml 中的 targetSdkVersion=x(x<23)时候，可以正常获取信息（相当于跳过了 6.0 权限检查）。

然后，添加权限：

ACCESS_NETWORK_STATE（必须）

READ_PHONE_STATE（必须）

ACCESS_WIFI_STATE（必须）

INTERNET（必须）

最后，在 BaseCompatActivity 里设置，代码如下：

```
1.    @Override
2.    protected void onResume() {
3.        super.onResume();
4.        //友盟监测
5.        MobclickAgent.onResume(this.getApplicationContext());
6.    }
7.
8.    @Override
9.    protected void onPause() {
10.       super.onPause();
11.       //友盟监测
12.       MobclickAgent.onPause(this.getApplicationContext());
13.   }
```

友盟统计分析 SDK 集成更多更详细的 API 请参考集成文档，这里不过多作介绍。

9.5　百度地图鹰眼追踪 SDK

百度地图目前已经将各个功能划分成各类 SDK，地图 SDK 提供了地图（2D、3D）的展示和缩放、平移、旋转、改变视角等地图操作，以及多种地图覆盖物，如图 9-3 所示。百度地图定位 SDK 可以精准地进行定位，甚至进行室内定位，还可以进行 GPS 和网络定位（Wi-Fi 定位和基站定位），并且能返回位置信息。鹰眼 SDK 可以轻松实现实时轨迹追踪、历史轨迹查询、地理围栏报警等功能。

图 9-3　百度地图

在开始介绍之前，首先要了解一些常识。基于位置的服务所围绕的核心就是要先确定出用户所在的位置。通常有两种技术可以实现：一种是通过 GPS 定位，一种是通过网络定位。GPS 定位的工作原理基于手机内置的 GPS 硬件直接和卫星交互来获取当前的经纬度信息，这种定位方式精确度非常高，缺点是只能在室外使用，室内基本上是无法接收到卫星信号的。网络定位的工作原理是根据手机当前网络附近的三个基站进行测速，以此计算出手机和每个基站的距离，再通过三角定位确定一个大概的位置，精确度一般，优点是室内室外都可以使用。

Android 对这两种定位方式都提供了相应的 API 支持，但是由于一些特殊原因，谷歌公司的网络服务在中国不可访问，从而导致网络定位方式的 API 失效。基于以上原因，所以使用一些国内第三方公司的 SDK（百度）。

首先在使用之前，依旧是注册 APP 的标识密钥，申请 Appkey 的链接为 http://lbsyun.baidu.com/apiconsole/key，在同一个工程中同时使用百度地图 SDK、定位 SDK、导航 SDK 和全景 SDK 的全部或者任何组合，可以共用同一个 key。

先给出集成文档的地址：http://lbsyun.baidu.com/index.php?title=androidsdk。使用的第一步是在清单文件中配置 Appkey，代码如下：

```
1.    <application>
2.        <meta-data
```

```
3.          android:name="com.baidu.lbsapi.API_KEY"
4.          android:value="开发者 key" />
5.      </application>
```

第二步是添加权限，这里具体看一下 AndroidManifest.xml 文件的代码：

```
1.  <?xml version="1.0" encoding="utf-8"?>
2.  <manifest xmlns:android="http://schemas.android.com/apk/res/android"
3.      package="com.mingrisoft.lbstest">
4.
5.      <uses-permission android:name="android.permission.ACCESS_COARSE_LOCATION"/>
6.      <uses-permission android:name="android.permission.ACCESS_FINE_LOCATION"/>
7.      <uses-permission android:name="android.permission.ACCESS_WIFI_STATE"/>
8.      <uses-permission android:name="android.permission.ACCESS_NETWORK_STATE"/>
9.      <uses-permission android:name="android.permission.CHANGE_WIFI_STATE"/>
10.     <uses-permission android:name="android.permission.READ_PHONE_STATE"/>
11.     <uses-permission android:name="android.permission.WRITE_EXTERNAL_STORAGE"/>
12.     <uses-permission android:name="android.permission.INTERNET"/>
13.     <uses-permission android:name="android.permission.MOUNT_UNMOUNT_FILESYSTEMS"/>
14.     <uses-permission android:name="android.permission.WAKE_LOCK"/>
15.
16.     <application
17.         android:allowBackup="true"
18.         android:icon="@mipmap/ic_launcher"
19.         android:label="@string/app_name"
20.         android:supportsRtl="true"
21.         android:theme="@style/AppTheme">
22.         <meta-data
23.             android:name="com.baidu.lbsapi.API_KEY"
24.             android:value="i6VD2fHKM3msMfZtIOXAhFSzDiYGFIwL" />
25.         <activity android:name=".MainActivity">
26.             <intent-filter>
27.                 <action android:name="android.intent.action.MAIN" />
28.                 <category android:name="android.intent.category.LAUNCHER" />
29.             </intent-filter>
30.         </activity>
31.         <service android:name="com.baidu.location.f" android:enabled="true" android:process=":remote">
32.         </service>
33.     </application>
34. </manifest>
```

下面简单介绍一下代码，可以看到以上代码添加了许多权限声明，每一个权限都是百度 LBS SDK 内部要用到的。然后在<appliaction>标签的内部添加了一个<meta-data>标签，这个标签的 android:name 部分是固定的，必须填 com.badu.lbsapi.API_KEY，android:value 部分则应该填入申请到的 APIkey。最后还需要注册一个 LBS SDK 中的服务，不用对这个服务的名字感到疑惑，因为百度 LBS SDK 中的代码都是混淆过的。

```
<uses-permission android:name="android.permission.ACCESS_NETWORK_STATE"/>
<uses-permission android:name="android.permission.INTERNET"/>
```

```
<uses-permission android:name="com.android.launcher.permission.READ_SETTINGS" />
<uses-permission android:name="android.permission.WAKE_LOCK"/>
<uses-permission android:name="android.permission.CHANGE_WIFI_STATE" />
<uses-permission android:name="android.permission.ACCESS_WIFI_STATE" />
<uses-permission android:name="android.permission.GET_TASKS" />
<uses-permission android:name="android.permission.WRITE_EXTERNAL_STORAGE"/>
<uses-permission android:name="android.permission.WRITE_SETTINGS" />
```

第三步是在布局 xml 文件中添加地图控件。这个 MapView 是由百度地图提供的自定义控件，所以在使用它的时候需要将完整的包名加上。

```
1.    <com.baidu.mapapi.map.MapView
2.        android:id="@+id/bmapView"
3.        android:layout_width="fill_parent"
4.        android:layout_height="fill_parent"
5.        android:clickable="true" />
```

第四步是初始化地图 SDK。

```
1.    public class MainActivity extends Activity {
2.        @Override
3.        protected void onCreate(Bundle savedInstanceState) {
4.            super.onCreate(savedInstanceState);
5.            //在使用 SDK 各组件之前初始化 context 信息，传入 ApplicationContext
6.            //注意该方法要在 setContentView 方法之前实现
7.            SDKInitializer.initialize(getApplicationContext());
8.            setContentView(R.layout.activity_main);
9.        }
10.   }
```

SDKInitializer.initialize(getApplicationContext())这个方法是很重要且容易忽视的，而且因为调用各种功能之前都要调用此方法，建议该方法放在 Application 的初始化方法中。

然后在生命周期方法中，管理地图生命周期，具体代码如下：

```
1.    public class MainActivity extends Activity {
2.        MapView mMapView = null;
3.        @Override
4.        protected void onCreate(Bundle savedInstanceState) {
5.            super.onCreate(savedInstanceState);
6.            //在使用 SDK 各组件之前初始化 context 信息，传入 ApplicationContext
7.            //注意该方法要在 setContentView 方法之前实现
8.            SDKInitializer.initialize(getApplicationContext());
9.            setContentView(R.layout.activity_main);
10.           //获取地图控件引用
11.           mMapView = (MapView) findViewById(R.id.bmapView);
12.       }
13.       @Override
14.       protected void onDestroy() {
15.           super.onDestroy();
16.           //在 Activity 执行 onDestroy 时执行 mMapView.onDestroy()，实现地图生命周期管理
17.           mMapView.onDestroy();
```

```
18.          }
19.          @Override
20.          protected void onResume() {
21.              super.onResume();
22.      //在 Activity 执行 onResume 时执行 mMapView. onResume ()，实现地图生命周期管理
23.              mMapView.onResume();
24.          }
25.          @Override
26.          protected void onPause() {
27.              super.onPause();
28.      //在 Activity 执行 onPause 时执行 mMapView. onPause ()，实现地图生命周期管理
29.              mMapView.onPause();
30.          }
31.    }
```

下面来详细看一下 Java 代码：

```
1.      package com.mingrisoft.lbstest;
2.
3.              import android.Manifest;
4.              import android.content.pm.PackageManager;
5.              import android.support.v4.app.ActivityCompat;
6.              import android.support.v4.content.ContextCompat;
7.              import android.support.v7.app.AppCompatActivity;
8.              import android.os.Bundle;
9.              import android.widget.TextView;
10.             import android.widget.Toast;
11.
12.             import com.baidu.location.BDLocation;
13.             import com.baidu.location.BDLocationListener;
14.             import com.baidu.location.LocationClient;
15.             import com.baidu.location.LocationClientOption;
16.             import com.baidu.mapapi.SDKInitializer;
17.             import com.baidu.mapapi.map.BaiduMap;
18.             import com.baidu.mapapi.map.MapStatusUpdate;
19.             import com.baidu.mapapi.map.MapStatusUpdateFactory;
20.             import com.baidu.mapapi.map.MapView;
21.             import com.baidu.mapapi.map.MyLocationData;
22.             import com.baidu.mapapi.model.LatLng;
23.
24.             import java.util.ArrayList;
25.             import java.util.List;
26.
27.    public class MainActivity extends AppCompatActivity {
28.
29.        public LocationClient mLocationClient;
30.
31.        private TextView positionText;
```

```
32.
33.        private MapView mapView;
34.
35.        private BaiduMap baiduMap;
36.
37.        private boolean isFirstLocate = true;
38.
39.        @Override
40.        protected void onCreate(Bundle savedInstanceState) {
41.            super.onCreate(savedInstanceState);
42.            mLocationClient = new LocationClient(getApplicationContext());
43.            mLocationClient.registerLocationListener(new MyLocationListener());
44.            SDKInitializer.initialize(getApplicationContext());
45.            setContentView(R.layout.activity_main);
46.            mapView = (MapView) findViewById(R.id.bmapView);
47.            baiduMap = mapView.getMap();
48.            baiduMap.setMyLocationEnabled(true);
49.            positionText = (TextView) findViewById(R.id.position_text_view);
50.            List<String> permissionList = new ArrayList<>();
51.            if (ContextCompat.checkSelfPermission(MainActivity.this,Manifest.permission
52.                .ACCESS_FINE_LOCATION) != PackageManager.PERMISSION_GRANTED) {
53.                permissionList.add(Manifest.permission.ACCESS_FINE_LOCATION);
54.            }
55.            if (ContextCompat.checkSelfPermission(MainActivity.this,Manifest.permission
56.                .READ_PHONE_STATE) != PackageManager.PERMISSION_GRANTED) {
57.                permissionList.add(Manifest.permission.READ_PHONE_STATE);
58.            }
59.            if (ContextCompat.checkSelfPermission(MainActivity.this,Manifest.permission
60.                .WRITE_EXTERNAL_STORAGE) != PackageManager.PERMISSION_GRANTED) {
61.                permissionList.add(Manifest.permission.WRITE_EXTERNAL_STORAGE);
62.            }
63.            if (!permissionList.isEmpty()) {
64.                String [] permissions = permissionList.toArray(new String[permissionList.size()]);
65.                ActivityCompat.requestPermissions(MainActivity.this,permissions,1);
66.            } else {
67.                requestLocation();
68.            }
69.        }
70.
71.        private void navigateTo(BDLocation location) {
72.            if (isFirstLocate) {
73.                Toast.makeText(this,"nav to " + location.getAddrStr(),Toast.LENGTH_SHORT).show();
74.                LatLng ll = new LatLng(location.getLatitude(),location.getLongitude());
75.                MapStatusUpdate update = MapStatusUpdateFactory.newLatLng(ll);
76.                baiduMap.animateMapStatus(update);
77.                update = MapStatusUpdateFactory.zoomTo(16f);
```

```
78.                baiduMap.animateMapStatus(update);
79.                isFirstLocate = false;
80.            }
81.   //百度 LBS 的 SDK 中提供的 MyLocationData.builder 类
82.            MyLocationData.Builder locationBuilder = new MyLocationData.
83.                Builder();
84.            locationBuilder.latitude(location.getLatitude());
85.            locationBuilder.longitude(location.getLongitude());
86.   //MyLocationData.builder 类提供的 build()方法用于将设备当前位置显示在地图上
87.            MyLocationData locationData = locationBuilder.build();
88.            baiduMap.setMyLocationData(locationData);
89.        }
90.
91.      private void requestLocation() {
92.          initLocation();
93.          mLocationClient.start();
94.      }
95.
96.      private void initLocation(){
97.          LocationClientOption option = new LocationClientOption();
98.          option.setScanSpan(5000);
99.          option.setIsNeedAddress(true);
100.         mLocationClient.setLocOption(option);
101.     }
102.
103.     @Override
104.     protected void onResume() {
105.         super.onResume();
106.         mapView.onResume();
107.     }
108.
109.     @Override
110.     protected void onPause() {
111.         super.onPause();
112.         mapView.onPause();
113.     }
114.
115.     @Override
116.     protected void onDestroy() {
117.         super.onDestroy();
118.         mLocationClient.stop();
119.         mapView.onDestroy();
120.         baiduMap.setMyLocationEnabled(false);
121.     }
122.
```

```
123.        @Override
124.        public void onRequestPermissionsResult(int requestCode,String[] permissions,int[] grantResults) {
125.            switch (requestCode) {
126.                case 1:
127.                    if (grantResults.length > 0) {
128.                        for (int result : grantResults) {
129.                            if (result != PackageManager.PERMISSION_GRANTED) {
130.                                Toast.makeText(this,"必须同意所有权限才能使用本程序",
131.                                    Toast.LENGTH_SHORT).show();
132.                                finish();
133.                                return;
134.                            }
135.                        }
136.                        requestLocation();
137.                    } else {
138.                        Toast.makeText(this,"发生未知错误",Toast.LENGTH_SHORT).show();
139.                        finish();
140.                    }
141.                    break;
142.                default:
143.            }
144.        }
```

在上面的代码中，首先解释一下第 87 行开始的代码。由于百度 LBS（基于位置的服务）SDK 当中提供了一个 MyLocationData:builder 类，这个类是用来封装设备当前所在的位置，只需要将经纬度信息传入到这个位置就可以了。

再看第 92 行代码，由于 MyLocationData.builder 类还提供了一个 build()方法，把要封装的信息都设置完成之后，只需要调用它的 build()方法，就会生成一个 MyLocationData 的实例，然后再将这个实例传入到 BaiduMap 的 setMyLocationData()方法当中，就可以让设备当前位置显示在地图上了。

在 onCreate()方法中，首先创建了一个 LocationClient 的实例，LocationClient 的构建函数接收一个 Context 参数，这里调用 getApplicationContext()方法来获取一个全局的 Context 参数并传入。然后调用 LocationClient 的 registerLocationListener()方法来注册一个定位监听器，当获取到位置信息的时候，就会调用这个定位监听器。

接下来看一下这里运行时权限的用法，由于在 AndroidMnifest.xml 中声明了很多权限，因为启动 APP 时，要访问 3 个权限，都是关于定位的，那么怎么样才能在运行时一次性申请 3 个权限呢？这里使用了一个新方法，首先创建一个空的 List 集合，然后依次判断这 3 个权限有没有被授权，如果没有被授权就添加到 List 集合中，最后将 List 转化成数组，再调用 requestPermission()方法一次性申请。

除此之外，onRequestPermissionResult()方法中对权限申请的结果的逻辑处理也比较特殊，可以通过一个循环将申请的每个权限都进行判断，如果有任何一个权限被拒绝，那么就直接调用 finish()方法关闭当前程序，只有当所有权限都被用户同意了，才会调用 requestLocation()方法开始定位。

　　requestLocation()方法就比较简单了，只需调用一下 LocationClient 的 start()方法就可以开始定位了。定位的结果会回调到前面注册的定位监听器当中，也就是 MyLocationListener。

　　在默认情况下，调用 LocationClient 的 start()方法只会定位一次，如果用户正在快速移动中，这时候就需要更新代码了，也就是上面的 initLocation()方法，在方法中创建一个 LocationClientOption 对象，然后调用它的 setScanSpan()方法来设置更新的间隔。这里传入了5000，表示 5 秒会更新一下当前的位置。注意在活动被销毁的时候调用 LocationClient 的 stop()方法来停止定位，不然会严重消耗手机电量。

　　再来看看地图实现部分的代码。首先调用 SDKInitializer 的 initialize()方法来进行初始化操作，initialize()方法接收一个全局的 Context 参数，这里调用 getApplicationContext()方法来获取一个全局的 Context 参数并传入，注意初始化操作一定要在 setContentView()方法之前调用，不然会出错。接下来调用 findViewById()方法来获取 MapView 的实例，这个实例在后面的功能中还会用到。

　　另外还需要重写 onResume()、onpause()、onDestroy()这 3 个方法，在这里对 MapView 进行管理，以保证资源能够得到及时的释放。

　　然后是移动到我的位置这段代码。百度 LBS（基于位置的服务）SDK 当中提供了一个 BaiduMap 类，它是地图的总控制器，这里用 BaiduMap baiduMap=mapview.getMap()这行代码，意思是调用 MapView 的 getMap()方法获取 BaiduMap 的实例。接着定义了一个布尔型变量 isFirstLocation，默认值设置为 true，这个变量在后面会用到。

　　下面直接看 navigateT()方法。这个方法的代码也很好理解。首先将 BDLocation 对象的地理位置信息取出来并封装在 LatLng 对象中（LatLng 类主要是一种用于存放经纬度值的类，接收两个参数，第一个参数是纬度值，第二个参数是经度值）。然后调用 MapStatusUpdateFactory 的 newLatLng()方法将 LatLng 对象传入，接着将返回的 MapStatusUpdate 对象作为参数传入到 BaiduMap 的 animateMapStatus()方法当中。为了让地图信息可以显示得更加丰富一些，将缩放级别设置成了 16，另外还需要注意，上述代码中使用了一个 isFirstLocation 变量，这个变量的作用是防止多次调用 animateMapStatus()方法，因为将地图移动到当前的位置只需要在程序第一次定位的时候单用一次就可以了。If 语句外面是 MyLocationData 的构建逻辑，将 Location 中包含的经度和纬度分别封装在 MyLocationData.Builder 当中。最后把 MyLocationData 设置到 BaiduMap 的 setMyLocationData()方法当中。注意这段逻辑必须写在 isFirstLocation 这个 if 条件语句的外面，因为让地图移动到当前的位置只需要在第一次定位的时候执行，但是设备在地图上显示的位置却应该是随着设备运动而实现改变的。

　　写好 navigateTo()方法之后，剩下的事情就简单了，当定位到当前位置的时候，在 onReCEIVElOCATION()方法中直接把 BDLocation 对象传给 navigateTo()方法，这样就能够让地图移动到所在的位置了。

　　最后一步，需要将自己加入到百度地图当中去。直接运行程序，就可以看到自己的位置了。运行效果便如图 9-3 所示。

　　下面介绍一下鹰眼轨迹服务。

　　首先，在需要监控的设备上，在特定的时刻启动如下代码，基本思想是鹰眼 SDK 每隔一段时间上传位置信息到百度鹰眼的服务器，随后在另一台设备根据 serviceId 与 entityName 获取该设备的位置信息，然后再利用工具类画在地图上即可实现轨迹追踪功能。

（1）启动服务上传位置信息：

```
1.    // 轨迹服务 ID
2.    long serviceId = 0;
3.    // 设备标识
4.    String entityName = "myTrace";
5.    // 是否需要对象存储服务
6.    boolean isNeedObjectStorage = false;
7.    // 初始化轨迹服务
8.    Trace mTrace = new Trace(serviceId,entityName,isNeedObjectStorage);
9.    // 初始化轨迹服务客户端
10.   LBSTraceClient mTraceClient = new LBSTraceClient(getApplicationContext());
11.   // 初始化轨迹服务监听器，可以知道启动服务是否成功
12.   OnTraceListener mTraceListener = new OnTraceListener() {
13.   // 开启服务回调
14.   @Override
15.   public void onStartTraceCallback(int status,String message) {}
16.   // 停止服务回调
17.   @Override
18.   public void onStopTraceCallback(int status,String message) {}
19.   // 开启采集回调
20.   @Override
21.   public void onStartGatherCallback(int status,String message) {}
22.   // 停止采集回调
23.   @Override
24.   public void onStopGatherCallback(int status,String message) {}
25.   // 推送回调
26.   @Override
27.   public void onPushCallback(byte messageNo,PushMessage message) {}
28.   };
29.   // 开启服务
30.   mTraceClient.startTrace(mTrace,mTraceListener);
```

在上面的代码中，第 6 行代码 boolean isNeedObjectStorage = false;表示是否需要对象存储服务，默认为 false，即关闭对象存储服务。鹰眼 Android SDK v3.0 以上的版本支持随轨迹上传图像等对象数据，若需使用此功能，该参数需设为 true，且需导入 bos-android-sdk-1.0.2.jar。

（2）开启轨迹采集，启动轨迹追踪。至此，正式开启轨迹追踪。查询轨迹的调用方法的具体代码如下：

```
1.    // 开启采集
2.    mTraceClient.startGather(mTraceListener);
```

停止服务的 API 如下：

```
1.    // 停止服务
2.    mTraceClient.stopTrace(mTrace,mTraceListener);
3.    // 停止采集
4.    mTraceClient.stopGather(mTraceListener);
5.    // 请求标识
6.    int tag = 1;
```

```
7.    // 轨迹服务 ID
8.    long serviceId = 0;
9.    // 设备标识
10.   String entityName = "myTrace";
11.   // 创建历史轨迹请求实例
12.   HistoryTrackRequest historyTrackRequest = new HistoryTrackRequest(tag,serviceId,entityName);
13.
14.   //设置轨迹查询起止时间
15.   // 开始时间（单位：秒）
16.   long startTime = System.currentTimeMillis() / 1000 - 12 * 60 * 60;
17.   // 结束时间（单位：秒）
18.   long endTime = System.currentTimeMillis() / 1000;
19.   // 设置开始时间
20.   historyTrackRequest.setStartTime(startTime);
21.   // 设置结束时间
22.   historyTrackRequest.setEndTime(endTime);
23.
24.   // 初始化轨迹监听器
25.   OnTrackListener mTrackListener = new OnTrackListener() {
26.   // 历史轨迹回调
27.     @Override
28.     public void onHistoryTrackCallback(HistoryTrackResponse response) {}
29.   };
30.
31.   // 查询历史轨迹
32.   mTraceClient.queryHistoryTrack(historyTrackRequest,mTrackListener);
```

以上代码的具体使用情景，可参考第 8 章 8.2 节（地图实时监控）。

9.6　本　章　小　结

　　软件开发工具包 SDK 是一些被软件工程师用于为特定的软件包、软件框架、硬件平台、操作系统等创建应用软件的开发工具的集合。APP 的开发在很多情况下需要用到第三方的 SDK，例如直播、地图、二维码扫描等。本章介绍了二维码生成与扫描库 ZXing、微信支付 SDK、极光消息推送 SDK、友盟统计分析 SDK、百度地图鹰眼追踪 SDK 等多种第三方的 SDK。善于使用第三方 SDK 对于 Android 开发人员尤为重要，它能够帮助开发人员快速开发出符合需求的 Android 功能，以快速完成 Android 项目。

第 10 章　APP 功能与性能测试

本章导读

为保证软件产品的质量能达到上线运行或打包销售的各项标准，需要对其功能和性能进行严格的综合评测。本章主要介绍软件产品质量测试方法、阶段划分、测试内容以及性能评测方法等相关概念、发展概况、业界最佳实践等内容，希望能帮助读者快速理解软件测试的理论概念，并能掌握软件测试的实际工作方法。

本章要点

- α、β、λ 三阶段软件测试
- 内存泄露的检测与追踪方法

通常，我们把软件测试分为三个阶段，分别用 α、β、λ 来表示。α 是第一阶段，一般只供内部测试使用；β 是第二阶段，已经消除了软件中大部分的不完善之处，但仍有可能还存在缺陷和漏洞，一般只提供给特定的用户群来测试使用；λ 是第三个阶段，此时产品已经相当成熟，只需在个别地方再做进一步的优化处理即可上市发行。我们的测试工作主要在 α 测试阶段和 β 测试阶段，而 λ 测试阶段一般指上线以后的维护工作。

在软件交付使用之后，用户将如何实际使用程序，对于开发者来说是无法预测的。α 测试是由一个用户在开发环境下进行的测试，也可以是公司内部的用户在模拟实际操作环境下进行的测试。α 测试的目的是评价软件产品的 FLURPS（即功能、局域化、可使用性、可靠性、性能和支持），尤其注重产品的界面和特色。α 测试可以从软件产品编码结束之时开始，或在模块（子系统）测试完成之后开始，也可以在确认测试过程中产品达到一定的稳定和可靠程度之后再开始。β 测试是由软件的多个用户在实际使用环境下进行的测试。这些用户返回有关错误信息给开发者。测试时，开发者通常不在测试现场。因而，β 测试是在开发者无法控制的环境下进行的软件现场应用。在 β 测试中，由用户记下遇到的所有问题，包括真实的以及主观认定的，定期向开发者报告。β 测试主要衡量产品的 FLURPS，着重于产品的支持性，包括文档，客户培训和支持产品生产能力。

10.1　α 测试阶段

α 测试主要由软件开发人员和测试人员共同完成，包括项目子模块完成的部分测试和全部开发工作完成后的系统测试。这个阶段的测试方法也比较多，包括黑盒测试、白盒测试、压力测试等。这个阶段的主要目的就是发现和解决 bug，将遇到的 bug 分为必现和偶现两种。必现的 bug 在每次测试时总是出现。出现这类 bug 是比较幸运的，开发人员可以直接复现、梳理流程、查找代码并找到问题代码的位置。偶现的 bug 在测试时，并不是每次都出现，而是随机复现。这类 bug 有些可以有重现路径，但是可能需要重复操作十几次甚至上百次才可能重现一次，重现概率比较低，这种 bug 暂时分类成偶现可重现。另一种则是没有重现路径，找不到任何的规律，但时不时地会出现，这个分类成偶现且难以重现。解决偶现的 bug 比较考验开发人员和测试人员的能力和沟通效率，遇到偶现的 bug 一定不能放过，记录下来，下次再遇到可能就了解产生的原因了。

在产品开发过程中，使用一个合适的 bug 管理工具，将可以提高开发团队的工作效率，把控产品质量，更好地完成任务。常用的 bug 管理工具有 iClap、BugTags、JIRA、Mantis 等。货运宝项目的 bug 管理用的是 Mantis，这里简单给大家介绍一下。缺陷管理平台 Mantis，也叫作 MantisBT，全称 Mantis Bug Tracker。Mantis 是一个基于 PHP 技术的轻量级的开源缺陷追踪系统，以 Web 操作的形式提供项目管理及缺陷追踪服务。在功能上、实用性上足以满足中小型项目的管理及追踪。更重要的是其开源不需要负担任何费用。

在测试过程中，开发人员、测试人员、公司其他同事或系统真实用户都有可能在发现 bug 后，记录 bug 信息（如出现频率、严重程度、页面截图等），复现路径，开发人员就可以看到 bug 记录，找到问题原因，寻找解决办法，并在 bug 改正后记录问题原因和解决版本。如果应用已经上线，bug 修改的记录非常重要，涉及新旧版本管理等。

关于α测试方面的专业测试知识和方法，可以参考软件测试相关的专业书籍。

10.2 β 测试阶段

β 测试阶段，指在项目开发阶段完成后，部署到测试服务器，由公司内部员工和指定的真实用户在日常工作中试用本系统，如果发现问题，联系开发团队专门的工作人员，由他们负责记录和解答问题。货运宝 APP 目前正处于 β 测试阶段，预先选择了三个物流公司的工作人员和货车司机百余人共同体验本系统。司机端扫码下载 APP，注册提交资料，工作人员通过后台系统审核司机资料，然后体验系统的全部功能。由于常规 bug 已经在开发测试阶段基本扫清，所以 β 测试主要是一些偶现的崩溃 bug。

当使用环境不在开发和测试人员的监控范围时，之前安装的友盟 SDK 就派上用场了。友盟以移动应用统计分析为产品起点，发展成为提供从基础设置搭建－开发－运营服务的整合服务平台，致力于为移动开发者提供专业的数据统计分析、开发和运营组件及推广服务。

货运宝 APP 主要用到了友盟的崩溃 bug 追踪功能。提供相似功能的除了友盟以外，还有 crashlytics、bugly、网易云捕等。友盟的界面如图 10-1 所示，至于具体的崩溃原因分析和其他的应用统计功能，读者可以到友盟官网进行更为深入的了解。

图 10-1　友盟错误分析界面

10.3　λ 测试阶段

经过前两个阶段的测试与修改，系统已经相当成熟，可以发布使用了。但是没有一款软件是完美的，bug 总会被发现。正式发布后的问题收集，一般有两种途径。一种是 APP 开发过程中做一些数据埋点，写日志文件，给用户提供一个上传日志文件的入口，如果出现问题，将日志文件发给运维部门，查找原因。还有一种比较传统的办法就是在 APP 上留下客服电话，用户遇到问题，打电话给客服，由客服解答问题并提供解决方案，然后将问题反馈给技术部门，如果是软件 bug，则在后续版本中修复 bug 并更新程序。

10.4　内存泄漏的检测与追踪

内存泄露是 Android 开发中常见的问题，这使程序的稳定性大幅度下降。

有些对象只有有限的生命周期。当它们完成任务之后，将被垃圾回收。如果在对象的生命周期本该结束的时候，这个对象还被一系列地引用，这就会导致内存泄漏。随着泄漏的累积，APP 将消耗完内存。

比如，在 Activity.onDestroy()被调用之后，view 树以及相关的 bitmap 都应该被垃圾回收。如果一个正在运行的后台线程继续持有这个 Activity 的引用，那么相关的内存将不会被回收，这最终将导致 OutOfMemoryError 崩溃。

LeakCanary 是 Square 开源的一个内存泄露自动探测的小工具，它是一个 Android 和 Java 的内存泄露检测库，可以大幅度减少开发中遇到的 OOM 问题，对于开发者来说，无疑是个福音。

LeakCanary 的使用方法：

（1）以 AndroidStudio2.3 版本为例，项目中 build.gradle 所用到的依赖库的写法如下：

debugCompile 'com.squareup.leakcanary:leakcanary-android:1.5.1'

```
releaseCompile 'com.squareup.leakcanary:leakcanary-android-no-op:1.5.1'
testCompile 'com.squareup.leakcanary:leakcanary-android-no-op:1.5.1'
```

（2）在项目中的引用方法为：

```
public class BaseApplication extends Application {
… …
@Override
    public void onCreate() {
        LeakCanary.install(this);
… …
    }
}
```

这样就集成完毕了，下次安装应用后会在桌面安装一个内存检测的 Leaks 应用进行监测与追踪，将 HomeActivity 的 onDestroy 方法中的解除注册广播代码注释测验下工具。

LeakCanary 的内存泄露提示一般会包含三个部分：

第一部分（LeakSingle 类的 sInstance 变量）引用第二部分(LeakSingle 类的 mContext 变量)，导致第三部分（MainActivity 类的实例 instance）泄露。

应用最常见的泄露位置就是 Activity 的实例，要手动或使用 shell 命令，启动所有的 Activity。LeakCanary 判断的时机是 Activity 从启动到结束的这一段时里，主要检测这一过程是否会发生内存泄露。

一段时间后可以看到内存漏洞检测结果，如图 10-2 所示，点击一条漏洞可以显示详细内容，如图 10-3 所示。

图 10-2　内存漏洞检测结果图一

图 10-3　内存漏洞检测结果图二

Leaks 提供了一个友好的界面以显示内存泄漏的追踪链，可以清晰地看到是由 LocalBroadcastManager 最终引起 HomeActivity 实例内存泄漏，然后就可以修补完善程序了。关于 LeakCanary 核心原理以及源码解析请参考网络资料，这里不作解释。

10.5 本 章 小 结

　　本章主要介绍了软件产品质量测试方法、阶段划分、测试内容以及性能评测方法等相关概念、发展概况、业界最佳实践等内容。通常软件测试分为三个阶段，分别用 α、β、λ 来表示。α 是第一阶段，一般只供内部测试使用；β 是第二个阶段，一般只提供给特定的用户群来测试使用；λ 是第三个阶段，此时产品已经相当成熟，只需在个别地方再做进一步的优化处理即可上市发行。内存泄露是 Android 开发中常见的问题，这使程序的稳定性大幅度下降。LeakCanary 是 Square 开源的一个用于内存泄露自动探测的小工具，这是一个集成方便、使用便捷、配置超级简单的框架，可以大幅度减少开发中遇到的内存泄露问题。

参 考 文 献

[1] 王姿力. 共享物流发展模式及路径优化研究[J]. 时代经贸，2018（12）：6-7.

[2] 孙增乐，祝锡永. 基于共享物流信息平台的运输仓储模式分析[J]. 物流工程与管理，2018，40（01）：61-63.

[3] 欧阳明慧，韩雪金. 共享物流现状与运行效果的实证分析[J]. 物流科技，2018，41（01）：9-11.

[4] 王利改. 补足短板，促进共享物流经济创新发展[J]. 物流科技，2017，40（12）：116-118.

[5] 张贵萍，江婷婷，张洲铭. 基于移动互联网我国公路货运 APP 企业发展现状研究[J]. 物流工程与管理，2017，39（09）：99-100+93.

[6] 张宝珠，李青. 共享经济视角下"共享物流"模式的研究[J]. 时代金融，2017（21）：192+195.

[7] 钟科. 共享物流：行业转型升级新动能[N]. 中国石化报，2017-05-11（005）.

[8] 赵羚. "互联网+"思维下走向物联网和共享经济时代的物流产业[J]. 农家参谋，2017（06）：155+97.

[9] 冷亮. 基于 Android 系统的物流路径诱导系统的设计[D]. 沈阳师范大学，2012.

[10] 王继祥. 中国共享物流创新模式与发展趋势[J]. 物流技术与应用，2017，22（02）：80-84.

[11] 丁康健. 互联网+背景下的物流信息资源共享模式研究[J]. 电子测试，2016（16）：84+80.

[12] 王继祥. 共享物流：中国仓储与配送创新趋势[J]. 物流技术与应用，2016，21（07）：52-56.

[13] 马碧华. 实施"互联网+货运"战略　促铁路现代物流发展[J]. 理论学习与探索，2015（06）：38-39.

[14] "平台+"应用案例之一：平台+物流互联网　打造货运"滴滴"探路"运力淘宝"[J]. 浙江经济，2015（23）：22-23.

[15] 张晓诺，杨辉. 基于 Android 的智能货运安全监控系统研究[J]. 软件工程师，2015，18（03）：35-36+34.

[16] 郭霖. 第一行代码 Android[M]. 2 版. 北京：人民邮电出版社，2016.

[17] 欧阳燊. Android Studio 开发实战：从零基础到 App 上线[M]. 北京：清华大学出版社，2017.

[18] 李宁. Android 开发完全讲义[M]. 3 版. 北京：中国水利水电出版社，2015.

[19] 明日学院. Android 开发从入门到精通[M]. 北京：中国水利水电出版社，2017.

[20] 亚当·格伯，克利夫顿·克雷格. Android Studio 实战. [M]. 靳晓辉，张文书，译，北京：清华大学出版社. 2016.